广西美丽海湾保护的实践与路径研究

蓝文陆　邓　琰　庞碧剑　彭小燕　舒俊林　著

科学出版社

北　京

内 容 简 介

　　本书立足新时代美丽中国建设与生态环境保护需求开展专项研究,系统阐明了广西海洋生态环境现状特征与优势基础,剖析了主要生态环境问题症结,审视了与美丽海湾的差距,研判了美丽海湾保护建设的形势与制约因素,介绍了广西典型美丽海湾保护建设的实践经验,并把脉开方,针对性提出了广西美丽海湾保护建设的路径,为深入推进广西生态环境保护、美丽广西和生态文明建设提供重要参考。

　　本书可供海洋科学、环境科学、生态学等相关学科的高校师生和研究人员阅读,更可供海洋生态环境保护、美丽海湾保护与建设、美丽中国建设、生态文明建设等领域的研究人员和政府管理人员参考。

图书在版编目(CIP)数据

　　广西美丽海湾保护的实践与路径研究 / 蓝文陆等著. 北京：科学出版社, 2025.5. -- ISBN 978-7-03-081070-0

　　Ⅰ. X321.267

中国国家版本馆 CIP 数据核字第 2025EP3424 号

责任编辑：彭婧煜　杨路诗 / 责任校对：张亚丹
责任印制：徐晓晨 / 封面设计：义和文创

科 学 出 版 社 出版
北京东黄城根北街 16 号
邮政编码：100717
http://www.sciencep.com
北京华宇信诺印刷有限公司印刷
科学出版社发行　各地新华书店经销

＊

2025 年 5 月第 一 版　开本：720 × 1000　1/16
2025 年 5 月第一次印刷　印张：18
字数：357 000

定价：158.00 元
(如有印装质量问题,我社负责调换)

前　　言

广西海岸线总长 1628.59 千米，拥有丰富的海洋生物、海洋矿产、滨海旅游、港口航运、海洋能源等海洋空间资源，区位优势明显，地处 21 世纪海上丝绸之路核心地带，是我国西部地区唯一的沿海省区，也是我国唯一一个与东盟海陆相连的省区，拥有"三沿三联三市场"的独特区位优势，即沿海沿江沿边，联接粤港澳大湾区、联接西南中南、联接东盟，毗邻粤港澳大市场、西南中南大市场、东盟大市场。习近平总书记指出"广西生态优势金不换，保护好广西的山山水水，是我们应该承担的历史责任"。推动绿色低碳发展、推进生态环境保护建设、建设生态文明强区事关广西战略全局、长远发展、人民福祉。

广西沿海沿江沿边，背靠大西南、毗邻大湾区、面向东南亚，地理区位优势突出，自然条件和生态本底好，绿色发展优势明显、前景广阔。近年来，广西壮族自治区党委、政府深入贯彻落实习近平总书记关于发展向海经济的重要指示精神，始终坚持向海经济发展战略，作出了一系列重要决策部署，全力打造向海经济，加快建设海洋强区，助力广西经济高质量发展，取得了显著成效。广西海洋生态环境质量总体良好，但优中有忧。海洋生态系统稳定性还不够牢固，生态环境基础设施存在薄弱环节，局部海域存在环境风险隐患，海洋生态优势尚未转化为发展优势，环境压力之忧不同程度存在。但与此同时，广西仍面临着做大总量、做优质量的双重艰巨任务，生态环境保护结构性、根源性、趋势性压力尚未根本缓解，生态文明建设仍处于压力叠加、负重前行的关键期，取得的成效，尤其是支撑向海经济高质量发展的成效还不稳固。因此，需要探索适应广西高质量开展海洋生态文明建设、保障广西向海经济发展的研究方法。

广西发展面临重要战略机遇期，北部湾经济迅猛发展，无论是从当前还是从长远看，推动边疆民族地区高质量发展，都更需要生态环境做支撑，更需要正确处理高质量发展和高水平保护的关系。美丽海湾建设和保护是广西海洋生态环境保护最直接的抓手，广西自东向西根据重点海湾和行政属地划分了 13 个美丽海湾，要求 2035 年所有海湾全面建成美丽海湾。本书立足当下广西海洋生态环境，尤其是各海湾（岸段）现状，结合广西社会经济发展前景，借鉴国内外先进技术和政策理念，探讨广西美丽海湾生态环境的现实困境与高水平保护的路径方式，提出适合广西的海洋生态环境保护新思路，开展海洋生态文明广西实践研究。

本书立足新时代广西海洋生态环境保护战略需求开展专项研究，系统把握广西海洋生态环境现状特征与问题症结，结合美丽海湾建设面临的现实瓶颈提出科学保护对策，既是深入贯彻落实习近平生态文明思想和新发展理念的基础性工程，又是推进海洋强国建设在区域实践层面的重要探索，具有重要的现实意义和紧迫性。本书研究成果针对广西海洋生态保护和治理提出"湾长制""清洁海岸线治理""海水生态养殖""美丽海湾生态保护"等新模式理念，以期强化部门联动、压实各级政府职责、加强技术创新，以及为广西向海经济高质量发展提供技术支撑，为广西深入推进生态文明建设提供政策和技术支持，同时作为广西开展海洋生态环境保护的应用模式，也可在全国推广使用，为中国沿海地区海洋生态发展提供地方实践的应用范例。

本书研究团队实地调研广西 3 个沿海城市（北海市、钦州市和防城港市）15 个县区 103 个乡镇，调研路线超过 2000 千米，对 58 个海水站点、11 条河流、102 个养殖点位开展现场监测和分析，现状监测数据超过 20 000 多个，并收集近十年数万个监测数据；对广西生态环境、自然资源、农业、海洋、自然保护区、水产研究等 10 多个部门开展调研和交流；收集近年国家和广西印发的各项海洋生态环境、绿色发展、"美丽中国"等政策、规划等，对照要求逐条查找广西差距，在差距中探索讨论广西海洋环境保护发展新思路。提出推行湾长制实施、清洁海岸线治理、强化生态养殖和提升海洋生态保护的美丽海湾建设和治理新模式理念，落实广西人海和谐、高质量发展的新要求、新举措；对广西海水养殖业各种养殖方式、养殖品种的产排污特征、排放规律进行系统全面的调查，掌握广西海水养殖新型污染物的污染状况和分布特征。

本书是集体智慧的结晶，撰写过程中得到了广西壮族自治区生态环境厅海洋生态环境处领导、广西壮族自治区海洋环境监测中心站领导和同事们的大力支持和帮助，尤其是赵保振博士、陈兰教授级高工，以及陈进营、彭梦微、周敬峰、骆鑫、黄翠梅、闭文妮高工，和庞敏倩、付家想、赵静静等同事在研究过程给予了具体帮助，在此表示衷心感谢！他们的帮助促成了本书的问世。

由于作者的学术水平有限，以及在美丽海湾保护和治理研究方面的基础较为薄弱，本书难免存在不足之处，敬请专家学者批评指正。

蓝文陆

2024 年 12 月 28 日

目　录

第1章 广西海洋生态环境的优势和压力

党的十八大以来，习近平总书记作出"建设海洋强国是实现中华民族伟大复兴的重大战略任务"等重要论述，强调要"发展海洋经济，保护海洋生态环境，加快建设海洋强国"，并对广西发挥向海优势、发展向海经济念兹在兹、关怀备至，赋予广西"三大定位"新使命；强调"要建设好北部湾港口，打造好向海经济"；要"高水平共建西部陆海新通道，大力发展向海经济"，对广西建设海洋强区寄予殷切期望。近年来，广西上下牢记嘱托、感恩奋进，突出抓好发展向海经济，推动海洋强区建设，而掌握海洋生态各项优势、了解环境压力，是建设海洋强区的基本前提。本章重点从广西总体海洋环境、广西各美丽海湾等生态环境来阐述广西海洋生态环境优势，分析目前生态环境压力的来源和对于向海经济的困境。

1.1 广西海洋环境基本情况

广西地理位置优越，有 1600 多千米大陆海岸线，是唯一同东盟既有陆地接壤又有海上通道的省区。近年来广西向海经济发展迅速，并逐步开展美丽海湾建设。

1.1.1 广西近岸海域总体情况

1. 广西近岸海域自然概况

（1）地理位置

广西近岸海域位于北部湾以北，北临北海、钦州、防城港三市，西部与越南接壤，东部毗邻广东省英罗港，东南与海南省隔海相望。广西大陆海岸线长约 1628.59 千米，海域面积约 6.28 万千米^2（黎树式等，2016）。广西近岸海域面积较小，仅比天津市和上海市大，位于我国沿海省区的倒数第三。浅滩发育较广，水深 20 米以浅的海域 6488 千米^2，约占广西近岸管辖海域面积的 93%。广西近岸海域优良水质的比例常年在 90% 左右，海洋环境质量常年位于我国沿海省区的前列，被誉为中国最后一片"洁海"。

（2）气候特征

广西沿海地区位于北回归线以南，属于亚热带季风气候，主要特点是日照长、气温高、雨水多、夏热冬暖。最大风速达 36 米/秒,台风时阵风可达 40 米/秒以上。沿海年平均气温 22.0～22.4℃,最冷月平均气温 10～15℃,日照时间较长,年均日照时数 1561～2253 小时。年均降雨量 1100～2800 毫米,降雨量多集中在 4～10 月。自然蒸发量 1000～1400 毫米,年平均相对湿度 80%。

广西沿海自然灾害主要有热带气旋(台风)、大范围降雨、寒害、海洋灾害四个方面。夏秋季在沿海发生台风年平均为 2.8～2.9 个。冬春季多低温阴雨天气,水温可降至 10℃以下,易造成寒害影响。海洋灾害发生的次数相对较少。

(3)地形特征

广西海岸带整体呈现西北高、东南低的陆上地势,海岸的东西两侧有着不同的地貌特征,大致以大风江口为界,东部地区的地势平坦,略向南倾斜,西部地区主要由丘陵台地组成。海岸带岩浆岩不太发育,出露面积共 160 千米^2,岩浆活动时代有华力西晚期、燕山早期、燕山晚期和喜马拉雅期,分侵入岩和喷出岩两类。侵入岩在东部、中部和西部都有分布,面积约 82 千米^2;喷出岩分布于东部新圩一带,面积约 26.82 千米^2。

(4)水文特征

广西沿海地区以全日潮为主,约占全年的 60%～70%,非正规全日潮主要分布在铁山港湾和钦州湾海域,全日潮潮差一般大于半日潮潮差。潮汐现象显著,潮差大,有宽阔的潮间带,有利于沿岸海湾水质的交换和改善。海流主要受风场影响,冬春季呈逆时针方向环流,夏秋季则以顺时针方向为主,除个别区域外,沿岸潮流的运动形式基本为往复流。在河口和海湾,潮流一般与岸线、港湾水道趋势一致,主要是南北方向;在浅海区,主要是东北-西南方向。潮汐通道附近的潮流流速最大,一般为 20～45 厘米/秒,最大流速出现在钦州湾口,流速可达 73 厘米/秒。河口区落潮时大于涨潮时,沿岸区涨潮时大于落潮时。波浪季节性变化明显,夏季盛行南向风浪,冬季盛行北向风浪,波浪与风速、风向关系最为密切。多年平均波高为 0.3～0.6 米,最大波高为 5.0 米,出现在涠洲岛。海水表层水温范围为 10～33℃,底层水温范围为 10～32℃,年平均水温为 23.0℃。水温夏秋高、冬春低,夏季温跃层消失是广西海区的一个显著特征(广西大百科全书编纂委员会,2008)。

(5)海洋资源

根据《广西海洋生态红线划定方案》,广西大陆海岸线长约 1628.59 千米,东起桂粤交界处的洗米河口,西至中越边境的北仑河口。海域面积约 6.28 万千米^2,滨海湿地面积约 2590 千米^2。沿岸岛屿众多,现有海岛 646 个,其中有居民海岛 14 个,无居民海岛 632 个。沿海岸线曲折,曲折比高达 11.2∶1,岬角、海湾交替,形成众多港口岸线资源,受外海波浪的影响较小,潮差大,深水条件较好,台风影响相对较轻,港口建设条件良好,发展潜力大(刘洋,2012)。沿海滩涂面积约 10.05 万公顷，主要是沙滩、沙泥滩、淤泥滩、红树林滩涂、沙砾滩和珊瑚滩等，多样性的海域滩涂资源为鱼、虾、蟹、贝等各种不同的海洋生物提供了适宜的栖息和生长环境。海洋生物资源繁多，北部湾渔场是我国著名渔场之一，各类海洋生物达 1000 多种，其中栖息鱼类 402 种，虾类 35 种，蟹类 191 种，贝类 321 种，头足类 17 种，是南海具有高度物种多样性的代表性海域之一，是儒艮、布氏鲸、中华白海豚、玳瑁和大珠母贝等珍稀濒危动物的栖息地，是马氏珠母贝、近江巨牡蛎、二长棘犁齿鲷、长毛明对虾等重要经济动物的种质资源分布区。此外，广西近岸海域是中国乃至东南亚海洋生物多样性热点地区，典型海洋生态系统主要有红树林、珊瑚礁和海草床等。

（6）入海河流

广西沿海有多条河流汇入（表 1-1），流域面积较大的主要有南流江、茅岭江、钦江、大风江、北仑河、防城江、白沙河、西门江和南康江。广西入海河流一般流程较短，中、下游坡降平缓，河床宽浅，岸坡低平，洪水期漫滩较宽，易受洪涝灾害。各大河流入海的海湾处，饵料充足，咸淡水质相宜，适合鱼虾贝类及各种暖水性海洋生物的生长和繁殖。

表 1-1　主要入海河流概况

河流名称	发源地	河长/千米	流域面积/千米^2	多年平均径流量/米^3	汇入海域
南流江	玉林市大容山	287	9704	69.30×10^9	廉州湾海域
白沙河	玉林市博白县新田镇亭子村	82	664	4.56×10^9	铁山港湾海域
西门江	周江口	34	284	1.98×10^9	廉州湾海域
南康江	合浦县石康镇瓜山村委会大垌村	31	194	1.35×10^9	铁山港湾海域
大风江	钦州市灵山县伯劳镇万利村	185	1927	11.02×10^9	三娘湾海域
钦江	钦州市灵山县罗阳山	179	2457	16.66×10^9	茅尾海海域
茅岭江	钦州市灵山县的罗岭	123	2909	26.76×10^9	茅尾海海域
大榄河	—	11	75	—	茅尾海海域
防城江	防城港市上思县十万大山南麓的平隆山	88	767	15.16×10^9	防城港湾海域
北仑河	防城港市上思县十万大山	107	1187	16.42×10^9	北仑河口海域

2. 广西沿海经济发展概况

（1）总体经济发展概况

2017～2021 年广西沿海三市生产总值稳步增长，2021 年达 3968.14 亿元，其中，北海市 1504.43 亿元，防城港市 815.88 亿元，钦州市 1647.83 亿元；2021 年作为"十四五"开局之年，生产总值相比于 2020 年增长了 570.46 亿元，增长率为 16.8%，总体表现为增量大、增速快（图 1-1）。2017～2021 年广西沿海三市经济结构有所优化，第三产业增加值占生产总值比重基本呈上升趋势（广西壮族自治区海洋局，2022）。

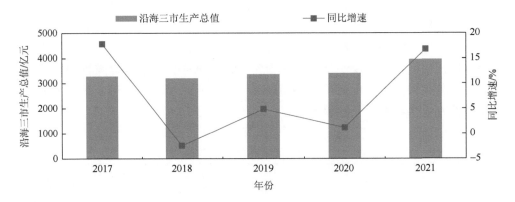

图 1-1　沿海三市生产总值及其增长速度

（2）海洋经济发展概况

2016～2021 年广西海洋生产总值逐年增加，每年增长 4% 以上。2021 年广西海洋生产总值为 1828.2 亿元，与 2020 年相比增长 14.4%，对广西经济增长贡献率为 8.8%。海洋生产总值占广西生产总值的比重为 7.4%，占沿海三市生产总值的比重为 46.1%（广西壮族自治区海洋局，2022）。

（3）产业发展布局

根据《广西沿海三市工业园基本情况及其环保设施建设情况调查报告》，广西沿海有 21 个规模以上工业聚集区，其中北海市有 8 个，钦州市有 7 个，防城港市有 6 个。

北海市工业园区：主要分布在铁山港湾西港的北海市铁山港（临海）工业区、东港的龙港新区北海铁山东港产业园，以及廉州湾的北海工业园区和合浦工业园区，形成了"3＋4"的产业发展格局，其中三大主导产业主要包括石油化工、电子信息、临港新材料，四大重点产业主要包括海洋产业、林纸与木材加工、食品加工和高端服务业。

　　钦州市工业园区：主要分布在钦州湾东部钦州港及金鼓江两岸的钦州港经济技术开发区、中马钦州产业园区，通过引进华谊、恒逸、中石化等石化龙头项目，建设成以石油化工等一体化产业基地为特色的产业集群。目前，钦州工业园石化产业加快集聚升级。钦州市全力打造全国独有的"油、煤、气、盐"齐头并进的多元化石化产业体系，中海油大型炼化一体化项目加快推进，补齐了化工型"油头"；华谊钦州化工新材料一体化基地一期工业气体岛项目开工建设，填补了"煤头"产业空白；华谊二期 75 万吨/年丙烯及下游深加工项目开工建设，广投乙烷制乙烯项目加快推进，开辟了"气头"新格局；华谊氯碱项目开工建设，新增了"盐头"板块。

　　防城港市工业园区：主要分布在防城港经济技术开发区和东兴边境经济合作区等，以"大项目—产业链—集群化"的方向全力推进结构性改革，以钢铁、有色金属、化工、能源、粮油食品、装备制造为六大支柱产业。其中金属新材料产业不断壮大。防城港市严格按照"强龙头、补链条、聚集群"的发展思路，不断推进以钢铜铝为核心的金属新材料产业高质量发展。重点围绕"高、精、尖、深、专"钢材产品的研发应用，加快引进社会资本及大型民营企业，围绕关键节点项目，做好铜冶炼的下游链条延伸；加快推进广西生态铝工业基地防城港项目建设，引进布局中铝集团现有规划的铝合金、氧化铝、高纯铝等产业项目入园。

　　目前入驻各工业园区的较大规模企业有铁山港（临海）工业区的中国石化北海炼化有限责任公司、斯道拉恩索（广西）浆纸有限公司等；钦州港经济技术开发区的广西金桂浆纸业有限公司、中国石油天然气股份有限公司广西石化分公司等；防城港主要企业有盛隆冶金、金川铜镍、大海粮油、中铝集团、广钢集团等龙头企业。此外，还有位于防城港市港口区企沙半岛东侧的广西防城港核电站。广西沿海规模以上工业聚集区具体见表 1-2。

表 1-2　广西沿海规模以上工业聚集区名单

所属海域	序号	工业区名称	产业方向
廉州湾	1	北海工业园区	汽车（机械）制造、新能源新材料、电子信息、生物制药
	2	北海综合保税区（A 区）	电子信息、生物制药、精细化工、精密机械、新型建材
	3	合浦工业园区	电子信息、石油化工、生物能源、制药、海洋生物制品、食品加工、机械、农副产品、包装、仓储物流及密集型产业
北海南岸	4	北海高新技术产业开发区	生物制药、软件与电子科技
	5	北海海洋产业科技园区	海产品加工、海洋生物医药、海洋工程装备

续表

所属海域	序号	工业区名称	产业方向
铁山港湾	6	龙港新区北海铁山东港产业园	高端制造、再生资源加工、临港重化工业下游产业、海洋经济、特色经济、现代服务
	7	北海市铁山港（临海）工业区	石油化工、不锈钢、玻璃、林浆纸、现代物流
	8	北海综合保税区（B区）	产品研发、加工制造、商品展示、售后维修服务、仓储物流和分销配送、国际中转与对外贸易
钦州湾	9	中马钦州产业园区	制造业、电子信息、贸易平台
	10	钦州港经济技术开发区	石油化工、粮油、能源、纸业、制造业、冶金、汽车、机械装配
	11	钦州保税港区	现代物流、国际贸易、汽车、电子、医药及医疗器械等制造业
	12	钦州高新技术产业开发区	电子信息、生物医药、食品科技、精密仪器制造、医疗环保设备等装备制造
	13	钦南区金窝工业园	矿产加工、化纤纺织、石材开发、合成材料、物流和电子科技
	14	北部湾华侨投资区	农产品加工、中草药林下种植、生态康养
	15	钦北区经济技术开发区	轻工电子和钢材加工、饲料、食品粮油、新能源、新材料
北仑河口	16	东兴边境经济合作区	红木家具加工、眼镜片加工、食品加工
	17	东兴冲榄工业园	食品加工、医药制造、家具制造及工艺品制造、电器机械及器材制造业、通信设备、计算机及其他电子设备制造业
珍珠湾	18	东兴江平工业园区	农产品综合加工、红木家具加工、塑料管材
防城港湾	19	防城港高新技术产业开发区	高端智能制造、生物医药、建筑、软件和信息技术、健康医疗、文化传媒、商务服务
	20	防城港经济技术开发区	钢铁、有色金属、能源、化工、新材料、装备制造、粮油食品和现代物流产业
	21	防城港市防城区工业园区	先进装备制造、电子信息、生物医药、物流仓储、商贸、出口加工、信息服务

注：数据来自广西壮族自治区海洋环境监测中心站《广西沿海三市工业园基本情况及其环保设施建设情况调查报告》及沿海三市工业和信息化委员会工业统计报表。

（4）重大战略部署

广西北部湾经济区地处中国沿海西南端，是我国西部大开发地区唯一的沿海区域，与东盟国家既有海上通道，又有陆地接壤，是我国第一个国际区域经济合作区，也是西部陆海新通道门户枢纽，以及"一带一路"有机衔接重要门户，区位优势凸显，战略地位重要。根据 2021 年发布的《广西"十四五"海洋生态环境保护形势与任务研究报告》，加快推进北部湾经济区建设，有利于国家实施区域发展总体战略和西部大开发战略,对于引领广西经济发展和高水平共建西部陆海新通道具有重要意义,形成带动和支撑西部大开发的战略高地,建成中国经济增长第四极。经济的大力发展促进多领域交流合作,有利于海洋保护工作进一步深入推动,但发展的同时不可避免地对生态环境产生压力。因此,广西沿海的重大战略部署对广西海洋环境保护工作而言既是动力也是挑战。

①建设"一带一路"贸易大通道。

国家"一带一路"("丝绸之路经济带"和"21 世纪海上丝绸之路")倡议提出以来,广西借助中国-东盟博览会的平台,坚持海陆统筹和内外结合,筹办中国-东盟博览会、商务与投资峰会,大力推动中国-东盟自由贸易区建设,加强大湄公河次区域经济合作,努力把广西建设成为 21 世纪海上丝绸之路的新门户和新枢纽。同时广西在"一带一路"建设中将海洋生态保护放在重要位置,将海洋环境保护纳入海上丝绸之路规划中,将"美丽海洋"的概念贯穿广西"一带一路"建设的各领域和全过程,推进与海上丝绸之路共建各国的生态保护技术、人才和信息合作,将北部湾经济区打造为带动和支撑西部大开发的战略高地,以及面向东盟开放合作的重要国际区域经济合作区。

②西部陆海新通道总体规划。

2019 年 8 月 15 日,国家发展改革委印发《西部陆海新通道总体规划》,明确到 2025 年将基本建成西部陆海新通道。该规划提出将西部陆海新通道建设成为推进西部大开发形成新格局的战略通道、连接"一带"和"一路"的陆海联动通道、支撑西部地区参与国际经济合作的陆海贸易通道及促进交通物流经济深度融合的综合运输通道四大战略定位,让广西北部湾的区位优势得到充分展现。广西借助西部陆海新通道建设加快海洋经济发展基础条件,逐步建成海陆一体化交通网络,持续加大海洋资源利用效率,加快海洋科技合作,加大海洋生态环境保护力度。

③港澳大湾区战略。

《粤港澳大湾区发展规划纲要》提出北部湾城市群将与粤港澳大湾区与海峡西岸城市群一起联动发展,广西已制定出《广西全面对接粤港澳大湾区实施方案(2019—2021 年)》,提出推进海上互联互通建设,加快建设北部湾区域性国际航运中心,主动融入大湾区世界级港口群,推进北部湾港与香港、广州、深圳等国内大港合作,构建北部湾沿海-沿边产业承接带,把北部湾港打造成为区域性国际航运中心。该实施方案中提出要加大生态合作,建立完善生态环境保护联防联控机制,推动建立健全广西与大湾区的生态环境保护联防联控机制;健全生态文明联动机制,协商建立海洋污染防治合作机制,共同推进跨区域重大生态环境保护工程建设,维护区域生态安全等。粤港澳大湾区战略实施对促进广西北部湾经济区发展和海域环境的联动保护具有较好的推动作用。

④北部湾城市群发展规划。

2017 年国家发展改革委、住房和城乡建设部印发《北部湾城市群发展规划》，城市群包括广西、广东和海南 3 省（自治区）的 15 个市县，其中，广西的南宁、北海、钦州、防城港、玉林共 5 个市在内。该规划旨在将北部湾城市群建设成为生态环境优美、经济充满活力、生活品质优良的蓝色海湾城市群，有利于强化中国与东盟战略合作、促进"一带一路"的沿线互动；有利于拓展区域发展新空间、促进东中西部地区协调发展；有利于推进海洋生态文明建设、维护国家安全。在广西海洋保护方面，能更好发挥北部湾地区生态海湾优势，建成蓝色海湾生态格局，为发展绿色经济提供了更广阔市场。

⑤广西北部湾经济区发展规划。

2008 年国家发展改革委印发《广西北部湾经济区发展规划》。广西北部湾经济区主要由南宁、北海、钦州、防城港四市组成，另外加上玉林、崇左两个市物流区（即"4＋2"）。北部湾经济区功能定位主要以面向东盟合作和服务带动"三南"为支点，把构建国际大通道和"三基地一中心"作为核心内容。规划高度重视生态建设和环境保护，注重区域可持续发展，大力建设资源节约型、环境友好型社会。

⑥打造向海经济行动。

广西北部湾具有大型、深水、专业化码头群形成的规模优势，资源丰富、区位独特。广西积极拓展向海经济发展空间，统筹协调用海秩序，合理布局海洋产业，促进内陆地区向海发展，着力加强海洋资源综合开发与利用，发展壮大现代海洋渔业、海洋交通运输、临海（临港）化工、海洋旅游等海洋传统产业，培育壮大海洋装备制造、生物医药、节能环保等海洋新兴产业，大力发展涉海金融、港口物流、海洋信息服务、海洋会展、海洋体育等沿海现代服务业，努力构建向海经济现代产业体系。大力推进"蓝色海湾""南红北柳""生态岛礁"三大生态修复工程整治工作，强化海洋渔业执法，逐步实现"水清、岸绿、滩净、岛靓、湾美"的海洋生态文明建设目标。

⑦海洋生态环境保护高质量发展。

随着广西北部湾战略地位越来越突出，国家越来越重视广西沿海地区发展，沿海经济活动越来越频繁，给广西近岸海域环境保护带来巨大的压力。为了促进经济建设与环境保护同步发展，保持广西近岸海域生态环境总体良好状态，改善局部受污染海域环境，实现生态、经济可持续发展，2022 年广西壮族自治区生态环境厅等 7 部门印发实施《广西壮族自治区海洋生态环境保护高质量发展"十四五"规划》。该规划以生态优先、绿色引领、以人为本、质量核心、陆海统筹、系统治理、公众参与、社会监督、改革创新、强化法治为原则，以海洋生态环境质量持续改善为核心，聚焦建设美丽海湾的主题主线，统筹推进污染治理、生态保护、应对气候变化，构建陆海统筹的现代化生态环境治理制度体系，提升海洋生态环境治理能力，以生态环境高水平保护推动向海经济高质量发展，不断满足人民日益增长的优美海洋生态环境需要，为实现美丽广西建设目标奠定良好基础。

3. 广西海洋生态环境状况

（1）广西近岸海域海洋环境质量状况

①海水水质。

根据《"十四五"海洋生态环境质量监测网络布设方案》相关要求，广西近岸海域布设海水水质国控点位优化调整为 40 个。根据《2021 年广西海洋生态环境质量报告书》，40 个点位统计分析，2021 年广西近岸海域水质级别为"优"，优良水质比例为 92.6%，优于国家"十四五"考核目标（≥91.5%），位居全国第三。其中，春、夏和秋各季节优良水质比例分别为 95.8%、93.6% 和 88.4%。北海市近岸海域水质级别为"优"，优良水质比例为 95.0%，达到 2021 年考核目标（≥95.0%）。其中，春、夏和秋各季节优良水质分别为 100%、97.5% 和 87.5%。钦州市近岸海域水质级别为"良好"，优良水质比例为 87.5%，优于 2021 年考核目标（≥86.0%）。其中，春、夏和秋各季节优良水质比例分别为 88.6%、86.3% 和 87.7%。防城港市近岸海域水质级别为"优"，优良水质比例为 96.2%，优于 2021 年考核目标（≥95.0%）。其中，春、夏和秋各季节优良水质比例分别为 98.9%、97.3% 和 92.4%（图 1-2）。

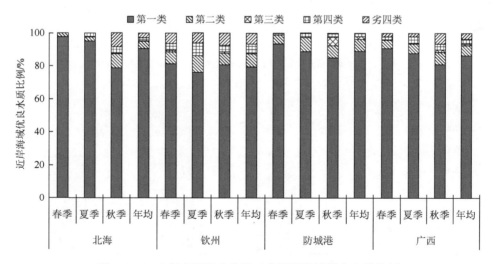

图 1-2　2021 年广西及北钦防三市近岸海域优良水质比例

超标海域主要位于钦州市的茅尾海、钦州港、大风江口，北海市铁山港湾、廉州湾,防城港湾东湾和北仑河口。三期监测中,秋季超标海域最多(8个点位),夏季次之(4个),春季最少(2个)。其中,春、夏、秋三期均超标的为茅尾海海域;春、秋季超标的为大风江口海域;夏、秋季超标的为钦州港、铁山港湾附近海域;仅秋季超标的为廉州湾、防城港东湾和北仑河口附近海域。出现超标的单期水质中除北仑河口为第三类水质外,其他均为第四类一劣四类水质;全年年均水质超标海湾主要为茅尾海(GXN14001)、钦州港(GXN14010)、大风江口(GXN14007)和铁山港湾(GXN05018);超第二类水质指标为 pH、无机氮和活性磷酸盐。从超标面积来看,活性磷酸盐劣四类水质占的海域面积最大,其次是无机氮,pH 超标范围最小;三期监测中,无机氮、活性磷酸盐和 pH 超标海域面积最大均为秋季,其次为夏季,最小为春季。无机氮未达到二类水质标准的海域面积为 397.5 千米^2,劣四类水质海域面积为 117.6 千米^2。各水期中,超标海域面积秋季最大(761.5 千米^2),其次是夏季(360.5 千米^2),最小是春季(70.6 千米^2),劣四类水质海域位于茅尾海和廉州湾。活性磷酸盐未达到二类水质标准的海域面积为 419.2 千米^2,劣四类水质海域面积为 133.2 千米^2。各水期中,超标海域面积秋季最大(592.4 千米^2),其次是夏季(443.6 千米^2),最小是春季(221.5 千米^2),劣四类水质海域位于茅尾海、廉州湾和铁山港湾。pH 未达到二类水质标准的海域面积为 51.9 千米^2,无第二类、第四类和劣四类水质海域。超标海域主要在秋季(155.8 千米^2),春季和夏季均为第一类水质,第三类水质海域位于大风江口海域和铁山港湾。2021 年,广西近岸海域呈富营养化状态的海域面积共 567.8 千米^2,其中轻度、中度和重度富营养化海域面积分别为 323.6 千米^2、196.0 千米^2 和 48.2 千米^2(图 1-3)。重度富营养化海域主要集中在茅尾海海域。

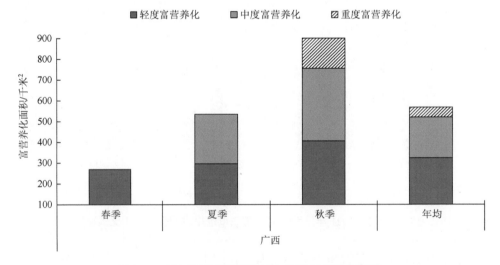

图 1-3　2021 年广西近岸海域水质呈富营养化面积

2010～2020 年广西近岸海域水质稳定，优良水质面积比例变化范围为 88.8%～97.1%，总体都处在良好以上水平，连续 10 年位列全国前三，被誉为中国最后一片"洁海"。广西近岸主要超二类海水标准因子为无机氮和活性磷酸盐。2010～2021 年无机氮浓度和富营养化指数总体趋势变化不明显，活性磷酸盐浓度总体呈上升趋势。

②海洋沉积物。

根据《2021 年广西海洋生态环境质量报告书》，对 40 个国控点位统计分析，2021 年广西近岸海域表层沉积物质量状况为"优良"，优良（第一类）点位比例为 87.5%，与 2020 年相比持平，北海市、钦州市和防城港市优良点位比例分别为 94.1%、77.8%和 85.7%。超第一类沉积物质量标准的监测指标有硫化物、铜、有机碳、锌、滴滴涕和砷 6 项，其中硫化物、滴滴涕超出第三类标准，其他监测指标含量均小于第一类标准限值。硫化物、铜、有机碳、锌、滴滴涕和砷超标率分别为 7.5%、7.5%、5.0%、5.0%、2.5%和 2.5%。与 2020 年相比，硫化物、铜和滴滴涕指标超标率均同比持平，有机碳、锌、砷超标率均有所上升，分别同比上升 5.0、2.5、2.5 个百分点。除硫化物均值含量下降外，其他 5 项指标均值含量均有所上升。沿海三市均有部分海域表层沉积物监测指标超出第一类标准，主要分布在大风江口海域、廉州湾海域、钦州湾外湾及防城港湾海域。

广西近岸海域表层沉积物质量基本保持优良，2015 年、2017 年、2019 年、2020 年、2021 年五年表层沉积物质量状况维持在"一般"至"优良"之间。除 2015 年为"一般"外，其余年份均为"优良"。优良点位比例由 2015 年的 84.2%上升到 2021 年的 87.5%，上升 3.3 个百分点。

③海洋生物质量。

根据《2021 年广西海洋生态环境质量报告书》，广西在 17 个海区开展 1 期 19 个双壳类样品污染物残留状况监测，包括重金属（铜、铅、锌、铬、镉、总汞、砷、镍）、有机污染物（六六六、滴滴涕、麻痹性贝毒）、石油烃等指标。2021 年，近岸海域生物质量符合《海洋生物质量》（GB 18421—2001）第一类、第二类、第三类标准的样品比例分别为 5.3%、78.9%、10.5%，劣三类比例为 5.3%。各监测指标中，总汞、六六六、滴滴涕和麻痹性贝毒指标均在第一类生物质量标准限值以内。超第一类标准的指标有砷、铅、锌、镉、铜、石油烃和铬 7 项，超标率分别为 73.7%、26.3%、26.3%、31.6%、15.8%、5.3%、5.3%，最大超标倍数分别为 1.0 倍、0.6 倍、20.5 倍、6.1 倍、11.0 倍、0.2 倍和 0.2 倍。超第二、第三类标准的指标有锌和铜，其中位于铁山港湾养殖区（良港）海域、钦州市龙门港海域、防城港市红沙村海域的牡蛎样品铜、锌均超第二类标准，防城港市红沙村海域的牡蛎样品铜指标超第三类标准。

2016～2021 年，广西近岸海域生物质量样品主要以第一类和第二类为主，比例范围为 75.0%～84.2%，各年均出现劣三类样品，比例范围为 5.0%～15.0%，主要为牡蛎和红树蚬品种，超标指标为铜和锌。红树蚬和牡蛎易出现超标的主要原因是红树蚬和牡蛎均为滤食性食物，对重金属具有很高的吸收率和极低的排泄速率，进而造成大量重金属污染物在体内富集，尤其是对锌、铜具有很强的富集能力。

（2）广西近岸海域海洋生态系统多样性及健康状况

广西海域自然生态资源优厚，生物多样性丰富，海洋生态系统极具独特性和典型性，包含红树林、珊瑚礁和海草床等多种典型海洋生态系统，是我国乃至东南亚海洋生物多样性最高的海区之一。广西红树林主要集中分布在北海市铁山港湾、廉州湾，钦州市茅尾海，防城港市防城港湾、珍珠湾等河口海湾。海草床主要分布在广西北部湾的北海东海岸、丹兜海、铁山港湾及珍珠湾等地，主要由合浦海草床和珍珠湾海草床组成。珊瑚礁群落主要分布在涠洲岛附近海域。广西壮族自治区海洋环境监测中心站自 2018 年起开展了山口红树林、北仑河口红树林、涠洲岛珊瑚礁、合浦海草床、珍珠湾海草床生态系统健康状况监测（涵盖系统内水环境质量、沉积物质量、生物质量、栖息地状况和生物生态状况监测）。监测结果显示，2018～2022 年广西山口和北仑河口红树林生态系统均呈健康状态，红树林群落结构和类型总体保持稳定。珊瑚礁生态系统除 2020 年为"亚健康"外，其余年份均保持健康状态。海草床生态系统均呈健康状态。此外，珍稀海兽布氏鲸和中华白海豚在广西海域频现，种群稳定。

1.1.2 美丽海湾划分

1. 广西主要海湾总体情况

广西近岸海域海岸线曲折，河口海湾较多，水体交换条件较差，近岸海域的环境承载能力较弱。广西近岸海域自东向西主要包括铁山港湾、廉州湾、大风江口、钦州湾、防城港湾和珍珠湾共 6 个重要河口海湾（中国海湾志编纂委员会，1995）。这些河口海湾适合鱼虾贝类及各种暖水性海洋生物的生长和繁殖，是海洋生物栖息、产卵和索食的良好场所。2016 年以来，广西近岸海域和各个主要海湾生态状况总体保持稳定。

（1）铁山港湾

铁山港湾位于广西壮族自治区南端，北海市东部，是北海市重要的工业、码头地区。地理位置为 21°26′～21°40′N，109°15′～109°45′E。东邻广东省湛江市，南邻北部湾，西邻北海市银海区，北部为合浦县，距离南宁约 250 千米。铁山港湾是一个长 40 千米、宽 3～4 千米的狭长台地溺谷湾，呈喇叭状，口门宽 32

千米，岸线长 170 千米，人工海岸 70 千米，自然岸线约 100 千米，是重要出海港口。铁山港湾海域面积约 120 千米^2，沿海滩涂面积约 17.5 万亩^①，是珍珠、近江牡蛎、对虾、方格星虫等优质海养产品的天然产地。

铁山港湾海岸表现为淤进型，主要以淤泥质砂海岸为主，潮滩宽阔且平坦，海流和波浪对海岸侵蚀作用影响较小。海底地貌类型主要表现为相间排列的潮流深槽和潮流沙脊。铁山港湾为非正规全日潮港湾，一年中有大约 220 天为一天一次潮，潮差大，各类潮汐特征值变化小。

（2）廉州湾

廉州湾位于北海市西南侧，湾口朝西呈半开敞，地理位置为 21°26′～21°37′N，109°02′～108°58′E。口门南起北海市冠头岭，北至合浦县西场镇的高沙。海湾口门宽约 17 千米，岸线长约 72 千米，面积 190 千米^2，其中滩涂面积 100 千米^2。廉州湾主要分布在海湾的北部区域；湾内大部分区域水深较浅，仅在冠头岭及外沙沿岸形成一条潮流深水槽，北岸有南流江注入，南流江是广西南部入海河流中，流程最长、流域面积最广、水量最丰富的河流，流经广西北流、玉林、钦州、北海 4 座城市。南流江干流全长 287 千米，流域面积 9704 千米^2，其中北海市境内干流长约 100 千米，流域面积 1381.2 千米^2。廉州湾地处南流江河口区，南流江沿途汇集了大量的城市污水、工业和养殖废水，携带大量的营养物质、泥沙注入廉州湾。湾内水质肥沃，为各种生物栖息、产卵和索食提供良好场所，有浮游植物共 46 种，浮游动物 40 种，潮间带生物 79 种，底栖生物 124 种，游泳生物 60 种，生物资源较为丰富，且多具有开发价值。

根据《北海市廉州湾海洋地质环境初步调查报告》，廉州湾为断陷河口湾，由第四纪沉积层构成，现今的廉州湾海岸地貌主要是距今 8000 年左右的大西洋期所发生的海侵，在各种海岸动力因素长期作用下形成。廉州湾位于南流江三角洲前缘，地层结构自上而下为：上全新统海冲积（Q43mc）/海积（Q43m）层、中全新统海冲积（Q42mc）/海积（Q42m）层、下全新统冲积层（Q41al）、上更新统江平组（Q3j）、下更新统湛江组（Q1z）。廉州湾内主要存在发育海岸侵蚀淤积、地下水咸化、海水入侵、海岸滑坡及崩塌、活动沙波、活动断层等环境地质问题。此外，还发现海底沟槽、埋藏古河道等不良地形地貌和地质体。

（3）大风江口

大风江口主要位于钦州湾和廉州湾之间，九河渡、青竹江、那彭江、排埠江、打吊江、丹竹江等树枝状港汊和支流使整个海湾呈现为一个指状溺谷型河口湾。湾口朝南，口门东起合浦西场的大木城（21°37′N，108°54′E），西至钦州犀牛脚大王山（21°38′N，108°52′E），口门宽约 5 千米，整个海湾岸线长约 110 千米，

---

① 1 亩≈666.7 米^2。

面积约 68.6 千米 ^{2}（刘洋，2012），水深为 2～14 米，平均水深约为 7 米，盐度为 6‰～33‰。大风江口是海水入灌大风江使之成为溺谷海湾，根据水动力因素可把海湾分成三段：河流段、河海过渡段及湾口段。陆上主要地貌类型为低丘与残丘、基岩剥蚀台地、冲积-洪积台地、海滨沙地和海积平原等；水下主要地貌为潮间浅滩、潮流冲刷深槽、拦门浅滩等。大风江口海域潮流主要为不规则全日潮，沿岸滩涂分布有红树林和养殖塘，两岸为党江、西场、东场和犀牛脚镇等乡镇居民生活区。当地种植业以甘蔗、速生桉为主，海水养殖业以对虾养殖和牡蛎养殖为主。

（4）钦州湾

钦州湾位于广西沿岸中部，湾口向南，是一个半封闭的典型的巨型溺谷湾，呈现中间窄、两端宽等特点，主要由茅尾海、龙门港和外湾三部分组成。港汊众多、岸线曲折，海岸线长 336 千米，滩涂面积约为 200 千米^2，海湾面积约为 380 千米^2，湾内水较浅，水动力较差。钦州湾为陆架浅海，发育水下浅滩地貌，海底地形呈现北高南低趋势，水道狭窄，仅有宽 1～2 千米。该处海域的潮汐通道主要连接茅尾海和钦州湾外湾，狭窄的出海口有着瓶颈作用，且湾口有水深在 2 米以内的沙洲分布，将潮汐通道分割成东、中、西三个分支：东分支向南南东向延伸，水深在 5～15 米；中分支和东分支大致平行，水深在 5～10 米；西分支自青菜头向南南西向延伸，水深大都在 10 米之上。

钦州湾潮波的运动主要由钦州湾口输入的潮波能量维持，平均海平面高于黄海平均海平面。潮流以全日潮为主，仍存在半日不等现象，性质属于不规则全日潮流，运动形式以往复流为主。钦州湾外湾其流向基本上与岸线或深槽走向一致，潮流流速的分布为西部大于东部，近岸大于外海，表层大于底层。

钦州市的钦江、茅岭江两条河流分别从东北向、西北向汇入茅尾海。因钦江、茅岭江淡水汇入，钦州湾饵料充足，海产品资源十分丰富，海水养殖业发达，是近江牡蛎、对虾、青蟹等优质海养产品的天然产地，享有"中国大蚝之乡"的美誉。湾内有数 2000 余公顷红树林，设有茅尾海国家级海洋公园和自治区级红树林自然保护区。

（5）防城港湾

防城港湾位于广西沿岸西部，范围为 21°32′30″～21°43′N，108°17′30″～108°28′35″E，呈半圆状。口门东面为企沙半岛，西面为白龙（江山）半岛，北面被丘陵所环绕。海湾分为东、西两部分，东部为暗埠口江水道，西部为防城港。湾口宽约 10 千米，海岸线长约 115 千米，滩涂面积为 177 千米^2，海湾面积约 115 千米^2。湾内水深较浅，滩涂宽阔平坦，地貌类型主要为潮成深槽和水下拦门沙。海湾西北部有防城河注入，湾内被渔万半岛分为东西两部分，东侧为暗埠口江港，西侧为防城港水道，渔万半岛南部延伸为呈 Y 字形分布的深槽，由于东面企沙半岛和西面白龙尾半岛的掩护，港口泊稳条件良好，是发展航运的良好场所。

（6）珍珠湾

珍珠湾位于广西沿海西部，东面与防城港湾毗邻，西面紧靠越南交界的北仑河口，范围为 21°30′30″～21°37′30″N，108°08′～108°16′E，呈漏斗状。湾口宽约 3.5 千米，海岸线长约 46 千米，海湾面积约 94.2 千米²，滩涂面积约 53.33 千米²。口门西起万尾岛的东头沙，东至白龙半岛的白龙台。珍珠港东岸地貌为海侵海岸，分布有 10 多个岛屿，西岸为海积海岸。

珍珠湾顶部主要有江平江、黄竹江等河流注入，湾内拥有面积约为 1068 公顷的中国大陆海岸连片面积最大的海湾红树林，品种主要以白骨壤、桐花树、木榄、秋茄等为主。同时，作为防城港市重要的海水养殖区域，保护泥蚶、文蛤等重要水产种质资源，应适当选择养殖品种和控制养殖密度，优化养殖用海布局；湾内海岛及海岸周边区域可适当开发旅游娱乐项目，开展京族三岛的综合整治，提升旅游发展水平。北仑河口-珍珠湾海洋生态环境本底条件良好、生态保护重要性突出、公众亲海生态产品供给质量较高。

2. 广西主要海湾环境质量特征

（1）铁山港湾环境质量特征

2020 年铁山港湾海域平均水质类别为第一类，水质级别为"优"。2015～2020 年铁山港湾海域平均水质级别均为"良好"以上。2010～2020 年铁山港湾海域无机氮浓度、活性磷酸盐浓度总体趋势变化不明显，具体见图 1-4。

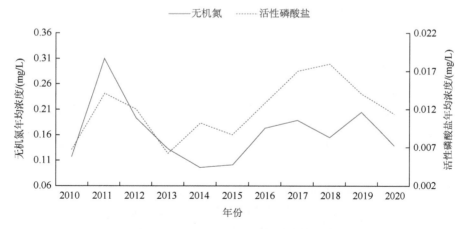

图 1-4　2010～2020 年铁山港湾海域无机氮和活性磷酸盐年均浓度变化

（注：数据来源于广西生态环境厅近岸海域监测数据）

　　2020年铁山港湾海域富营养化指数为0.5，为贫营养。2010～2020年铁山港湾海域富营养化指数总体变化不大，保持在轻度富营养以内，具体见图1-5。

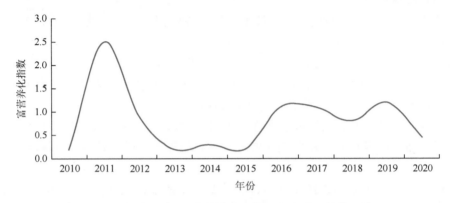

图1-5　2010～2020年铁山港湾海域富营养化指数变化情况

（注：数据来源于广西生态环境厅近岸海域监测数据）

（2）廉州湾环境质量特征

　　2020年廉州湾海域平均水质类别为第一类，水质级别为"优"。2010～2020年廉州湾海域平均水质级别不稳定，变化幅度较大。2010～2020年廉州湾海域无机氮和活性磷酸盐浓度趋势变化不明显，具体见图1-6。

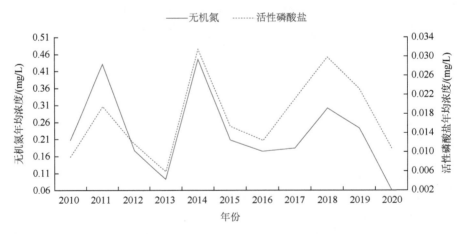

图1-6　2010～2020年廉州湾海域无机氮和活性磷酸盐年均浓度变化

（注：数据来源于广西生态环境厅近岸海域监测数据）

　　2020年廉州湾海域富营养化指数为0.1，为贫营养。2010～2020年廉州湾海域富营养化指数总体趋势变化不明显，具体见图1-7。

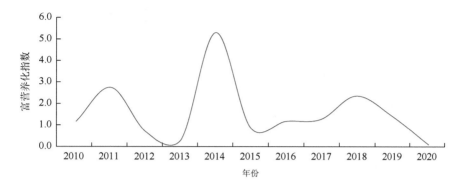

图 1-7　2010～2020 年廉州湾海域富营养化指数变化情况

（注：数据来源于广西生态环境厅近岸海域监测数据）

（3）大风江口环境质量特征

2020 年大风江口海域平均水质类别为第二类，水质级别为"良好"。2010～2020 年大风江口海域平均水质较差。2010～2020 年大风江口海域无机氮浓度总体趋势变化不明显，活性磷酸盐浓度总体呈上升趋势，2010～2020 年，活性磷酸盐浓度无超标现象，超标因子主要为无机氮。具体见图 1-8。

图 1-8　2010～2020 年大风江口海域无机氮和活性磷酸盐年均浓度变化

（注：数据来源于广西生态环境厅近岸海域监测数据）

2020 年富营养化指数均值为 1.2，为轻度富营养。2010～2020 年大风江口海域富营养化指数总体趋势变化不明显，但变化幅度较大。具体见图 1-9。

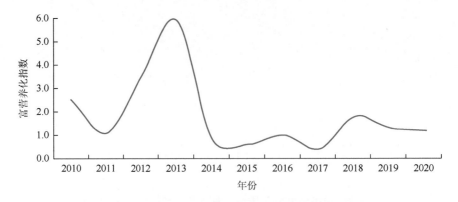

图 1-9　2010～2020 年大风江口海域富营养化指数变化情况

（注：数据来源于广西生态环境厅近岸海域监测数据）

（4）钦州湾环境质量特征

2020 年钦州湾海域平均水质类别为第二类，水质级别为"良好"。2010～2020 年，钦州湾海域大多数年份平均水质级别为"良好"。2010～2020 年钦州湾海域活性磷酸盐浓度、无机氮浓度总体趋势变化不明显。具体见图 1-10。

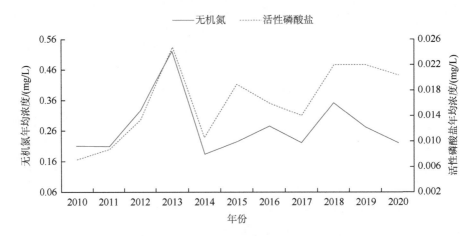

图 1-10　2010～2020 年钦州湾海域无机氮和活性磷酸盐年均浓度变化

（注：数据来源于广西生态环境厅近岸海域监测数据）

2020 年钦州湾海域富营养化指数为 1.4，为轻度富营养。2010～2020 年钦州湾海域富营养化指数总体趋势不明显，具体见图 1-11。

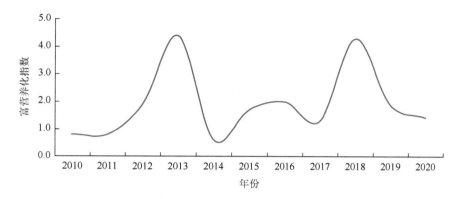

图 1-11 2010～2020 年钦州湾海域富营养化指数变化情况

（注：数据来源于广西生态环境厅近岸海域监测数据）

（5）防城港湾环境质量特征

2020 年防城港湾海域平均水质类别为第二类，水质级别为"良好"。2010～2020 年防城港湾海域平均水质级别"良好"及以上。2010～2020 年防城港湾海域无机氮浓度呈下降趋势，活性磷酸盐浓度总体趋势变化不明显，活性磷酸盐、无机氮浓度不稳定，变化幅度较大。具体见图 1-12。

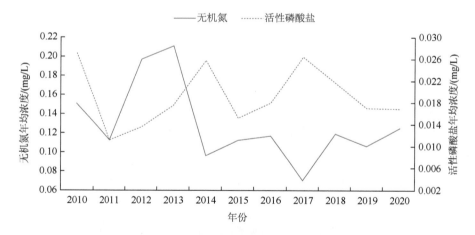

图 1-12 2010～2020 年防城港湾海域无机氮和活性磷酸盐年均浓度变化

（注：数据来源于广西生态环境厅近岸海域监测数据）

2020 年防城港湾海域富营养化指数为 0.4，为贫营养。2010～2020 年防城港湾海域富营养化指数呈缓慢下降趋势，具体见图 1-13。

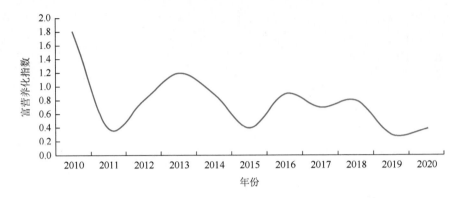

图 1-13　2010～2020 年防城港湾海域富营养化指数变化情况
（注：数据来源于广西生态环境厅近岸海域监测数据）

（6）珍珠湾环境质量特征

2020 年珍珠湾海域平均水质类别为第一类，水质级别为"优"。2010～2020 年珍珠湾海域平均水质级别维持在"优"。2010～2020 年珍珠湾海域无机氮浓度和活性磷酸盐浓度比较稳定，无明显变化趋势。具体见图 1-14。

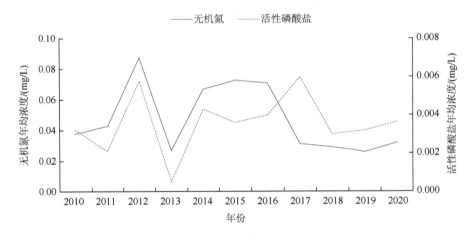

图 1-14　2010～2020 年珍珠湾海域无机氮和活性磷酸盐年均浓度变化
（注：数据来源于广西生态环境厅近岸海域监测数据）

2020 年珍珠湾海域富营养化指数为 0.02，为贫营养。2010～2020 年珍珠湾海域富营养化状况均为贫营养，富营养化指数呈下降趋势，富营养化变化很小，非常稳定。具体见图 1-15。

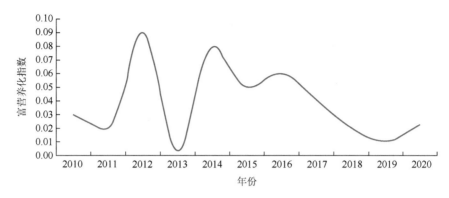

图 1-15　2010～2020 年珍珠湾海域富营养化指数变化情况

（注：数据来源于广西生态环境厅近岸海域监测数据）

3. 广西 13 个海湾的划分

广西岸线曲折，大小海湾较多，其中部分海湾同属不同城市，为了将广西各个海湾保护和治理落到实处，将广西近岸海域划分为 13 个海湾，并依据海湾划分推进广西美丽海湾建设。

（1）划定范围

根据《全国沿海海湾（湾区）划分情况报告》要求，我国海岸带约 87% 的海域开发利用活动位于岸线向海 10 千米范围内；其中，离岸 3～5 千米范围内的开发利用强度尤为剧烈，约 68%～78% 的海域开发利用活动聚集于此。综上考虑，离岸 10 千米范围内的海域是人类活动和陆域影响的集中区域，亦是美丽海湾建设的重点区域，因此，原则上将各海湾（湾区）向海一侧的外边界设置为离岸 10 千米左右。同时考虑到我国海岸线漫长，区域差异较大，局部区域存在一些特殊情况，如有的地区沿岸滩涂宽广，有的地区向海延伸建设港口码头，有的地区离岸海水养殖、深水养殖等规模较大，为确保海湾（湾区）范围覆盖主要的人为活动用海区，海湾（湾区）的外边界可适当向外延伸，但整体不超过沿海地方政府管辖的近岸海域范围[①]。

（2）划定原则

①以落实行政主体为导向。

管控单元的划定以区（县）一级行政区划为依据，结合《中国海湾志》第十二分册（广西海湾）、《我国部分海域海岛标准名称》、《全国沿海海湾（湾区）

---

① 近岸海域范围：依据《近岸海域环境功能区管理办法》，是指与沿海省、自治区、直辖市行政区域内的大陆海岸、岛屿、群岛相毗连，《中华人民共和国领海及毗连区法》规定的领海外部界限向陆一侧的海域。渤海的近岸海域，为自沿岸低潮线向海一侧 12 海里以内的海域。全国近岸海域面积约 31 万千米 [2]。

划分情况报告》、《广西壮族自治区海洋国土空间规划》并结合《广西"十四五"海洋生态环境保护形势与任务研究报告》，以及广西北钦防沿海三市城市及河流特点、易超标国控点位。确保每个管控单元只对应一个区（县），从而避免责任不清的问题，有助于压实区（县）一级人民政府责任，推动湾长制有效落实。

②以美丽海湾保护与建设为目标。

对接海洋生态环境保护高质量发展"十四五"规划和美丽海湾建设要求，以自治区美丽海湾划分单元为基础，根据区（县）级行政区划和岸线利用情况等进一步分解形成管控单元。通过管控单元的有效治理实现美丽海湾的保护与建设。

③与国土空间规划等相关规划、区划相衔接。

管控单元的管控要求应与国土空间规划、生态保护红线、近岸海域环境功能区划及"三线一单"生态环境分区管控要求一致。

按照上述原则，将广西境内沿海大小海湾从西至东划分为北仑河口-珍珠湾、西湾（含江山半岛东岸）、东湾（含企沙半岛南岸）、钦州湾-防城港段、钦州湾-钦州段、三娘湾、大风江口-钦州段、大风江口-北海段、廉州湾、银滩岸段、铁山港湾、铁山港湾东侧岸段和涠洲岛共 13 个美丽海湾单元（表 1-3），各单元管控要求与国土空间规划、生态保护红线、近岸海域环境功能区划及"三线一单"生态环境分区管控要求一致。

（3）水质点位布设

根据美丽海湾划分，结合目前广西已布设的国控和区控水质监测点位，其中涠洲岛和钦州湾-防城港段无国控海水监测点位，采用区控点位，广西美丽海湾点位具体位置见表 1-4。

①北仑河口-珍珠湾。

北仑河口-珍珠湾海域位于防城港市江山半岛南端至京岛海域，岸线长度约为 96 千米，海域面积约为 237 千米^2。主要功能为海洋保护及农渔业，兼顾港口航运及旅游休闲娱乐。珍珠湾湾口内大部分海岸线均涉及北仑河口国家级自然保护区，重点保护红树林生态系统，满足北仑河口红树林海洋保护区用海需要。同时，作为防城港市重要的海水养殖区域，保护泥蚶、文蛤等重要水产种质资源，应适当选择养殖品种和控制养殖密度，优化养殖用海布局；湾内海岛及海岸周边区域可适当开发旅游娱乐项目，开展京族三岛的综合整治，提升旅游发展水平。鉴于珍珠湾海洋生态环境本底条件良好、生态保护重要性突出、公众亲海生态产品供给质量较高，广西"十四五"期间将珍珠湾段建设成为"鱼鸥翔集、人海和谐"的生态型第一批美丽海湾。

表 1-3　广西美丽海湾单元划分

序号	单元名称	行政归属	空间范围（起止点，坐标系 CGCS2000）	岸段总长/千米	主要入海河流	典型生态系统保护目标	管控单元主要利用现状
1	铁山港湾东侧岸段	北海市合浦县	粤桂分界线—合浦县白沙镇沙尾村（109°44'58.56"N，21°33'49.26"E；109°38'1.26"N，21°33'45.89"E）	83.34	白沙河	山口国家级红树林自然保护区、合浦儒艮自然保护区、海草床、红树林、马氏珍珠贝原种场、江豚等	保护区、休闲娱乐区
2	铁山港湾	北海市合浦县、铁山港区	合浦县白沙镇沙尾村—营盘镇黄稍村（109°38'1.26"N，21°33'45.89"E；109°29'28.28"N，21°28'34.02"E）	200.94	—	红树林、马氏珍珠贝原种场	港口航运区、农渔业区、保留区、休闲娱乐区、工业与城镇用海区
3	银滩岸段	北海市铁山港区、银海区	铁山港区营盘镇黄稍村—冠头岭国家森林公园（109°29'28.28"N，21°28'34.02"E；109°2'30"N，21°2'73.80"E）	108.18	南康江	岸线和沙滩自然景观、红树林、珍珠贝、蓝圆鲹和二长棘鲷产卵场	旅游休闲娱乐区、工业与城镇用海区
4	廉州湾	北海市海城区、合浦县	冠头岭国家森林公园—合浦县西场镇那隆村（109°2'30"N，21°2'73.80"E；109°0'16.16"N，21°36'16.50"E）	105.48	南流江、西门江	红树林、岸线和沙滩自然景观	港口航运区、工业与城镇用海区、旅游休闲娱乐区、农渔业区
5	大风江口—北海段	北海市合浦县	合浦县西场镇那隆村—西场镇装屋村（109°0'16.16"N，21°36'16.50"E；108°54'30.38"N，21°45'21.02"E）	60.15	大风江	茅尾海自治区级自然保护区大风江口片区	保护区、保留区、矿产与能源区
6	大风江口—钦州段	钦州市钦南区	钦南区那丽镇土地田村—犀牛脚镇沙角村（108°54'30.38"N，21°45'21.02"E；108°51'46.25"N，21°37'34.33"E）	258.16	大风江	茅尾海自治区级自然保护区大风江口片区	保护区、保留区
7	涠洲岛	北海市海城区	涠洲岛、斜阳岛及周边海域	32.00	—	涠洲岛珊瑚礁生态保护区、自治区级鸟类自然保护区、布氏鲸等	保护区、旅游休闲娱乐区、港口航运区、海上石油开采区
8	三娘湾	钦州市钦南区	钦南区犀牛脚镇沙角村—鹿耳环江东侧（108°51'46.25"N，21°37'34.33"E；108°42'48.52"N，21°41'49.56"E）	66.30	—	白海豚、海岛和沙滩资源、沿岸重要自然景观和人文景观	保护区、农渔业区、旅游休闲娱乐区、工业与城镇用海区

续表

序号	单元名称	行政归属	空间范围（起止点，坐标系 CGCS2000）	岸段总长/千米	主要入海河流	典型生态系统保护目标	管控单元主要用利用现状
9	钦州湾-钦州段	自贸区钦州港片区、钦南区	鹿耳环江东侧—茅尾海钦防边界（108°42'48.52"N, 21°41'49.56"E; 108°27'45.89"N, 21°53'55.90"E）	191.60	钦江、茅岭江	红树林、茅尾海自治区级红树林自然保护区、七十二泾海洋生态、国家海洋公园、龙门港观音堂海岸景观	保护区、海洋公园、农渔业区、旅游休闲娱乐区、港口航运区、航道、工业与城镇用海区
10	钦州湾-防城港港段	防城港市防城港区、港口区	防城港区茅岭镇沙坳村—光坡镇符屋村（108°27'45.89"N, 21°53'55.90"E; 108°30'18.44"N, 21°35'22.53"E）	174.86	—	红树林	农渔业区、工业与城镇用海区、保留区
11	东湾（含企沙半岛南岸）	防城港市港口区	光坡镇符屋村—防城港401号泊位东侧（108°30'18.44"N, 21°35'22.53"E; 108°20'3.82"N, 21°35'9.68"E）	198.19	—	红树林、自然岸线	港口航运区、工业与城镇用海区、农渔业区
12	西湾（含江山半岛东岸）	防城港市港口区、防城区	防城港401号泊位—白龙古炮台（108°20'3.82"N, 21°35'9.68"E; 108°12'46.95"N, 21°30'10.80"E）	65.02	防城江	红树林、海岸自然景观	旅游休闲娱乐区、港口航运区、农渔业区、工业与城镇用海区
13	北仑河口—珍珠湾	防城港市东兴市	白龙古炮台—中越交界（108°12'46.95"N, 21°30'10.80"E; 107°59'56.4"N, 21°32'54.76"E）	100.47	北仑河	北仑河口国家级红树林自然保护区、海草床、珊瑚礁、岸线和沙滩自然景观、蓝圆鲹和二长棘鲷产卵场	保护区、农渔业区、港口航运区、旅游休闲娱乐区、保留区

表 1-4　广西美丽海湾点位位置名称一览表

"十四五"站位名称	经度/°	纬度/°	海湾（湾区）单元	海湾海域	行政区域	具体位置
GXN05001	109.029	21.535	廉州湾	廉州湾	北海市	廉州湾南流江入海口附近（禁养区）
GXN05002	108.921	21.528	廉州湾	廉州湾靠外海域	北海市	廉州湾浅海渔业用海区（养殖区）
GXN05003	109.601	21.496	铁山港湾	铁山港湾	北海市	铁山港湾口处排污区
GXN05004	109.086	21.4882	廉州湾	廉州湾	北海市	北海港港区（外沙）
GXN05005	109.7727	21.4234	铁山港湾东侧岸段	合浦儒艮保护区海域	北海市	合浦儒艮保护区实验区
GXN05006	108.95	21.4399	廉州湾	廉州湾靠外海域	北海市	廉州湾南部浅海限养区
GXN05007	109.372	21.4319	银滩岸段	铁山港湾（营盘）	北海市	营盘镇沙虫坪附近（西村-营盘南面浅海限养区）
GXN05008	109.637	21.3877	铁山港湾东侧岸段	铁山港湾	北海市	合浦儒艮保护区核心区
GXN05009	109.2024	21.3672	银滩岸段	北海银滩-竹林岸段	北海市	广西北海滨海国家湿地公园南部海域（白虎头南面浅海限养区）
GXN05013	109.2637	21.377	银滩岸段	北海银滩-竹林岸段	北海市	北海西村靠外海域（西村-营盘南面浅海限养区）
GXN05014	109.0887	21.3803	银滩岸段	北海银滩-竹林岸段	北海市	北海电建村靠外海域（侨港西南面浅海限养区）
GXN05015	109	21.447	廉州湾	廉州湾靠外海域	北海市	北海冠头岭靠外海域［北海港（石埠岭）港口区］
GXN05016	109.4389	21.4112	银滩岸段	铁山港湾（南康江）	北海市	北海南康江入海靠外海域［北海港（石埠岭）港口区］
GXN05018	109.5576	21.643	铁山港湾	铁山港湾	北海市	铁山港湾内（白沙头港口区）
GXN14001	108.5482	21.799	钦州湾-钦州段	钦州湾（茅尾海）	钦州市	茅尾海中部
GXN14002	108.619	21.635	钦州湾-钦州段	钦州湾（钦州港）	钦州市	钦州港中部
GXN14004	108.628	21.5098	钦州湾-钦州段	钦州湾南部海域	钦州市	钦州湾南部海域
GXN14006	108.73	21.5245	三娘湾	钦州湾南部海域	钦州市	钦州湾南部海域
GXN14007	108.8597	21.6597	大风江口-钦州段	大风江口	钦州市	大风江口海域中部

续表

"十四五" 站位名称	经度/°	纬度/°	海湾（湾区） 单元	海湾海域	行政 区域	具体位置
GXN14008	108.8853	21.601	大风江口-北 海段	大风江口	钦州市	大风江口海域湾口
GXN14009	108.7121	21.6357	三娘湾	钦州湾 （钦州港）	钦州市	钦州急水门附近
GXN14010	108.5989	21.6999	钦州湾-钦 州段	钦州湾 （钦州港）	钦州市	钦州 2 号锚地附近
GXN16001	108.4021	21.632	东湾（含企沙 半岛南岸）	防城港东湾	防城 港市	防城港东湾港口区内
GXN16002	108.357	21.54	东湾（含企沙 半岛南岸）	防城港东湾	防城 港市	防城港湾口
GXN16003	108.216	21.548	北仑河口-珍 珠湾	珍珠湾	防城 港市	防城港珍珠湾内
GXN16004	108.1	21.4812	北仑河口-珍 珠湾	北仑河口	防城 港市	防城港北仑河口附近
GXN16006	108.4755	21.5018	东湾（含企沙 半岛南岸）	防城港湾南部 海域	防城 港市	防城港湾南部海域
GXN16008	108.291	21.4927	西湾（含江山 半岛东岸）	防城港湾南部 海域	防城 港市	防城港白浪滩景区靠外 海域
GXN16009	108.1495	21.4888	北仑河口-珍 珠湾	北仑河口	防城 港市	防城港金滩靠外海域
GXN16010	108.2	21.4916	北仑河口-珍 珠湾	珍珠湾南部 海域	防城 港市	防城港白龙尾附近
GXN16011	108.3347	21.6239	西湾（含江山 半岛东岸）	防城港西湾	防城 港市	防城港西湾内
GXN16012	108.3272	21.5874	西湾（含江山 半岛东岸）	防城港西湾	防城 港市	防城港西湾湾口
GXN16013	108.2004	21.5215	北仑河口-珍 珠湾	珍珠湾	防城 港市	防城港珍珠湾湾口

　　北仑河口-珍珠湾范围内有 GXN16003、GXN16004、GXN16009、GXN16010、GXN16013 共 5 个国控海水监测点位。汇入北仑河口-珍珠湾的入海河流主要有北仑河。

　　②西湾（含江山半岛东岸）。

　　防城港西湾海域位于渔万岛西侧、江山半岛东侧，海岸线长约 74 千米，面积约 193 千米^2。海域主要功能为旅游休闲娱乐。其中，西湾段沿岸多为城市建成区，人口密度相对较高，建设美丽海湾的公众需求较为迫切。近年来，西湾开展了蓝色海湾整治等一系列工程措施，取得了一定成效，该海域的美丽海湾建设具有良好的实施基础。因此，建议在"十四五"期间将西湾段建设成为"城海融合、宜居、宜业、宜游"的美丽海湾。江山半岛东岸段以滨海旅游开发为主，产业尚处于成长期，区域各类基础设施建设有待进一步加强。

西湾（含江山半岛东岸）范围内有 GXN16008、GXN16011、GXN16012 共3个国控海水监测点位。汇入西湾（含江山半岛东岸）的入海河流主要有防城江。

③东湾（含企沙半岛南岸）。

东湾（含企沙半岛南岸）是我国沿海主要港口和广西沿海主力港。防城港湾依托港口，形成了原材料、农产品等大宗商品的集散大通道，形成了包括钢铁、有色金属、化工、能源、粮油食品、装备制造在内的六大支柱产业。

东湾（含企沙半岛南岸）范围内有 GXN16001、GXN16002、GXN16006 共3个国控海水监测点位。

④钦州湾-防城港段；⑤钦州湾-钦州段。

钦州湾位于广西北部湾顶部，广西沿岸中段，地处防城港市和钦州市之间。钦州湾东、西、北面为陆地所环绕，南面与北部湾相通。钦州湾北面的半封闭海湾为茅尾海，南面为与北部湾相连通的钦州港，茅尾海和钦州港中间狭窄处为龙门港。钦州湾北面有钦江、茅岭江淡水汇入，饵料充足，海产品资源十分丰富，海水养殖业发达，是近江牡蛎、对虾、青蟹等优质海养产品的天然产地。尤其是牡蛎养殖业发展迅速，钦州湾目前已成为中国最大的牡蛎养殖基地。湾内有数百公顷红树林，设有国家级海洋公园以及省级红树林自然保护区。

钦州湾-钦州段范围内有 GXN14001、GXN14002、GXN14004、GXN14010共4个国控海水监测点位。钦州湾-防城港段目前暂无国控点位。汇入钦州湾-钦州段的入海河流主要有钦江和茅岭江。

⑥三娘湾。

三娘湾位于钦州南端的北部湾沿海，即钦州湾以东、大风江以西海域。三娘湾是钦州的独立海湾，以碧海、沙滩、奇石、绿林、渔船、渔村、海潮、中华白海豚而著称，素有"中华白海豚之乡"美称。三娘湾河口上游植被良好，生物资源丰富，是中华白海豚的重要生存海域之一。三娘湾拥有独特的旅游资源，是钦州最著名和最有特色的滨海旅游区之一。

三娘湾范围内有 GXN14006、GXN14009 共2个国控海水监测点位。

⑦大风江口-钦州段；⑧大风江口-北海段。

大风江口位于北部湾顶端，地处钦州市钦州湾和北海市廉州湾之间。湾口朝南，口门东起合浦西场的大木城，西至钦州犀牛脚大王山。

大风江口-钦州段、大风江口-北海段范围内分别有 GXN14007、GXN14008

各 1 个国控海水监测点位，汇入大风江口海域的入海河流主要有大风江。

⑨廉州湾。

廉州湾位于广西近岸海域东北部，北海市区北侧，南起北海市冠头岭，北至合浦县西场镇的高沙海湾，全湾岸线长约 72 千米，海湾面积约 109 千米^2。

廉州湾范围内有 GXN05001、GXN05002、GXN05004、GXN05006、GXN05015 共 5 个国控海水监测点位。汇入廉州湾的入海河流主要有南流江和西门江。

⑩银滩岸段。

银滩岸段位于北海市南部海域，是平直海岸段及中小港口的集合体，涵盖了海湾名录中的西村港、南港、沙虫寮港、电白寮港、白龙港和营盘港。岸线长约 111.31 千米，总面积约 181.2 千米^2。东部有南康江汇入。滨海旅游和生物资源丰富，拥有 AAAA 级银滩旅游区和滨海国家湿地公园。银滩旅游区东西延绵 24 千米，海滩宽度 300～7000 米不等，沙滩坡度平缓，浴场面积宽阔。广西北海滨海国家湿地公园湿地面积 1827 公顷，湿地公园野生动物种类繁多。

银滩岸段范围内有 GXN05007、GXN05009、GXN05013、GXN05014、GXN05016 共 5 个国控海水监测点位。汇入银滩岸段的入海河流主要有南康江。

⑪铁山港湾。

铁山港湾位于广西沿岸东部，与广东省英罗港相邻，是一个狭长的台地溺谷型海湾，呈南北走向，型似喇叭状，水域南北长约 40 千米，东西最宽处 10 千米，海湾面积约 120 千米^2，东部有白沙河汇入。铁山港区港口主要有位于西岸的铁山港、营盘港、白龙港及东岸的沙田港。

铁山港湾范围内有 GXN05003、GXN05018 共 2 个国控海水监测点位。

⑫铁山港湾东侧岸段。

铁山港湾东侧岸段与广西合浦县白沙镇、沙田镇相邻。海域有国家一级保护动物中华白海豚、儒艮（又名美人鱼）。其附近海底地形属强流型海岸地区，深槽与沙脊并列。沿岸海底地貌主要以潮流深槽、潮流沙脊、潮间浅滩和海底平原等类型为主。

铁山港湾东侧岸段范围内有 GXN05005、GXN05008 共 2 个国控海水监测点位。汇入铁山港湾东侧岸段的入海河流主要有白沙河。

⑬涠洲岛。

涠洲岛位于广西北海市北部湾的海面上，距离北海市 21 海里。涠洲岛南北长约 6 千米，东西最宽约 5 千米，陆地面积为 26.88 千米^2（含斜阳岛 1.9 千米^2），潮间带面积约 3.47 千米^2，是我国北部湾地区最大的岛屿。涠洲岛兼具独特的火山地质景观和丰富的珊瑚礁资源，其中北海涠洲岛火山国家地质公园包括整个涠洲岛；广西涠洲岛珊瑚礁国家级海洋公园于 2012 年成立，总面积约 2512.92 公顷，主要保护对象为珊瑚礁生态系统及其生态环境。

涠洲岛范围内无国控海水监测点位，有 BH1、BH2、BH3 共 3 个广西近岸海域预警监测点位。

1.2　广西近岸海域环境现状

广西海洋生态质量优良，2022 年优良水质面积比例为 94.5%，连续十一年保持全国前三。

1.2.1　广西海洋环境质量保持优良

1. 水质状况

2010～2020 年广西近岸海域水质稳定，水质状况为"优"，优良水质面积比例变化范围为 88.8%～97.1%，平均值为 92.2%。2010～2020 年广西海域面积优良比例年际变化见图 1-16。广西海域总体都处在良好以上水平，在全国沿海城市海水水质优良率达到前列。

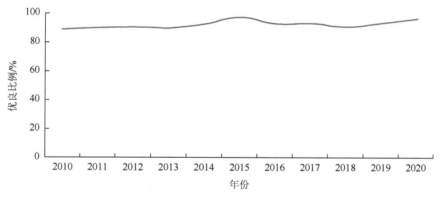

图 1-16　2010～2020 年广西海域面积优良比例年际变化

（注：数据来源于广西生态环境厅近岸海域监测数据）

广西近岸主要超二类海水标准因子为无机氮和活性磷酸盐。2020 年广西海域无机氮浓度年均值 0.082 毫克/升，高值区分布在茅尾海、大风江口。2010～2020 年无机氮浓度总体趋势变化不明显。2020 年广西海域活性磷酸盐浓度年均值 0.0077 毫克/升，高值区分布在茅尾海、廉州湾海域。2010～2020 年活性磷酸盐浓度总体呈不显著。具体见图 1-17。

2020 年广西海域富营养化指数均值为 0.3，总体为贫营养状态，中度富营养化海域分布在茅尾海海域。富营养化状况为贫营养。2010～2020 年广西海域富营养化指数总体趋势变化不明显。具体见图 1-18。

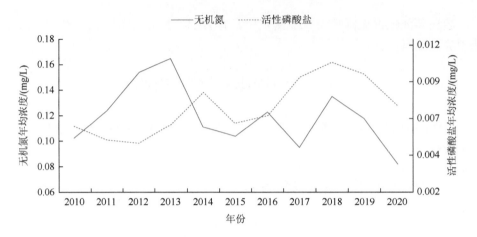

图 1-17　2010~2020 年广西海域无机氮和活性磷酸盐年均浓度变化

（注：数据来源于广西生态环境厅近岸海域监测数据）

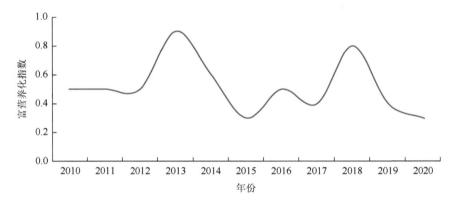

图 1-18　2010~2020 年广西海域富营养化指数变化情况

（注：数据来源于广西生态环境厅近岸海域监测数据）

　　2011~2020 年，5 个重点海湾中，水质优良点位比例保持较好依次为北仑河口-珍珠湾、铁山港湾、防城港湾、廉州湾、钦州湾。2011~2020 年各海湾变化趋势不显著。

　　其中，北仑河口-珍珠湾 4 个点位水质优良比例均为 100%；防城港湾 4 个点位水质优良比例为 75%~100%，75% 和 100% 占一半年份，其中劣四类水质发生在 2017 年，GX009 近三年水质保持 100%；铁山港湾 5 个点位水质优良比例为 60%（2016 年）~100%，除了 2016 年和 2019 年外，其他年份优良比例均为 100%，近五年水质波动变化较大；廉州湾 5 个点位水质优良比例为 40%（2011 年）~100%，近五年优良比例波动升高；钦州湾 10 个点位水质优良比例为 20%

（2013 年）～60%（2015 年），除了 2015 年水质状况为"一般"外，其他年份均为"差"，劣四类水质比例为 0%～40%（图 1-19）。

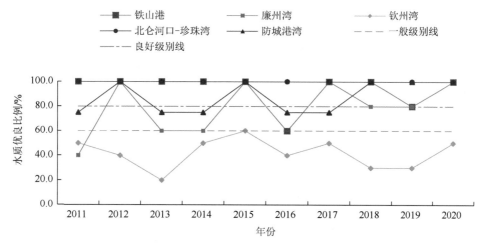

图 1-19　2011～2020 年五海湾海水水质类别比例

2. 海洋沉积物质量状况

2020 年广西海域表层沉积物质量状况为"优良"，2015 年、2017 年、2019 年、2020 年四年表层沉积物质量状况维持在"一般"至"优良"之间，第一类标准的点位比例由 2015 年的 84.2%上升到 2020 年的 87.5%。具体见图 1-20。

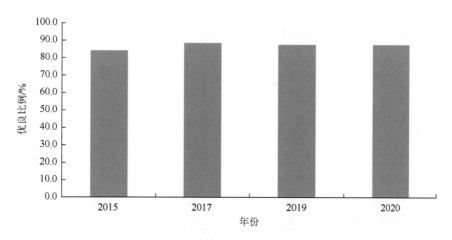

图 1-20　广西海域海洋沉积物质量状况变化（40 个点位）

（注：数据来源于广西生态环境厅近岸海域监测数据）

1.2.2　广西主要入海河流水质优良率提升

2020 年广西沿海 9 条主要入海河流 11 个监测断面入海河流断面Ⅰ～Ⅲ类水质比例为 90.9%，整体水质状况为"优"。2015～2020 年入海监测断面Ⅰ～Ⅲ类水质比例总体呈上升趋势，到 2020 年水质状况由"轻度污染"转化为"优"。2015～2020 年广西入海河流Ⅰ～Ⅲ类水质比例年际变化见图 1-21。

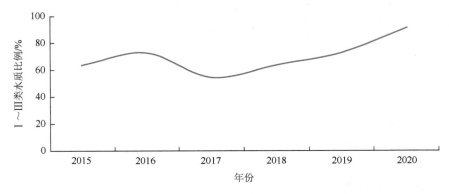

图 1-21　2015～2020 年广西入海河流Ⅰ～Ⅲ类水质比例年际变化

（注：数据来源于广西生态环境厅及国家地表水采测分离共享监测数据）

2020 年水质年均浓度超Ⅲ类标准的因子有总磷、氨氮、化学需氧量和溶解氧。2015～2020 年总磷和氨氮水质年均浓度均超Ⅲ类标准，总磷和氨氮水质年均浓度超标率呈波浪变化，总体趋势不明显。具体见图 1-22。

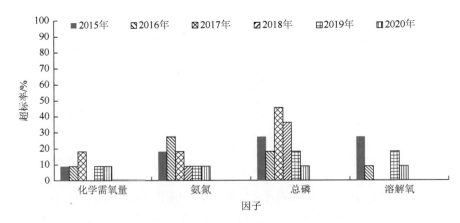

图 1-22　2015～2020 年入海河流入海监测断面水质年均值超Ⅲ类标准因子

2015～2020 年南流江（南域和亚桥）、钦江（高速公路东桥和高速公路西桥）入海断面总磷和氨氮年均水质浓度总体变化不明显，氨氮年均水质浓度呈现降低趋势，南流江亚桥和钦江高速公路西桥入海断面总磷年均水质浓度有缓慢下降迹象，南流江南域入海监测断面总磷年均水质浓度趋势变化不明显，钦江高速公路东桥入海断面总磷年均水质浓度呈缓慢上升趋势。具体见图 1-23 至图 1-26。

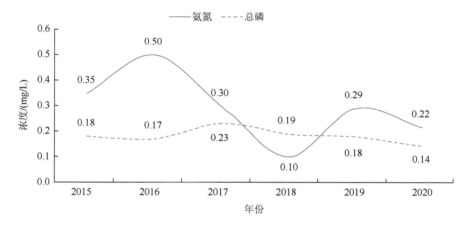

图 1-23　2015～2020 年南流江南域入海监测断面主要因子浓度变化图
（注：数据来源于广西生态环境厅及国家地表水采测分离共享监测数据）

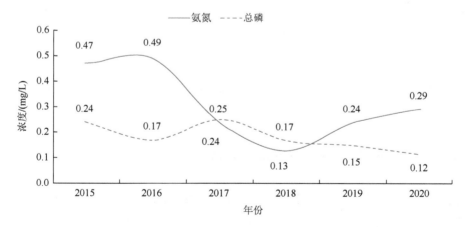

图 1-24　2015～2020 年南流江亚桥入海监测断面主要因子浓度变化图
（注：数据来源于广西生态环境厅及国家地表水采测分离共享监测数据）

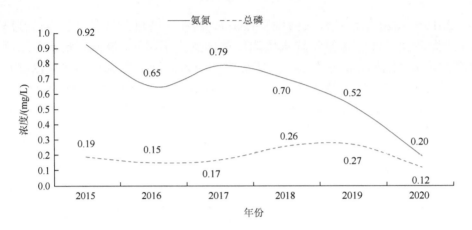

图 1-25　2015～2020 年钦江高速公路东桥入海监测断面主要因子浓度变化图
（注：数据来源于广西生态环境厅及国家地表水采测分离共享监测数据）

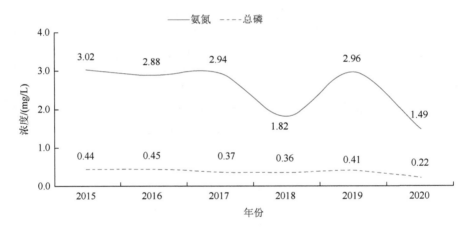

图 1-26　2015～2020 年钦江高速公路西桥入海监测断面主要因子浓度变化图
（注：数据来源于广西生态环境厅及国家地表水采测分离共享监测数据）

1.2.3　直排入海排污口达标率逐步升高

近十年，广西直排入海排污口达标率持续增长，超标排污口逐步截流、达标。

2020 年对 44 个直排入海排污口监测中，清理整治达标率为 94.5%，其中工业企业排污口清理整治达标率为 100%，市政排污口清理整治达标率为 92.6%。2015～2020 年监测的直排入海排污口清理整治达标率总体呈上升趋势。具体见图 1-27。

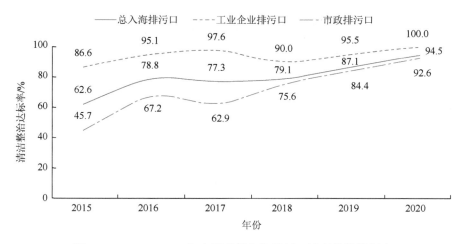

图 1-27　2015～2020 年广西直排入海排污口清理整治达标率

（注：数据来源于广西生态环境厅直排入海监测数据）

2015～2020 年排污口超标的因子有总磷、总氮、氨氮、生化需氧量、化学需氧量、悬浮物等。2015～2020 年氨氮、生化需氧量、化学需氧量、悬浮物超标率总体呈缓慢下降趋势。总磷超标率趋势变化不明显。具体见表 1-5。

表 1-5　2015～2020 年广西直排入海排污口超标因子超标率统计　（单位：%）

年份	悬浮物	化学需氧量	生化需氧量	氨氮	总氮	总磷
2015	10.5	27.9	29.4	23.3	0.0	38.5
2016	6.7	10.4	15.1	16.3	1.7	17.0
2017	5.1	17.4	30.5	14.6	7.5	39.9
2018	8.5	16.1	17.6	16.0	27.1	38.5
2019	5.2	6.5	7.2	10.3	19.5	29.0
2020	2.1	2.7	5.7	2.7	3.4	13.7

注：排污口超标因子超标率 = 因子超标次数/该因子监测次数。

1.2.4　污染物入海总量无明显变化

2020 年排入广西海域的污染物总量为 106 551 吨。2015～2020 年污染物总量趋势变化不明显，其中海水养殖污染物排放量呈上升趋势。2015～2020 年广西入海污染源以入海河流携带污染物和海水养殖污染物为主，两者入海排放量占总入海量 92.1% 以上，其中，河流携带污染物占总入海量比重呈降低趋势，海水养殖污染物排放量占比上升趋势显著。可见在入海河流污染物入海量不断降低的情况下海水养殖污染物入海量成为影响广西污染物入海量减少排放的主要因素。

2015~2020 年广西入海污染物均以有机物（高锰酸盐指数）和总氮为主，两者入海量占总入海量 96.8%以上。广西各入海污染物趋势变化均不明显。具体见表 1-6 和图 1-28、图 1-29。

表 1-6　2015～2020 年广西污染物入海量统计

| 名称 | 年份 | 污染物入海量/（吨/年） | | | | | | 占比/% |
		高锰酸盐指数	石油类	总氮	总磷	重金属	合计	
入海河流	2015	44 752	99	31 013	2 390	68	78 322	74.9
	2016	43 600	44	30 796	1 801	42	76 283	77.1
	2017	42 876	37	35 495	2 356	31	80 796	76.0
	2018	41 646	182	29 536	2 068	52	73 484	73.4
	2019	39 640	134	27 764	1 888	51	69 477	70.0
	2020	46 889	129	27 959	1 523	51	76 551	71.8
直排海工业企业	2015	405	1	114	2	0	523	0.5
	2016	315	0	51	1	0	367	0.4
	2017	417	1	85	2	0	504	0.5
	2018	614	3	279	45	0	942	0.9
	2019	2 958	5	418	4	0	3 385	3.4
	2020	439	1	139	4	3	583	0.5
入海市政排污口	2015	4 804	19	2 389	447	1	7 660	7.3
	2016	1 416	24	1 364	342	1	3 147	3.2
	2017	1 601	12	1 545	204	2	3 365	3.2
	2018	1 504	13	1 631	203	1	3 352	3.3
	2019	872	9	1 322	146	1	2 351	2.4
	2020	1 573	20	1 676	528	1	3 798	3.6
海水养殖	2015	14 545	—	3 175	282	—	18 003	17.2
	2016	15 489	—	3 386	299	—	19 175	19.4
	2017	17 381	—	3 866	341	—	21 588	20.3
	2018	18 019	—	4 018	357	—	22 395	22.4
	2019	19 244	—	4 349	388	—	23 981	24.2
	2020	20 186	—	4 958	475	—	25 619	24.0
入海总量	2015	64 506 (61.7%)	119 (0.1%)	36 691 (35.1%)	3 121 (3.0%)	69 (0.1%)	104 508 (100%)	100 —
	2016	60 820 (61.5%)	68 (0.1%)	35 597 (36.0%)	2 443 (2.5%)	43 (0.0%)	98 972 (100%)	100 —
	2017	62 275 (58.6%)	50 (0.0%)	40 991 (38.6%)	2 903 (2.7%)	33 (0.0%)	106 253 (100%)	100 —

续表

| 名称 | 年份 | 污染物入海量/（吨/年） | | | | | | 占比/% |
		高锰酸盐指数	石油类	总氮	总磷	重金属	合计	
入海总量	2018	61 783	198	35 464	2 673	53	100 173	100
		（61.7%）	（0.2%）	（35.4%）	（2.7%）	（0.1%）	（100%）	—
	2019	62 714	148	33 853	2 426	52	99 194	100
		（63.2%）	（0.1%）	（34.1%）	（2.4%）*	（0.1%）	（100%）	—
	2020	69 087	150	34 732	2 530	55	106 551	100
		（64.8%）	（0.1%）	（32.6%）	（2.4%）	（0.1%）	（100%）	—

注：①入海河流污染物入海量以 2003～2012 年平均径流量进行统计。

②重金属统计包括汞、砷、镉、铅和六价铬。

③没有监测高锰酸盐指数浓度污染源，高锰酸盐指数浓度 = 化学需氧量浓度×0.4。

④小计数字的和可能不等于总计数字，是因为有些数据进行过舍入修约。

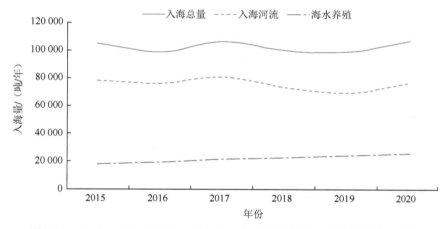

图 1-28　2015～2020 年广西入海总量、入海河流及海水养殖污染物入海量

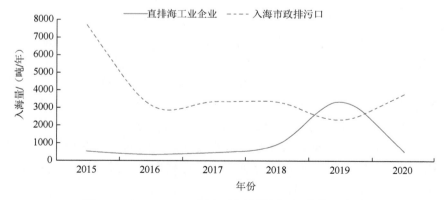

图 1-29　2015～2020 年广西入海排污口污染物入海量

1.2.5　海洋环境保护工作力度加大

　　广西深入践行习近平生态文明思想，以及党中央、国务院关于生态文明和环境保护的决策部署，认真贯彻落实习近平总书记对广西"五个更大"重要要求及视察广西"4·27"重要讲话和对广西工作系列重要指示精神，出台《关于厚植生态环境优势推动绿色发展迈出新步伐的决定》，坚持把绿色发展理念贯穿广西经济社会发展全过程和各领域，夯实绿色低碳发展根基，汇聚绿色低碳发展合力，把海洋生态环境保护纳入凝心聚力建设新时代中国特色社会主义壮美广西总体布局，加大海洋生态环境保护力度，以改善生态环境质量为核心，完善制度体系，污染防治和生态修复并举，保护海洋生物多样性，扎实推进海洋生态环境保护各项工作任务落地见效，海洋环境质量稳中有升，海洋生态系统基本保持稳定，"水清滩净、鱼鸥翔集、人海和谐"美丽海湾景象逐步呈现，广西向海经济高质量发展和海洋生态环境高水平保护局格初步形成。

　　1. 海洋生态环境保护制度体系不断完善

　　一是完善海洋环境保护法规制度，在出台实施《广西壮族自治区海洋环境保护条例》后，进一步完善海洋环境保护法规体系建设，自2016年起先后出台了《广西壮族自治区红树林资源保护条例》《北海市涠洲岛生态环境保护条例》。二是印发实施海洋环境保护规划方案，制定《广西壮族自治区海洋主体功能区划》《广西海洋生态红线划定方案》《广西壮族自治区"三线一单"环境管控单元及生态环境准入清单（试行）》，进一步完善海洋环境保护法规体系建设。印发《广西北部湾经济区生态环境建设与保护一体化规划》《广西壮族自治区海洋生态环境保护高质量发展"十四五"规划》，细化分解各规划目标指标和任务，明确部门分工和沿海三市责任。三是建立健全海洋环境保护工作机制，成立重点流域生态环境保护和水环境治理工程指挥部，由自治区人民政府分管生态环境工作的自治区领导担任指挥长。成立以自治区生态环境厅为组长单位，发改、工信、自然资源等10个部门（单位）以及北钦防三市政府为成员的沿海生态环保一体化专项工作小组，制定《广西北部湾沿海城市环境治理联席会议制度》，建立健全生态治理联动机制，推动北钦防一体化高质量发展。日常监督管理中，实行专家"把脉问诊"、定期通报预警、深入现场调研指导、工作进度调度、生态环境保护督察等制度，加强跟踪督办，压实责任，同时与广西海警局、自治区海洋局建立联合工作机制，开展联合执法、设备共享、信息互通，全力推进海洋生态环境保护工作。

2. 沿海地区产业绿色升级持续推进

一是大力推动传统水产养殖方式转型升级。按照自治区农业农村厅等十厅局联合印发《关于加快推进广西水产养殖业绿色发展的实施意见》，编制《广西"十四五"渔业高质量发展规划》《广西"十四五"大水面生态渔业高质量发展规划》《广西水产养殖尾水生态处理设施建设要点（试行）》等文件；开展水产绿色健康养殖"五大行动"，建设各类示范基地共 46 个，示范面积超过 6000 亩；开展国家级水产健康养殖和生态养殖示范创建工作，东兴市获评广西首批国家级渔业健康养殖示范县（市、区），实现零的突破。二是积极推动产业结构优化升级。制定出台《广西工业产业结构调整指导目录（2021 年本）》，从鼓励、限制、改造、淘汰、禁止 5 个方面对全区 14 个行业进行明确规定，引导全区重点产业加快优化调整。开展重点行业（冶金、有色、建材、汽车等）绿色制造体系建设示范，钦州、防城港分别有 1 家获 2021 年自治区级绿色工厂。同时加强沿海项目环境准入管理，严格落实"三线一单"管控要求，加强生态空间环境评价影响管控，把生态保护红线、环境质量底线、资源利用上线和环境准入清单等要求转化为区域开发和保护的刚性约束。北海、钦州、防城港三市先后印发《关于实施"三线一单"生态环境分区管控的意见》，编制《生态环境准入及管控要求清单（试行）》。

3. 陆源入海污染治理不断深化

一是深化重点海湾和入海河流生态环境综合整治。以开展廉州湾、茅尾海、防城港湾三个海湾环境综合整治作为重点，结合中央环保督察及"回头看"、国家海洋环保督察反馈问题，按"一湾一策"要求制定实施污染防治方案。统筹推进钦州湾、廉州湾、防城港湾等近岸海域环境整治和生态修复。印发实施《南流江-廉州湾水体污染防治总体实施方案》，建立陆海统筹的污染防治体系；开展入海河流综合整治，印发实施钦江、西门江及南流江 3 条入海河流水体达标方案，并对白沙河、南康江、下包河等不稳定河流制定"一河一策"工作方案，实施南流江、西门江环境综合整治，钦江流域（灵山县檀圩镇至陆屋镇）水生态环境综合治理项目已申报进入中央水污染防治资金项目储备库。2021 年入海河流 11 个断面持续消除劣Ⅴ类水质，入海河流 11 个断面持续消除劣Ⅴ类水质，Ⅰ～Ⅲ类优良水质断面比例为 72.7%。二是全面推进入海排污口排查整治。投入生态环保资金 300 万元，支持沿海三市全面完成入海排污口的排查、监测、溯源工作，共排查出排口 4746 个。按照"有口皆查、应查尽查"要求，以沿海地市为单元全面开展入海排污口"查、测、溯、治"，印发《广西城市建成区入河（湖、海）排污口排查专项行动方案》《广西入河入海排污口监督管理工作方案（2022—2025 年）》，按时序推进入海排污口的查测溯治，2021 年纳入日常监管的 116 个直排入海排污口废水排放达标率为 97.8%，同比 2021 年提高 14.9 个百分点。三是推进环境基础设施能力建设。印发《北钦防一体化环境保护基础设施建设实施方案》。聚焦沿海工业水污染、城镇污水、工业固废、港口码头污染等集中处置设施和生态环境基础能力建设，着力优布局、补短板、强弱项、提品质，涉及 67 个环境保护基础设施项目，投资 160 亿元，全面提高沿海环境保护基础设施供给质量和运行效率，提升生态环境治理能力。2021 年共投入资金 4000 万元推进沿海深海管网建设，完成深水管网建设 1 项，正在建设 1 项，推动建设 2 项，并有序推进北海、防城港、钦州、玉林市四市排污区和排污口选划论证工作。四是强化畜禽养殖污染治理，持续开展畜禽现代生态养殖，推进粪肥还田政策创新，制定《广西壮族自治区推进畜禽粪肥还田利用试点办法（试行）》，印发《建立畜禽粪肥还田计划和资源化利用台账实施工作方案》。广西多个市县重新划定畜禽养殖禁养区和限养区，划定各入海河流沿岸及沿海畜禽禁养区和限养区，全面开展禁养区内养殖场的清拆工作。印发《重点流域畜禽养殖污染防治攻坚工作方案》，将治理茅岭江和钦江等重点河流中水质不达标支流畜禽养殖污染列为重点任务，不断加强入海河流畜禽养殖粪污治理和资源化利用。2021 年底，畜禽粪污综合利用率达到 92.5%，99.7% 规模养殖场配套有畜禽粪污处理利用设施装备，生态养殖认证比例达 94.8%，新建有机肥厂 270 个。南流江"建池截污、收运还田"畜禽粪污治理经验做法被新华社、中央电视台等多家主流媒体宣传报道，入选中央组织部编写的干部教材《贯彻落实习近平新时代中国特色社会主义思想、在改革发展稳定中攻坚克难案例》，并被国务院第五次大督查选为典型案例。五是强化海水养殖生态环境监管。六是落实城市黑臭水体整治长效管理机制，巩固城市黑臭水体整治成效。2021 年共开展 6 次暗访督查，排查确认北海、防城港、钦州"四乱"问题 979 个，完成整治销号 966 个，销号率 98.67%。将开展河湖"清四乱"作为强化河湖长制工作的主抓手，采取卫星遥感、无人机巡查航拍图斑比对等方式，定期开展排查，严格问题认定，建立问题清单。

4. 海洋污染控制措施得到强化

一是船舶污染防治方面，印发实施《广西北部湾港船舶污染物接收、转运、处置能力评估及相应设施建设方案》，购置生活污水接收船、垃圾回收专用车、油污水接收船等转运设施，专门用于船舶油污水、生活污水及生活垃圾接收转运，严格落实港口船舶污染物接收转运处置联单制度和联合监管制度，加强船舶污染物排放监督检查。广西共有 13 家清污企业从事船舶污染物接收、转运、处置工作（北海 2 家、钦州 4 家、防城港 7 家）。通过科技监管手段、细化量化工作指标、推进船舶污染物检测全覆盖等，加强船舶水污染物排放监视监测，并严格查处船舶违反防污染规定的行为。二是港口码头污染防治方面，加强船舶污染物接收单位监督管理，持续推进港口污染物接收能力建设。实施"一港一策"渔港环境综合治理，大力推动以南澫中心渔港、钦州龙门渔港为重点的渔港渔船环境综合整治升级改造。推动海洋捕捞废旧渔网渔具回收，设置渔网渔具垃圾临时收集柜，统一收集处理废旧渔具，聘请卫生清洁人员每天对渔港码头、港池内的渔网渔具垃圾进行清理。三是海水养殖污染防控方面，沿海三市分别印发实施养殖水域滩涂规划，优化水产养殖产业发展布局。组织完成北海、防城港和钦州海水养殖情况、尾水处理和排放现状调查研究，制定海水养殖尾水广西地方排放标准。根据《广西水产养殖尾水生态处理设施建设要点（试行）》制定细化年度方案，在沿海三市共建立 15 个养殖尾水处理监测示范基地，定期监测养殖尾水水质情况，确保养殖尾水达标排放。开展"养殖尾水治理模式推广行动"，聚焦养殖尾水处理集中连片化、生态化、智能化发展，钦州共创养殖专业合作社共享治污设施模式和康熙岭养殖尾水生态治理项目政企协作模式获得生态环境部肯定并推广。依法依规对新、改、扩建海水养殖项目补办或开展环评审批或备案。对无序、非法海水养殖及禁养区内的海水养殖依法清理整治，严厉打击违法养殖、违法占海、圈海养殖等行为。四是强化海洋工程和海洋倾废环境监管。高标准完成平陆运河环评审批，制定《平陆运河绿色工程专项行动方案》，打造世界级的绿色运河和生态运河。积极争取新海洋倾倒区位置选划，铁山港湾外临时性海洋倾倒区获得生态环境部批复，基本满足西部陆海新通道重大项目疏浚物倾倒需求。严格围填海管控，全面停止新增围填海项目审批，印发已批准但尚未完成围填海项目处置工作实施方案，加快处理围填海历史遗留问题。

5. 红树林保护工作扎实推进

广西认真贯彻落实习近平总书记关于红树林保护重要指示批示精神，按照自治区领导对红树林保护工作作出的批示要求，扎实推进红树林保护修复工作。印发《广西红树林资源保护规划（2020—2030 年）》《广西红树林保护修复专项行动计划实施方案（2020—2025 年）》等文件，明确红树林资源保护总体要求、空间布局、主要任务、重点工程及保障措施，实行分区、分类管理，严格红树林空间和用途管制，大力开展红树林保护修复工作。2021 年，共营造红树林面积 62.78 公顷，优于 45 公顷年度目标要求，修复红树林面积 398.3 公顷，超额完成且优于 178 公顷的年度目标要求。将红树林保护作为自治区生态环境保护督察、"绿盾"自然保护地监督检查、"碧海"专项执法行动的重要内容，加强监督和执法检查，严肃查处破坏红树林违法违规行为。推动完成第二轮中央生态环境保护督察反馈的"红树林破坏问题""广西北部湾国际港务集团生态环境意识淡薄，违规施工致红树林大面积受损问题"等涉红树林问题整改。在全国率先开展红树林

生态系统健康状况和生态状况监测，2018～2022 年，山口、北仑河口红树林生态
系统均呈现健康状态。广西沿海红树林面积稳中有增的显著成效获时任国务院副
总理韩正肯定性批示。生态环境部部长黄润秋在北仑河口国家级自然保护区红树
林保护调研时，对红树林保护成效给予高度肯定。

6. 海洋生态保护修复工作持续加强

一是推进"蓝色海湾"整治行动和海岸带保护修复，2021 年完成修复红树林
湿地面积 35.91 公顷；宜林地恢复 32.3 公顷；沙滩修复 1.43 千米；护岸海堤修复
45.1 千米；退养还滩和退养还湿 54.56 公顷；拆除养殖围堤等构筑物 4.3 千米。北
海冯家江流域生态修复工程入选中国特色生态修复十大典型案例。二是通过"双
评价"确定海洋生态空间和海洋生态红线，开展广西国土空间规划海域部分"两
空间一红线"划定研究、广西海岸带保护利用规划的编制。2019～2022 年，广西
7 个海洋生态保护修复项目获中央资金支持 14.94 亿元，并积极争取全国海洋生态
保护修复工程中央资金支持。三是外来入侵物种防控工作持续推进。北海市、
钦州市将红树林地范围内互花米草治理纳入本市红树林资源保护规划内容，积
极利用各项资金开展互花米草除治。2021 年清理互花米草 122.6 公顷，超额完
成 120 公顷的年度工作目标。四是海洋生物多样性得到有效保护。常态化开展海
湾（北部湾）、红树林（山口、北仑河口、茅尾海）、珊瑚礁（涠洲岛）、海草床（合
浦、珍珠湾）等典型海洋生态系统的监测。典型海洋生态系统监测结果显示，作
为重要的海洋生态监控区，广西红树林、珊瑚礁、海草床等典型海洋生态系统总
体保持稳定状态。此外，广西红树林面积 9412.1 公顷，位居全国第二，广西海草
床面积近 5 年呈逐渐增加趋势，2020 年面积达 81.7 公顷以上。编制完成《涠洲岛
珊瑚礁本底资源调查报告》，截至 2021 年底，共培育珊瑚 20 000 余株，投放人工
礁 400 个，建立修复区 8.1 公顷，珊瑚覆盖率提高 3.9%。北部湾典型的珍稀濒危
生物布氏鲸和中华白海豚频繁现身回归。涠洲岛布氏鲸识别头数 52 头；中华白海
豚分布范围由 144.33 千米^2 增长到 206.22 千米^2，种群数量为 389 头。候鸟迁徙的
重要通道逐渐扩展，候鸟种群数量不断增加，共记录到 350 余种滨海湿地鸟类，
其中，国家一级保护动物和国家二级保护动物分别为 6 种和 50 种。五是滨海湿地
保护修复工作力度不断加大。截至 2021 年，广西沿海建有省级和国家级海洋自然
保护地共 8 处，总面积 574.98 千米^2，占广西滨海湿地总面积的 19.24%。保护对
象包括红树林、海草床、珊瑚礁生态系统及珍稀海洋生物，在保护典型自然生态
系统、改善生态环境质量等方面发挥着十分重要的作用，有效维护着广西的生物
多样性，保护成效得到了国际社会认可。北海市山口红树林湿地、防城港市北仑
河口湿地及广西北海滨海国家湿地公园共 3 处被列入国际重要湿地，成为广西在
全球自然环境保护与可持续发展领域的"世界名片"。

1.3　重点海湾压力来源与制约因素

1.3.1　局部海域环境不稳定，完成国家考核目标压力大

广西近海生态环境质量良好，一直是广西海洋经济发展的最大优势和潜力所在，但在海洋生态环境方面局部海域也呈现不稳定状态。

1. 海水水质不稳定

广西总体水质优良，但茅尾海水质差的局面未得到根本改变，铁山港湾、廉州湾、大风江口、珍珠湾等海域水质存在下降风险，近岸海域污染防治工作任重道远。

2011～2020 年，各重点海湾均发生超标现象，主要超标指标为 pH、无机氮、活性磷酸盐和溶解氧。各海湾中，铁山港湾主要超标指标为 pH 和无机氮。pH 点位超标率为 0%～40%（2016 年）；无机氮为 0%～20%（2019 年）。廉州湾主要超标指标为无机氮和活性磷酸盐。无机氮点位超标率为 0%～60%（2011 年）；活性磷酸盐为 0%～20%（2014 年、2017 年、2019 年）。钦州湾主要超标指标为 pH、无机氮和活性磷酸盐。pH 点位超标率为 0%～60%（2013 年）；无机氮为 40%（2014 年、2015 年）～80%（2013 年）；活性磷酸盐为 10%（2011 年、2013 年、2014 年）～70%（2018 年），其中活性磷酸盐点位超标率变化显著上升，pH 和无机氮变化不显著。防城港湾主要超标指标为 pH、无机氮和活性磷酸盐。pH 点位超标率为 25%；无机氮为 0%～25%（2013 年、2016 年）；活性磷酸盐为 0%～25%（2013 年、2014 年、2017 年）。

全区海水活性磷酸盐指标有上升趋势，其中铁山港湾、钦州湾年平均浓度总体变化趋势为显著上升，廉州湾、防城港湾和北仑河口-珍珠湾总体变化趋势不显著。铁山港湾活性磷酸盐浓度范围为 0.0022 mg/L（2012 年）～0.0138 mg/L（2018 年），钦州湾活性磷酸盐浓度范围为 0.0114 mg/L（2014 年）～0.0371 mg/L（2018 年），廉州湾活性磷酸盐浓度范围为 0.008 mg/L（2016 年）～0.0211 mg/L（2014 年），防城港湾活性磷酸盐浓度范围为 0.011 mg/L（2011 年）～0.0248 mg/L（2017 年），北仑河口-珍珠湾活性磷酸盐浓度范围为 0.0016 mg/L（2013 年）～0.008 mg/L（2017 年），见图 1-30。

2. 海洋垃圾问题日渐突出

广西海洋垃圾主要来源于海水养殖、捕捞以及航运等，以泡沫、塑料袋、渔网、绳索等垃圾为主，结构性、根源性污染特征突出，"保洁"难度大，海洋垃圾

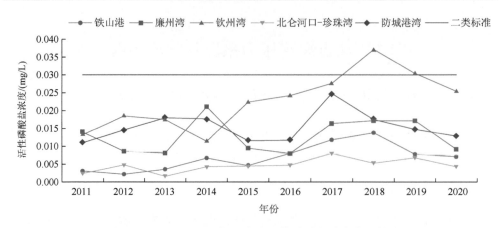

图 1-30　2011～2020 年五海湾活性磷酸盐浓度变化趋势

问题依然普遍，环境状况与人民群众期盼还存在不少差距。此外，近海环境质量不佳、海洋和海岸带生态系统退化等问题依然存在，赤潮、绿潮等海洋生态灾害时有发生。

3. 国家对广西要求越发严格

随着国家对生态环境质量提出了"持续改善，只能更好、不能变差"要求，根据生态环境部《关于印发〈"十四五"及 2021 年近岸海域优良水质比例目标计划〉的函》（环办海洋函〔2021〕500 号）要求，2025 年广西近岸海域水质优良面积比例目标为≥93.0%。预设指标将比"十三五"期间均值 90% 要高 3～4 个百分点；同时年均优良面积比例为一年三期（春夏秋）优良比例的算数均值，取代"十三五"期间以水质均值换算优良比例的计算方式，这意味着要求每期水质都需稳定达到 93% 以上。因此，新的考核方式对广西海洋生态环境，尤其是重点海湾，提出了更高的保护要求。由于目前广西局部海域海水水质不稳定，水质改善不明显，"十四五"期间，广西主要超标海域有茅尾海、钦州港、铁山港湾和大风江口等：茅尾海受海水养殖和沿岸农业面源的影响，常年处于四类—劣四类水质；钦州港受茅尾海海水、周边港口园区排污和海水养殖等的影响，水质处于二类—劣四类变化；大风江口受农业面源和入海河流等的影响，水质波动较大，处于二类—劣四类变化。铁山港湾受入海河流、海水养殖、农业面源和工业排污等影响，水质处于二类—劣四类变化。廉州湾、防城港湾等受入海河流、农业面源等影响，存在水质超标风险。而随着广西经济发展的需求，铁山港湾等重点海湾将要落户更多冶炼、造纸、钢铁、石化、煤电等海洋产业，因此，在现有有限的海洋环境容量下，大力发展广西经济的同时，要提升海水水质优良比例 3～4 个百分点，这使得海洋生态环境保护的难度和压力将持续增加，广西每年完成国家近岸海域水质考核目标的难度也较大。广西海洋经济高质量发展和海洋生态环境高水平保护协同推进将面临不少困难和问题。

1.3.2 生态系统承载能力和环境容量处于较高负荷状态

1. 生态系统承载能力和环境容量不匹配

广西近岸海域湾多水浅,大部分海域水动力不足,水体交换能力差,海洋环境较脆弱,环境承载能力较弱。随着沿海经济高速发展、基础设施建设和工业发展不断深入,天然岸线逐渐被港口、码头和作业区替代,航道疏浚不断加宽加深,海域水动力条件也随之发生变化。海域环境污染物允许排放量与海洋功能区水质保护目标要求(人类使用功能)、海域环境质量现状背景值、入海污染物的种类及时空分布等息息相关。近年来,陆海资源开发利用不合理及粗放式用海方式,导致广西海洋生态系统的承载能力及环境容量处于较高负荷状态,局部海域水质呈下降趋势。2021 年,铁山港湾、廉州湾、茅尾海等重点海湾的氮磷浓度上升、水质超标频次增加。同时,生态环境部等 6 部门联合印发的《"十四五"海洋生态环境保护规划》对"十四五"海洋生态环境提出建设"水清滩静、人海和谐、鱼鸥翔集"的美丽海湾目标,各项海洋生态环境保护考核指标较"十三五"更为严格,支撑海洋经济发展的生态空间进一步收窄。

同时,由于广西管辖并可以利用的海洋岸线及海域相对少,应更加注重向海产业的绿色发展,在加强海洋生态环境、海洋自然保护地保护的前提下,充分借鉴外省先进经验,统筹协调海洋生态环境保护与向海产业发展的关系,优化向海产业发展规划,有效突破向海产业项目布局与海洋自然保护地保护间的矛盾,科学合理利用广西海洋资源加快推进向海产业发展。同时,进一步加强海洋生态环境保护、海洋典型生态系统保护修复,保护、丰富海洋生物多样性,加快蓝碳产业战略布局和研究,提升海洋经济绿色发展的综合竞争力。

2. 赤潮和绿潮等生态灾害频发

随着社会经济的发展,受入海河流和人类活动的影响,广西近岸海域的生态环境承受了越来越大的压力,其中,水体富营养化是广西近岸河口、海湾普遍存在的问题。廉州湾、钦州湾和大风江口都存在不同程度的富营养化情况(杨静等,2015)。近 40 年钦州湾海域水体富营养化呈现增长态势,由入海河流带入近岸海域的总磷、总氮污染物显著增加,从 2008 年的 5249 吨增长至 2017 年的 37 712 吨(粟启仲等,2022)。1980~2010 年,广西北部湾溶解态无机氮和活性磷酸盐浓度明显增加,其中无机氮均值增长了 17.9 倍(温玉娟等,2022)。

水质富营养化势必带来赤潮等环境问题。据统计，2002～2021 年，广西近岸海域有记录发生的赤潮共有 20 次（图 1-31），平均每年发生 1 次，20 次赤潮中有毒有害赤潮 11 次。赤潮累计发生面积约 7684 千米²，平均每年发生面积约 384 千米²，后 10 年累计发生面积（7288 千米²）是前 10 年（396 千米²）的 18 倍。近 20 年赤潮发生累计持续天数为 73 天，平均每年赤潮持续 3.6 天。导致赤潮的种类共有 10 种，出现频率最高的为球形棕囊藻，在 2011 年、2017 年和 2019 年一共发生了 4 次赤潮，其次是夜光藻、红海束毛藻和水华微囊藻，各发生了 3 次赤潮（粟启仲等，2022）。

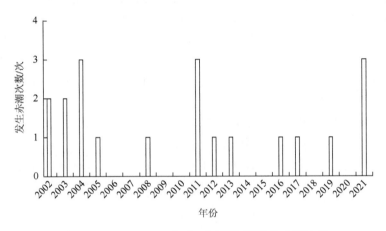

图 1-31　2002～2021 年广西近岸海域发生赤潮次数

赤潮对海洋生态的危害主要体现在 5 个方面：赤潮暴发时会大量消耗水体中的 CO_2 来进行光合作用，从而导致 pH 升高，可能影响其他海洋生物的生长繁殖；赤潮生物的暴发性增殖会降低水体的透明度，导致下面的生物不能获取充足的阳光；部分赤潮生物能够产生粘液，依附于鱼类或贝类生物的呼气器官上可能导致窒息死亡；有毒藻类产生的毒素部分可导致海洋生物死亡，或者通过富集作用被人类食用，危害人类健康；赤潮生物在消亡阶段大量死亡，尸体被微生物分解的过程中会消耗水体中的大量氧气，容易导致海洋生物因缺氧而死亡（詹慧玲和饶小珍，2021）。

1.3.3　海洋经济新旧动能转换后劲不足

一是广西海洋经济产业结构不够科学合理。受技术、成本和国际环境等多重影响，广西主要以石油化工、造纸、有色金属冶炼、钢铁等传统工业产业，交通运输业，水产养殖业为主，海洋电子信息、生物医药、能源开发等战略性新兴海洋产业和海洋高技术产业处于起步阶段，规模不大且占比偏低，前三批"双百双新"项目中石化、冶金、林浆纸等重化工产业项目总投资额达 88%，而新产业、新技术项目投资占比仅 3%。行业优先发展顺序不明晰，区域主导产业类型、空间布局相似度高，资源有效配置效率不高，土地资源消耗大，对带动城市功能整体提升能力不足。

二是广西海洋产业大多为非环境友好型和资源消耗型产业，依赖资源的路径惯性较大，产业改造、升级转型的内生动力不足。工业产业以石化、冶金、造纸等高能耗高排放项目为主，水产养殖技术相对落后，各行业的排污强度大，陆源污染问题仍较突出，部分海湾生态环境持续承压，广西近岸海域环境质量进一步改善的空间潜力减少，要保持稳中向好趋势难度增大。

三是海洋文化旅游经济动能不足。广西沿海三市虽然近年来在海洋生态文化旅游方面进步较大，但与厦门、青岛、深圳、三亚等沿海城市相比，海洋旅游品牌知名度和影响力不大。在海洋文化的社会价值、艺术价值和经济价值等方面挖掘不够，旅游产品存在同质化现象，海上帆船、沙滩排球、水上摩托、潜水等深度化的海洋旅游体验性产品开发不足。海上旅游线路开辟不够，海洋旅游产品有待串珠成链，与广东、海南、香港、澳门等地的合作联动有待加强，影响经济带动效应。

四是广西"十四五"能耗强度下降目标为 13.5%，而沿海新上产业项目仍需较大能耗指标，在落实国家碳达峰碳中和目标背景下，节能减排任务艰巨。

1.3.4　环境基础设施建设短板明显

在当前全面加强生态环境保护的形势下，环境基础设施已逐渐成为项目落地的关键制约因素。北钦防三市环境基础设施建设短板明显、问题突出。

一是现有深海排放管网无法满足新增排污需求。北海市铁山港区西岸深海排放管的排污量审批指标基本用完，仅剩 0.15 万吨/天指标可用，铁山港区东岸未建深海排放管网，无法满足新增重大项目排污需求；龙港新区深海排放管网建设进展缓慢，影响玉林市龙潭产业园和北海市铁山东港产业园新上项目的审批和落地建设。钦州港、防城港深海排污选址已通过论证，仍未开展建设，排污能力不足；

二是排污区与其他海洋使用功能重叠，新建深海排放工程难度大。广西近岸海域所划分的排污区大部分分布在航道、锚地等水深相对较深的海域，与港口航道使用功能区有一定重叠。排污区一般离岸较远，所需建设的深海排放管道需穿越多个功能区，且涉及投资大。

三是沿海污水处理设施及管网建设不完善，运行不稳定。茅尾海沿岸龙门港、康熙岭、犀牛脚镇等城镇污水处理厂进水负荷率或进水浓度长期偏低，运行效果不理想。出水水质不稳定，大部分污水处理厂出现不同程度的氮、磷超标现象；且部分镇级污水处理厂配套管网出现错接、混接现象。城镇污水配套管网建设严重滞后，城中村、老旧小区、城市周边等区域污水收集体系不完善，部分城镇生活污水直接排入河道。由于城镇污水处理设施建设历史欠账较多，短时间内无法全面完善，距离全国平均水平还有差距。由于沿海城镇发展迅速，人口、产业规模迅速增加，现有污水处理能力无法支撑城镇化发展进程，部分污水处理设施存在满负荷或超负荷运行现象。皇马工业园等部分重点工业园区污水处理设施配套管网建设不完善，部分企业污水未能及时纳入管网集中处置。

四是入海排污口排查整治工作薄弱且缺乏有效监管。广西虽然积极按照国家部署统一推进入海排污口的排查整治工作，2022 年完成了北防钦三市建成区、茅尾海、铁山港湾等重点海域入海排污口排查、监测、溯源工作并制定整治实施方案/规划，并积极组织开展指定海域入海排污口以及水产养殖排口的排查整治工作。但全海域入海排污口底数尚未查清，排污口污染来源不清、档案不全，不利于开展入海排污口整治和长效监管。对入海排污口的监测，目前仅对规模以上入海排污口进行了监测，其他入海排污口尚未进行监测。规模以上排污口监测采取季度性采样监测，监测频次不高，日常性监测总体未开展，各县区监督性监测能力建设滞后。

1.3.5　陆源入海污染物未得到有效控制

一是农村环境综合整治工作还较薄弱。广西约 75% 海岸线沿岸以农村为主，农村环境综合整治工作薄弱，整治工作以点为主，大面积治理工作未铺开，但农整任务受益人口偏低，大部分村屯未建设污水处理设施和配套生活垃圾处理设施，生活污水经化粪池处理后农灌或就近排入水体。已建农村污水处理设施配套污水管网支线管道的建设和改造任务还很艰巨，污水管网覆盖率低，且存在工艺落后、运行不稳定等问题，未发挥污染治理效益。

二是畜禽污染治理能力不足。沿海小散养殖户仍数量较多、分散零星，存在畜禽养殖产业规模化程度较低、生态化养殖改造不足、有机肥还田利用率低等问题，畜禽粪污未得到合理利用和处理，直接或者间接排入沟渠。

三是农业种植面源污染不容忽视。由于农作物种植结构调整，大田作物面积逐步减少，经济作物种植改种后单位面积的化肥农药使用量倍增，流域海域氮磷污染物增加。

四是海水养殖排污影响较大。目前铁山港湾、大风江口、茅尾海等超标海湾与广西海水养殖核心区域重合。重点海湾沿岸分布有大量小规模海水养殖池塘，尾水以直排为主，且排水口数量众多，排污强度大，且尾水集中在清塘期 11 月左右外排,尾水中无机氮和活性磷酸盐浓度均较高,易导致局部海域氮磷污染。超标海湾内密布养殖网箱和蚝排,投饵量和残饵量均较大,对海水水质影响也较大。农业面源、农村生活污水、畜禽养殖、水产养殖等外源污染物通过雨水冲刷,经地表径流和河流携带进入近岸海域,对海水水质产生影响。

1.3.6　部门合力不足,海洋环境监管不严

一是海洋保护责任和合力意识不足。近年来,广西海洋环境质量虽然总体保持稳定,但局部环境不容乐观。对此,个别地方的基层领导并没有引起足够的重视,海洋生态环境底子好的优越感明显,对生态保护特别是原生生态系统保护的重要性认识不足,研究较少。在经济发展与资源环境产生矛盾和冲突时,个别地方的基层领导会倾向于优先发展经济。近岸海域污染防治工作在各部门间合力不足。海洋生态保护工作涉及多个部门(包括生态环境厅、住房城乡建设、农业农村、海洋等部门等),各部门根据各自产业发展需要进行管理,缺乏有效统一的科学决策,海洋的综合优势和合理保护未能得到充分协调,加之基层部门之间协调合作力度不足等。2019 年以来,广西每年均印发实施广西近岸海域污染防治年度工作计划,列清单分解年度重点任务,将近岸海域污染防治责任落实到市级层面,并开展年度考核。但部分职能部门对自身在水污染防治工作中的分工、责任和工作任务重视不够,推进不力,导致部分任务进展滞后,部门间协调机制的不完善影响了整体工作推进。

二是联防联控机制有待进一步完善。广西跨区市的入海河流主要有南流江、茅岭江等,跨区市的海湾主要有茅尾海、钦州港和大风江口等海域,对于跨区市的河流、海湾相应的联防联控机制不足。陆海统筹的污染源管理机制未能推广,用“以海定陆”总量控制方式来对入海污染物监管的思路还未能实施推行,污染源管理体系未彻底纳入管理。跨流域综合整治工作有待进一步加强。目前开展了以南流江作为试点的跨区市综合整治工作,但对其他跨区市的入海河流流域、海湾的综合整治工作目前暂未启动或推进缓慢,不同设区市间对共同的流域、海域未能形成有效的联防联控机制,大部分工作思路局限于各自辖区内。沿海三市区域的环境保护措施只在辖区内开展,未能与共同海域的海洋生态环境质量的要求相衔接,各市实施情况不同步,钦北防设施一体化有待推进。

三是涉海问题管理部门不明确。2018 年国家机构改革虽然明确了生态环境部门负责开展海洋生态保护与修复监管工作等,但海洋监管还涉及海砂海泥监管、海洋生态系统保护、海域使用和海岛保护监管、船舶污染排放监管,以及海水养殖、涉海自然保护区监管等工作,这些仍然分别由海洋、交通、渔业和自然资源等部门负责和多部门共同负责。但截至目前,各个监管工作范围至今未有明确界

线划定、职责单位未有明确的划分，各部分涉海管理工作仍普遍存在各部门交叉、重叠管理现象。比如对于海洋生态系统保护的监管工作，生态环境、自然资源、海洋等部门都涉及，但具体工作范围不清，容易在部门间产生推诿扯皮现象，影响监管执行力和效力。

参 考 文 献

广西大百科全书编纂委员会，2008. 广西大百科全书[M]. 北京：中国大百科全书出版社.

广西壮族自治区海洋局，2022. 2021 年广西海洋经济统计公报[R/OL].（2022-06-08）[2024-12-20]. http://hyj.gxzf.gov.cn/zwgk_66846/hygb_66897/hyjjtjgb/t12610987.shtml.

黎树式，黄鹄，戴志军，等，2015. 基于遥感方法的大风江口悬浮体时空分布及扩散特征研究[J]. 海洋湖沼通报，3：14-20.

黎树式，黄鹄，戴志军，等，2016. 广西海岛岸线资源空间分布特征及其利用模式研究[J]. 海洋科学进展，34（3）：437-448.

刘洋，2012. 海洋功能区划布局技术研究与应用[D]. 青岛：中国海洋大学.

粟启仲，雷学铁，刘国强，等，2022. 广西北部湾近岸海域近 20 年赤潮灾害特征分析[J]. 广西科学，29（3）：552-557.

温玉娟，徐轶肖，黎慧玲，等，2022. 广西北部湾近岸海域营养盐与富营养化状态研究[J]. 广西科学，29（3）：541-551.

杨静，张仁铎，赵庄明，等，2015. 近 25 年广西北部湾海域营养盐时空分布特征[J]. 生态环境学报，24（9）：1493-1498.

詹慧玲，饶小珍，2021. 赤潮的危害、成因和防治研究进展[J]. 生物学教学，46（7）：66-68.

中国海湾志编纂委员会，1995. 中国海湾志 第十二分册（广西海湾）[M]. 北京：海洋出版社.

第 2 章　广西海洋渔业资源现状与养殖污染治理压力

本章重点阐述了广西海洋渔业资源和海水养殖的优势，以及海水养殖业发展对海洋渔业资源的影响，分析了渔业资源保护和养殖污染治理工作成效，并开展了海水养殖污染状况的系统全面调查监测，评估了海水养殖污染状况及变化趋势，剖析了海水养殖污染治理和渔业资源保护及发展存在的问题和压力。

2.1　广西海洋渔业资源和养殖现状

广西近岸海域位于中国南海的西北部，北临北海市、钦州市、防城港市三市，西起中越边境的北仑河口，东与广东省英罗港接壤，东南与海南省隔海相望，西部与越南接壤。广西管辖海域范围约 7000 千米^2，滨海湿地面积为 2986.95 千米^2，海岸线长 1628.59 千米，分布有海岛 643 个，沿岸入海河流 125 条，其中南流江、钦江、大风江、茅岭江、防城江、北仑河等为常年性河流，河口海湾众多，岸线曲折，浅滩发育广。广西海域属于亚热带季风气候，温润宜人，降水丰富，适合动植物生长，海域水质优良，自然资源优厚，海洋生物种类繁多，是我国重要的海产品增养殖区和优质渔场之一。

2.1.1　海洋渔业资源现状

广西海洋渔业资源丰富多样，鱼类包括中上层鱼类和底层鱼类两大类，均可分为沿岸性种类和近海广泛分布的种类；头足类有主要营中上层生活的枪形目种类、主要分布于底层的乌贼目种类及底栖生活的章鱼目种类；经济甲壳类包括虾类、虾蛄类和蟹类 3 个类群。

沿岸性中上层主要经济鱼类有银鲳、中国鲳、鲻鱼、前鳞骨鲻、丽叶鲹、裘氏沙丁鱼、小公鱼类和棱鳀类等。这些种类主要分布在水深 40 米以浅的近岸水域，栖息的生境主要是沿岸水和河口水的分布范围。近海广泛分布的主要中上层鱼类包括蓝圆鲹、竹荚鱼、金色小沙丁鱼、鲐鱼、康氏马鲛、斑点马鲛和乌鲳等。沿岸性底层经济鱼类主要有日本金线鱼、波鳍金线鱼、鲷科、海鲶、平鲷和舌鳎类等。这些种类历来为沿海多种作业方式所利用，承受的捕捞强度最大。头足类的主要优势种为杜氏枪乌贼、中国枪乌贼和剑尖枪乌贼。杜氏枪乌贼主要分布在水深 40 米以浅的沿岸水域。经济甲壳类以虾类的数量占优势，另有口足目（虾蛄类）和梭子蟹科的一些种类，这些经济甲壳类主要分布在水深 40 米以浅的沿岸水域，是沿海捕虾业的利用对象。

根据《2020 中国渔业统计年鉴》海洋捕捞产量统计数据，2019 年广西海洋捕捞种类中，鱼类主要有蓝圆鲹、金线鱼、带鱼及马面鲀等，渔获占比分别为 14.9%、7.4%、6.6%、5.4%；甲壳类主要有毛虾、梭子蟹、对虾及青蟹，渔获占比分别为 7.9%、7.9%、4.7%、2.8%；头足类主要有鱿鱼、乌贼及章鱼，渔获占比分别为 5.2%、3.8%、1.5%。其余种类详见表 2-1。

表 2-1　2019 年广西主要渔获种类及渔获占比

排序	渔获种类	渔获占比/%	排序	渔获种类	渔获占比/%
1	蓝圆鲹	14.9	16	鲳鱼	2.3
2	毛虾	7.9	17	鹰爪虾	2.3
3	梭子蟹	7.9	18	鲻鱼	2.0
4	金线鱼	7.4	19	梭鱼	2.0
5	带鱼	6.6	20	虾蛄	1.7
6	马面鲀	5.4	21	章鱼	1.5
7	鲷鱼	5.4	22	石斑鱼	1.3
8	鱿鱼	5.2	23	鲟	0.5
9	鰤鱼	4.7	24	鲅鱼	0.5
10	对虾	4.7	25	白姑鱼	0.4
11	乌贼	3.8	26	鲱鱼	0.2
12	海鳗	3.1	27	鲵鱼	0.2
13	青蟹	2.8	28	竹荚鱼	0.05
14	沙丁鱼	2.6	29	黄姑鱼	0.02
15	鲐鱼	2.6	30	方头鱼	0.01

根据 2022 年广西海域秋季航次的底拖网监测结果，共采集鱼类 112 种，隶属于 13 目 52 科，共渔获鱼类 180.41 千克，共计 13 885 尾。渔获物样品以鲈形目种数最多，共 67 种，其余 45 种属于真鲨目、触形目、鳕形目、仙女鱼目、纯形目、鳗鲡目、鲜形目、鲽形目和刺鱼目等。其中，鲹科种类 14 种，以丽叶鲹（*Atule kalla*）

尾数最多；石首鱼科鱼类 9 种，虾虎鱼科 7 种，鳀科 5 种。常见的经济种有丽叶
鲹、日本海鰶（*Nematalosa japonica*）、二长棘鲷（*Paerargyrops edita*）、斑鳍白姑
鱼（*Pennahia pawak*）、日本金线鱼（*Nemipterus japonicus*）、截尾白姑鱼（*Pennahia
anea*）、棕斑兔头鲀（*Lagocephalu spadiceus*）、短吻鲾（*Leiognathus brevirostris*）、
蓝圆鲹（*Decapterus maruadsi*）和日本瞳鲬（*Inegocia japonica*）等。根据相对重
要性指数（IRI），本次调查优势种仅丽叶鲹 1 种（IRI = 1433.38），占鱼类样品总
渔获重量的 9.53%，占鱼类总尾数的 24.78%；重要种 12 个，占鱼类总种类数的
33.9%，依次为日本海鰶、二长棘鲷、斑鳍白姑鱼、日本金线鱼、截尾白姑鱼、棕
斑兔头鲀、短吻鲾、日本瞳鲬、尖头斜齿鲨、项鳞沟虾虎鱼、海鳗和孔虾虎鱼；
常见种有 18 个，占鱼类总种类数的 11.6%。具体情况见表 2-2。

表 2-2　广西海域 2022 年秋季底拖网鱼类相对重要性指数

种名	出现频率/%	尾数占比/%	重量占比/%	IRI
丽叶鲹	100.00	9.58	4.76	1433.38
日本海鰶	53.85	4.53	10.37	640.90
二长棘鲷	92.31	1.69	4.13	537.13
斑鳍白姑鱼	84.62	2.72	2.20	416.66
日本金线鱼	92.31	2.08	1.87	364.68
截尾白姑鱼	84.62	1.39	2.13	298.07
棕斑兔头鲀	100.00	0.54	2.22	276.67
短吻鲾	69.23	1.46	1.77	223.58
日本瞳鲬	92.31	0.87	1.51	219.24
尖头斜齿鲨	69.23	0.26	1.78	140.94
项鳞沟虾虎鱼	61.54	1.55	0.59	131.45
海鳗	92.31	0.13	1.22	124.06
孔虾虎鱼	61.54	1.12	0.66	108.98
大头白姑鱼	61.54	0.81	0.38	73.62
鹿斑鲾	46.15	1.15	0.34	68.66
细纹鲾	53.85	0.89	0.37	67.74
黄斑鲾	23.08	2.60	0.32	67.37
蓝圆鲹	0.38	0.38	1.06	66.86
竹荚鱼	0.94	0.94	1.61	58.87
宽条鹦天竺鲷	1.46	1.46	0.33	55.25

广西近岸海域区域内南流江、北仑河等多条入海河流的注入，给该海域带来了大量陆源营养物质，使其成为多种北部湾鱼类重要的产卵场、育幼场和索饵场，对整个北部湾生物资源的补充具有重要的作用。根据《中国海洋渔业水域图（第一批）》，北部湾近海海域是多种南海经济鱼类如蓝圆鲹、二长棘犁齿鲷、鲐鱼、竹荚鱼等的产卵场。根据《广西壮族自治区海洋功能区划（2011—2020 年）》，蓝圆鲹或二长棘犁齿鲷的产卵场主要分布在竹山南部浅海海域、金滩南部海域、江山半岛南部海域、钦州湾外湾海域、钦州湾东南部海域、大风江航道南侧海域、廉州湾中部海域、廉州湾北侧滩涂及中部海域、北海银滩南部浅海海域、西村港至营盘南部浅海海域、营盘至彬塘南部浅海海域等。各产卵场详见表 2-3。二长棘犁齿鲷是北部湾近海主要的经济鱼类之一。根据《北部湾二长棘鲷的资源变动》（陈作志和邱永松，2005），北部湾二长棘鲷的产卵期为每年 12 月至次年 2 月，主要产卵场在北部湾东北部的沿岸浅海区。

表 2-3　广西近海蓝圆鲹或二长棘犁齿鲷主要产卵场分布及面积

序号	功能区名称	地理范围	面积/公顷
1	北仑河口农渔业区	竹山南部浅海海域	3 078
2	金滩农渔业区	金滩南部海域	6 415
3	江山半岛南部农渔业区	江山半岛南部海域	13 283
4	企沙半岛南部农渔业区	企沙半岛南部海域	12 547
5	钦州湾外湾农渔业区	钦州湾外湾海域	19 968
6	钦州湾东南部农渔业区	钦州湾东南部海域	16 684
7	大风江航道南侧农渔业区	大风江航道南侧海域	10 859
8	廉州湾西南部浅海农渔业区	廉州湾中部海域	13 373
9	廉州湾农渔业区	廉州湾北侧滩涂及中部海域	11 361
10	电建南部浅海农渔业区	北海银滩南部浅海海域	14 290
11	白虎头南部浅海农渔业区	北海银滩南部浅海海域	15 243
12	西村港至营盘南部浅海农渔业区	西村港至营盘南部浅海海域	43 273
13	营盘至彬塘南部浅海农渔业区	营盘至彬塘南部浅海海域	13 347
14	广西近海南部农渔业区	广西近海南部海域	177 038
15	广西近海南部海洋保护区	广西近海南部海域	37 487

2.1.2　海水养殖现状

广西北部湾海域拥有全国独有的资源禀赋，气候适宜、光照充足，雨量充沛，沿海有多条河流汇入，水资源丰富，饵料充足，咸淡水质相宜，适合鱼虾贝类及各种暖水性海洋生物的生长和繁殖。广西海域具有亚热带浅海的海洋水文特征，潮汐现象显著,潮差大,有宽阔的潮间带,沿岸海湾水体交换活跃,水温高且年变化小,海水盐度较低,且近五年广西近岸海域水环境质量一直维持在良好水平,养殖水域环境优越,海水养殖业绿色发展潜力较大。广西海岸线总长 1628.59 千米,宜养海域面积 107 万公顷,海水养殖开发利用仅 4.78 万公顷,占宜渔海域面积不到 5%,海水养殖发展空间巨大。沿海滩涂和湿地分布广且类型较多,这些多样性的滩涂和湿地资源为鱼、虾、蟹、贝类等各种不同的海洋生物提供了适宜的栖息和生长环境。养殖水产品品质高,主要渔业品种产量丰富,对虾、牡蛎、金鲳鱼产量分别在全国位居第二、第四和第二,其中,近江牡蛎是我国三大养殖牡蛎品种之一,广西产量位居全国第一。2020 年全国海水养殖渔业产值为 3836.2 亿元,广西海水养殖渔业产值 219.3 亿元,占比 5.72%,位居全国第七位。广西海洋渔业乡 5 个,渔业村 110 个,渔业户 64 877 户,渔业总人口为 312 853 人(其中,传统渔民 87 096 人),渔业从业人员 264 415 人。渔民人均收入 22 747 元,比 2019 年增长 0.67%,位居全国第七位,高于全国平均水平(农业农村部渔业渔政管理局等,2020)。到 2025 年,广西渔业产业预计海产品总产量将达 219.5 万吨,海洋渔业总产值达 440 亿元。

广西北部湾拥有丰富的港口资源,为海水养殖业发展提供了便利的运输条件。海洋渔业的发展模式多样化,从单纯的食用鱼类批发零售发展到深海养殖、特色价值鱼类养殖、观赏型鱼类养殖等多渠道。广西沿海的钦州、北海、防城港现代海洋渔业发展加快,远洋渔业实力逐步增强,建立了一批规模较大的养殖基地,牡蛎、珍珠、对虾等优势产品,产业集中度得到提升,海水养殖业已经成为渔业发展中的主导产业(邓蔚宇等,2017)。广西大力推进海洋牧场建设,目前,北海、南灟、钦州、防城港 4 个渔港经济区正在推进创建,已成功申报国家级沿海渔港经济区试点项目 2 个,分别为防城港市渔港经济区和北海市银海区(南灟)渔港经济区。共有防城港白龙珍珠湾、北海银滩南部海域、北海冠头岭西南海域和钦州三娘湾等国家级海洋牧场示范区 4 个。

广西海洋渔业养殖方式多样,包括池塘养殖、普通网箱、深水网箱、筏式、吊笼、工厂化养殖和底播等,海水养殖品种主要是甲壳类的南美白对虾和青蟹,鱼类,贝类的牡蛎、螺和蛤,以及海水珍珠等。2020 年全国海水养殖产品总量为 2135.3 万吨,广西海水养殖产品总量约为 150.7 万吨,占比 7.06%,位居全国第五位,比 2019 年增长 5.36%。按养殖品种分,鱼类 9.75 万吨,甲壳类 35.12 万吨(其中,虾类 33.28 万吨,蟹类 1.84 万吨),贝类 105.3 万吨(其中,牡蛎 66.21 万吨,蛤 27.99 万吨,等等),其他 0.5 万吨。以贝类养殖产量最高,占比 69.9%,其次是虾类,占比 22.1%,鱼类占比仅 6.5%。按养殖水域分,海上 63.16 万吨,滩涂 58.62 万吨,其他 28.89 万吨。按养殖方式分,池塘 28.47 万吨,位居全国第四位,仅次于广东、福建、浙江,普通网箱 3.44 万吨,深水网箱 4.57 万吨,筏式

38.23 万吨, 吊笼 0.39 万吨, 底播 32.88 万吨, 工厂化 0.0569 万吨 (农业农村部渔业渔政管理局等, 2020), 工厂化产量在全国为倒数第一。

2020 年全国海水养殖面积 2993.32 万亩, 广西海水养殖面积 78.42 万亩, 占比 2.62%, 位居全国第八位, 比去年增长 4.70%。按养殖品种分, 鱼类 2.92 万亩, 甲壳类 29.76 万亩 (虾类 28.15 万亩, 主要以南美白对虾为主, 蟹类 1.61 万亩), 贝类养殖面积为 44.26 万亩。贝类养殖面积最大, 占比 56.4%, 其次是虾类, 占比 35.9%, 鱼类占比仅 3.7%。按养殖水域分, 海上 30.69 万亩, 滩涂 22.41 万亩, 其他 25.33 万亩; 按养殖方式分, 池塘 25.92 万亩, 位居全国第八位; 普通网箱 58.04 万米^3, 深水网箱 437.0 万米^3, 筏式 10.52 万亩, 吊笼 0.267 万亩, 底播 18.22 万亩, 工厂化 43.31 万米^3 (农业农村部渔业渔政管理局等, 2020)。

2.1.3 海水养殖业与渔业资源的发展息息相关

海水养殖业是我国最重要的海洋支柱产业之一, 在国民蛋白质供给、粮食安全保障和带动沿海经济社会发展等方面具有重要地位。发展现代海水养殖业是构建现代海洋产业技术体系、落实海洋强国战略的重要举措和有效途径 (张守都等, 2021)。但是, 伴随着海水养殖业的迅速发展, 产生的养殖尾水缺乏治理、无序排放带来的环境污染问题对海洋渔业资源和近岸海域海洋生态环境产生了不容忽视的影响。

首先, 海水养殖业的规模不断扩大, 养殖密度增大, 海水养殖过程中投加一定的饵料, 过量的饲料和产生的残饵、残骸、养殖生物体排泄物等易导致养殖水体中有机物含量升高, 氮、磷营养盐浓度相应增加, 大量的养殖尾水未经处理直接排放, 对周边海域的水质和海洋生态产生富营养化影响, 增加赤潮暴发的风险, 如产生赤潮对海洋生物造成影响。2016~2020 年, 广西海水养殖的产量由 119 万吨增加到 151 万吨, 增长率为 26.9%, 呈逐年上升的趋势, 与此同时广西海水养殖的污染物总氮、总磷入海量呈波动上升趋势, 海水养殖产生的污染物对广西近岸海域的输入影响日益增大。近 10 年广西北部湾海域发生赤潮的频率呈增加趋势, 且持续时间变长, 赤潮规模和范围扩大, 造成渔业经济损失和海洋环境破坏。近几年, 局部海域富营养化形势严峻, 铁山港湾、廉州湾和钦州湾等海湾频频出现藻类暴发性增殖现象, 而这几个海湾同时也是海水养殖业相对密集的区域。其次, 海水养殖业投放的饲料和添加剂, 可能含有抗生素、激素等化学物质, 这些会影响海洋生态系统的平衡, 对海洋生物多样性产生影响。大规模养殖场中疾病的流行和传播也会对海洋生物多样性产生影响。最后, 海水养殖业对海洋水产资源产生影响。海水养殖业的发展, 通常会涉及一定范围内的渔业利用权的调整或者转移, 被转移的渔业资源可能会受到养殖活动的影响, 对该区域内的渔业生态系统产生影响, 影响渔业资源的可持续利用。由于养殖场的建设和生产经营活动,常常需要进行海岸线、堤防、引海道等基础设施建设，也会对海岸线、海滩等生态资源产生破坏。因此，海水养殖业在促进海洋经济的发展方面发挥积极作用的同时，也需要加强管理和监管措施，以减少海水养殖业对海洋环境的影响，保护海洋生态系统，促进海洋渔业资源的可持续利用。

2.2　广西海洋渔业资源保护和养殖污染治理工作成效

我国海水养殖业发展迅速，自 20 世纪 60 年代以来，一直位列世界海水养殖业产量第一位（李权昆，2012）。但随着工业废水、生活污水、废气和固体废弃物等外源性污染的排放及海水养殖业的粗放式发展，我国海域污染曾一度呈恶化趋势，渔业资源种群和数量有下降的趋势。因此，践行新发展理念，优化海水养殖业的空间格局、产业结构和生产方式，发展现代高效生态养殖，增加优质安全的蓝色食品供给，加快形成经济高效、产品安全、资源节约、环境友好的现代养殖产业绿色低碳发展新格局，不仅有利于促进海水养殖业健康可持续发展，也是推进我国海洋生态文明建设的迫切需要和客观需求。

2.2.1　海洋渔业资源保护措施和工作成效

为保护渔业资源，促进渔业水域生态文明建设，推动渔业高质量发展，广西在渔业资源保护通过采取以下几个方面措施，取得了积极成效。

1. 严格执行海洋伏季休渔制度，保障渔业资源的可持续发展

根据《农业农村部关于调整海洋伏季休渔制度的通告》（农业农村部通告〔2021〕1 号）要求，广西农业农村厅每年制定《海洋伏季休渔管理工作实施方案》，对广西含北部湾海域实施休渔管理，休渔的作业类型包含除钓具外的所有作业类型，以及为捕捞渔船配套服务的捕捞辅助船。休渔时间一般从 5 月 1 日至 8 月 16 日共三个半月。休渔期间，严格执行船籍港停泊休渔管理规定，禁止一切休渔渔船离港。对违反伏季休渔规定的渔船，加大处罚力度。并加大巡查力度，强化海上监管，重点加强海上巡航执法，港口、锚地和渔船停泊区的监管，并与市场监管部门联合开展禁用渔具、非法渔获物的违法行为查处，对集贸市场、网具生产和经营企业进行排查。同时严格落实与海警海上渔业执法协作配合机制，实现线内外执法无缝衔接，积极推进渔政执法与刑事司法衔接，严惩严重破坏渔业资源和生态环境的犯罪行为，充分发挥刑事处罚的惩戒作用。海洋伏季休渔制度的实施，使得在伏季休渔期间广西北部湾海域的捕捞强度显著降低，对养护幼鱼及幼虾资源、优化海洋渔业生物种群结构起到了重要的促进作用，有效舒缓了渔业

资源衰退的趋势。北部湾北部沿岸渔场的部分研究结果表明，2015 年桁杆拖网和灯光罩网的捕捞努力量和产量分别占沿岸渔场总量的 80.86%和 78.27%，休渔后，桁杆拖网和灯光罩网渔船的平均单位捕捞努力量渔获率分别增加了 28.23%和 13.73%；主要渔获种类产量的所占比例分别增加 7.52%和 42.05%，主要经济种类产量的所占比例分别增加 17.47%和 60.29%，渔船日均利润增加 110.90%和 20.32%（邹建伟等，2016）。

2. 大力推进海洋牧场建设，打造"蓝色粮仓"

广西高度重视海洋牧场建设，不断加大扶持力度，加快推进现代海洋牧场建设。一方面，在建设资金方面，在保证财政资金投入的基础上，鼓励和引导企业参与海洋牧场建设，累计争取各级财政和社会资金 2.16 亿元用于建设。2021 年获批的北海市冠头岭西南海域精工南珠国家级海洋牧场示范区，实现了广西民营企业参与建设国家级海洋牧场示范区零的突破。另一方面，在相关政策支持方面，2018 年自治区政府办公厅印发了《关于优化土地要素供给的若干措施》，对建设海洋牧场、人工鱼礁等公益性事业项目免收海域使用金；对 10 米等深线外的深海养殖用海免收海域使用金。2022 年自治区农业农村厅联合自治区财政厅印发《广西壮族自治区 2021—2025 年渔业发展支持政策总体实施方案》，提出支持海洋牧场示范区建设，对人工鱼礁、海上平台、在线监测设施设备、物种救护、增殖放流设备维护更新、项目前期准备工作等建设内容给予适当补助；自治区海洋局出台了《强化海洋资源要素保障促进经济平稳增长若干措施》，为海洋产业提供规划引领和有力支撑。

目前，广西已建设有国家级海洋牧场示范区 4 个，分别为防城港白龙珍珠湾、北海银滩南部海域、北海冠头岭西南海域和钦州三娘湾。这 4 个海洋牧场所在海域的海水环境质量均达一类标准，渔业生物资源多样性指数高。其中，银滩南部海洋牧场自 2010 年至 2022 年共投放人工鱼礁 2776 座，投放总空方数达 12.32 万空方，礁区面积 150 公顷，并于 2021 年建成人工鱼礁在线监控系统，对鱼礁建设、鱼礁水下状态、礁区捕捞行为进行远程实时监控。2022 年 4 月的调查结果显示，部分人工鱼礁上布满了各种珊瑚、海参和马氏珠母贝，同时人工鱼礁内部及周边出现了大量鲷科鱼类、鲹类、蓝子鱼类等。对在该人工鱼礁附近作业的 2 艘钓鱼船的监测统计表明，2 艘钓鱼船日平均渔获量比投礁前一年增加 76%，日平均产值增加 38%。防城港白龙珍珠湾海域的海洋牧场示范区建设累计投入资金 7000 多万元，投放人工鱼礁单体 3580 个，体积约 21 万米^3。防城港市通过引进 9 家养殖企业共投入资金达 10 亿元，在该海洋牧场示范区的邻近水域发展深海养殖，2022 年牧场产量达 2.3 万吨，产值 4 亿多元，安置了渔民就业岗位 400 多个。此外，广西积极拓展海洋牧场功能，坚持生态保护和资源利用相结合，打造"人工鱼礁＋增殖放流＋深远海养殖＋海上平台＋休闲海钓＋海域监管"的综合立体化海洋牧场示范区，并探索"深水网箱＋海洋牧场""海洋牧场＋海上风电""海洋牧场＋休闲文旅"等融合发展模式，大力打造广西"蓝色粮仓"，推进海洋牧场与二三产业融合发展，探索海洋牧场多元融合发展的新模式。

3. 加强海洋渔业资源增殖放流工作，养护海洋生物资源

2021 年放流黄鳍鲷、日本对虾、施氏獭蛤、黑鲷等海洋生物苗种 6.38 亿尾，有利于维护海洋生物多样性和生态平衡，有助于北部湾渔业资源的恢复。

2.2.2　海水养殖污染治理措施和工作成效

1. 完善顶层设计，为海水养殖可持续发展提供政策支持

从制度设计层面强化广西海洋渔业绿色健康可持续发展的指导力度，推进向海经济加快发展。2020 年 4 月印发《广西加快现代海洋渔业发展 助力打造向海经济行动方案》（桂农厅发〔2020〕61 号），推动实施渔业设施装备提升、渔业生态养殖等海洋渔业十大工程建设，加快推进海洋渔业发展方式转变和产业结构调整，构建现代海洋渔业产业发展新格局。2020 年 9 月印发《广西加快发展向海经济推动海洋强区建设三年行动计划（2020—2022 年）》（桂政办发〔2020〕63 号），对 2020～2022 年广西海洋向海经济发展做了重要部署，明确提出"积极推进'蓝色粮仓'和'海洋牧场'工程""重点推广深海抗风浪网箱生态养殖"。2021 年12 月印发《广西向海经济发展战略规划（2021—2035 年）》，提出"积极推进'蓝色粮仓'和'海洋牧场'工程，加快建设国家级海洋牧场示范区，支持建设一批标准化池塘、工业化循环水养殖、深海抗风浪网箱生态养殖、养殖工船等产业化示范基地和深远海大型养殖设施基地"。

2. 大力推行海水生态健康养殖模式

一是大力支持发展海水贝类及海洋设施渔业生态健康养殖，积极发展深水抗风浪网箱等设施渔业，推广使用抗风浪、新型环保贝类养殖新材料，推动升级改造传统的排、绳、球等贝类养殖浮筏。截至 2022 年，广西全区累计浮筏（排、绳、球）养殖面积超过 24 万亩，深水抗风浪网箱累计建设 1824 口、养殖水体 779 万米^3，累计养殖产量 7.2 万吨，位列全国第 2。鼓励发展浅海滩涂贝类底播生态养殖，示范推广具备经济效益和生态效益的"碳汇渔业"，助力实现"碳达峰""碳中和"，全区贝类底播生态养殖面积超过 18 万亩。二是持续实施水产绿色健康养殖"五大行动"，示范推广符合水产绿色健康养殖发展要求的技术模式。每年制定广西水产绿色健康养殖"五大行动"实施方案，指导建设水产绿色健康养殖技术推广"五

大行动"骨干基地,做好技术模式的创新、总结、集成、熟化,推动形成一批实施标准、规范,深入挖掘典型做法和案例,并通过组织技术培训和现场观摩等方式进行示范推广。经过实践探索,总结形成了深海抗风浪网箱养殖、贝类养殖新型浮筏、海水工厂化养殖、池塘棚式养殖等具有广西特色、效益显著的设施渔业"十大典型模式"。三是大幅减免养殖用海海域使用金,推进深远海养殖发展。2018 年印发《关于转发财政部　国家海洋局调整海域无居民海岛使用金征收标准的通知》(桂财综〔2018〕28 号),依权限制定了养殖用海优惠政策,鼓励发展深远海养殖,对符合海洋功能区划的养殖用海海域使用金减半征收,并免收 10 米等深线外的深海养殖用海海域使用金,有效减轻养殖者的养殖成本,进一步促进和加快深远海养殖业的健康发展。

3. 大力推进水产养殖尾水治理

2021 年安排中央成品油价格调整对渔业补助资金 1200 万元,支持水产养殖(育苗)尾水生态治理建设项目 29 个。其中,北海市合浦县 1000 万元(养殖尾水生态治理项目 28 个以上),防城港市东兴市 200 万元(养殖尾水生态治理项目 1 个)。2022 年安排中央渔业发展补助资金 3631.2 万元,支持池塘标准化改造 14 965 亩。其中钦州市钦南区 2131.2 万元,支持改造 10 275 亩。同时开展"养殖尾水治理模式推广行动",指导骨干基地开展陆基设施化、池塘底排污、集中连片池塘、环保型网箱等养殖尾水处理技术集成熟化和改进提升,聚焦养殖尾水处理集中连片化、生态化、智能化发展,实现养殖尾水资源化综合利用或达标排放。此外,制定《2022 年广西水产养殖尾水净化处理示范点实施方案》,在沿海三市共建立 15 个养殖尾水处理监测示范基地,定期监测养殖尾水水质情况,确保养殖尾水达标排放。

4. 加强海水养殖污染环境监管监测

一是印发《广西入河入海排污口监督管理工作方案(2022—2025 年)》,对入海排污口(含海水养殖排污口)的排查整治工作提出分年度的排查整治目标,2022 年至 2025 年按各海湾分批次完成入海排污口的排查、监测、溯源和整治,把海水养殖排污口纳入入海排污口排查整治工作中,结合北钦防三市实际加以细化,着力推动海水养殖排污口的排查和整治,强化跟踪落实,压实各级各部门责任。二是持续推进禁养区非法海水养殖整治,把海水养殖污染防治工作部署到每年的《广西近岸海域污染防治年度行动计划》,明确工作要求及各地各部门责任,持续推进整治工作。按照禁养区、限养区管控要求,整治非法海水养殖活动,推进养殖尾水治理生态示范工程建设和水产养殖固体废弃物整治。2022 年北钦防三市持续开展整治并取得积极进展,北海市铁山港非法养殖设施清理整治行动共清理面积 2474 亩,钦州市对茅尾海沿岸畜禽养殖禁养区内非法养殖开展集中清理整治,防城港市已全部清理禁养区内非法养殖。

5. 加快推动制定广西海水养殖尾水排放标准

2021 年开展了为期一年的全区近岸海域水产养殖污染及海水养殖尾水排放现状调查研究,形成《广西近岸海域水产养殖污染调查研究报告》。在前期研究工作的基础上,组织开展海水养殖尾水排放标准制定工作,2022 年完成广西《海水养殖尾水排放标准》立项,广西海水养殖尾水排放标准的制定及出台为养殖尾水排放监督性监测及执法提供依据。

2.3　广西海洋渔业资源保护和发展压力

2.3.1　渔业资源过度捕捞

根据《广西海洋经济统计公报》及《2020 中国渔业统计年鉴》,2019 年广西近岸海域海产品总产量为 199.49 万吨,比 2014 年增加 25.05 万吨。其中,远洋捕捞量大幅度快速上升,海水养殖产量也在逐年增加,与此同时,近海捕捞量则逐年下降,2019 年仅为 55.1 万吨,见图 2-1。随着近海捕捞量及其渔获降低,海洋捕捞产业随着资源的衰退正在逐步地进行调整,向远洋捕捞、海水养殖等产业转移。

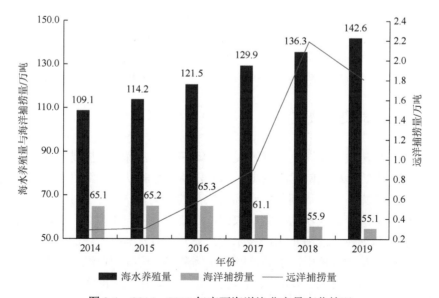

图 2-1　2014~2019 年广西海洋渔业产量变化情况

　　尽管近海渔业捕捞量呈下降态势，但仍超过了广西近岸海域渔业资源最大可捕量。据 2009～2010 年调查估算，广西近岸海域的潜在渔业资源量为 10.9 万吨/年，渔业资源最大可捕量为 5.5 万吨/年。目前广西近岸海域年均捕捞量约为 62.5 万吨/年，为资源最大可捕量的 11 倍，表明广西近海渔业资源处于捕捞过度状态。近海高强度的捕捞作业带来了沿岸海域渔业资源的衰退，2010 年渔业资源密度大致只有最适密度的 1/5，见图 2-2。根据《2020 中国渔业统计年鉴》，截至 2019 年，广西海域沿岸地区的海洋机动渔船为 7841 艘，总功率达 644 027 kW，其中捕捞生产渔船 7818 艘，总功率达 615 439 kW，对广西海域仍保持巨大的捕捞强度也是渔业资源难以得到有效保护和恢复的主要原因之一。

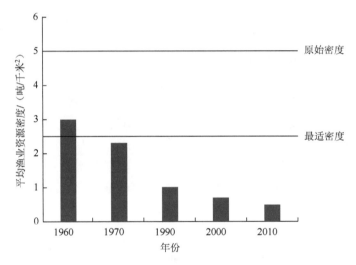

图 2-2　广西沿海渔业资源密度变化情况

数据来源：(孙典荣，2008；袁华荣等，2011)

2.3.2　渔业种群资源衰退

　　受海洋环境污染、大规模用海等人为活动干扰，近海海洋捕捞的渔获率及水产品质量下降，优质鱼种比例逐渐减少。大部分经济种群以由 1 龄以下的幼鱼组成为主，群落中个体大、生命周期长、食物层次高的种类基本被个体小、生命周期短、食物层次低、经济价值较次的种类所取代，渔获优势种向小型化、低龄化转变。以带鱼和二长棘鲷为例，北海市水产技术推广站对 2017 年所捕获的带鱼开展了调查分析，发现所渔获的带鱼中，小幼鱼所占比例最多，达到带鱼渔获量的 50%，中鱼占比为 30%，成鱼占比为 20%，以成鱼占比最小。海洋渔业的大量捕捞打破了鱼类种群的均衡性，成鱼的数量和比例逐渐变小，鱼群中的鱼类幼体变为捕捞死亡量的主体，而鱼类幼体的捕捞死亡导致未来的中鱼和成鱼减少，成鱼减少的同时又间接导致种群生长率的降低，因此当海洋鱼类捕捞量过大，超过了其种群的最大可持续产量时，就会引起该种群的衰退，直接影响该鱼类种群的繁衍。

2.3.3　海洋牧场能力建设不足

1. 海洋牧场数量仍较少，面积较小

目前广西建成国家级海洋牧场仅 4 个，海洋牧场数量和面积仍不能满足广西海域渔业资源和海洋环境保护与修复的需要，对渔业资源起到的保护作用也有限。

2. 海洋牧场生境改造方式单一

当前，海洋牧场的建设中人工鱼礁的投放几乎成为唯一的生境改造方式。广西近岸海域分布有红树林、海草床、珊瑚礁等典型海洋生态系统，在这些生态系统区域分布着渔业资源繁殖和育幼的主要场所，是近海鱼类育幼和摄食稳定的来源支撑，而幼鱼则是对渔业资源很好的补充，有利于促进海洋生态系统的循环。但相关部门在广西海洋牧场规划和建设时，未能充分将红树林、海草床、珊瑚礁等广西特有的优势生态系统发挥的作用考虑进来。

3. 增殖流放种类与资源现状不匹配

当前海洋牧场放流种类大多为具有较高经济价值的种类，如真鲷、石斑以及对虾等，短期内为渔业资源的恢复，以及当地渔民的增产增收起到了积极的推动作用。但从长远看，这些增殖放流种类没有充分结合广西近岸海域生态系统和渔业资源的特点进行因地制宜考虑。目前，由于广西渔业增殖放流种类的评估工作大多尚未开展，增殖放流的效果不明，加上广西海域渔业资源结构在人类活动和自然环境的扰动下，渔获优势种向小型化、低龄化、低营养级转变的可能性大，因此对于海洋牧场建设初期阶段应增加增殖种类的评估，并考虑增加相应科学合理性，选择低营养级种类为主要放流对象。

2.3.4　海洋生物资源本底不清

目前广西海域的海洋生物资源包括渔业资源调查、"三场一通道"以及珍稀海兽基本情况等，缺乏系统完整的调查数据。广西海洋渔业资源数据仅在 20 世纪 60 年代做过普查，近年来虽有一些文献报道，但大都基于科研项目和评价需求对局部海域开展短期调查，未见有较全面详细的数据资料。目前无法了解广西主要渔业资源结构、鱼类产卵群体大小、产卵场密集区分布范围、鱼卵成活率，以及

仔稚鱼的数量分布，因此也不能充分掌握广西近岸海域渔业资源营养级和食物网结构现状和变化情况。珍稀海洋动物基本情况调查除儒艮保护区及一些科研院校等单位对个别物种进行过较深入的研究外，绝大多数动物的资源量及其生态习性仍鲜为人知。

2.4　广西海水养殖污染及治理压力

近年来，随着广西海水养殖业的迅速发展，由于过度追求产量，过量投放饵料、高密度养殖等不合理的养殖方式，养殖尾水缺乏治理、无序排放带来的污染问题对海水养殖业本身和近岸海域海洋生态环境产生了不容忽视的影响。局部海域富营养化形势严峻，养殖集中分布的铁山港湾、廉州湾和钦州湾等重点海湾藻类暴发性增殖现象频率增加，对海洋生态系统健康和海水养殖业的可持续发展造成潜在的威胁。水产养殖污染防治，关系到海洋生态环境系统的健康，已成为水产养殖业可持续健康发展的制约因素。

2.4.1　海水养殖污染状况及变化趋势

1. 海水养殖尾水常规污染物状况

本节对不同的海水养殖方式、养殖品种进行采样监测，养殖方式包含工厂化养殖、池塘养殖、育苗场，养殖品种包含虾类、鱼类、蟹类等。监测对象包含广西沿海三市的工厂化养殖企业、规模化养殖池塘、个体养殖户等，监测点位包含无处理设施和有处理设施的养殖场。监测区域覆盖广西沿海三市的海水养殖主产区域，共布设监测了 102 个水质点位。

1）监测点位

以养殖品种统计，虾类监测点位 77 个，占比 75.5%，蟹类监测点位 3 个，占比 3.0%，鱼类监测点位 10 个，占比 9.8%，育苗场监测点位 12 个，占比 11.7%。以养殖方式统计，工厂化养殖场监测点位 4 个，占比 4.0%，传统池塘养殖场监测点位 81 个，占比 79.4%，高位池养殖场监测点位 5 个，占比 4.9%，育苗场监测点位 12 个，占比 11.7%。以处理设施统计，无处理设施的养殖场监测点位 86 个，占比 84.3%，有处理设施的养殖场监测点位 16 个，占比 15.7%。以各地市统计，北海市的养殖场监测点位 31 个，占比 30.4%，钦州市的养殖场监测点位 32 个，占比 31.4%，防城港市的养殖场监测点位 39 个，占比 38.2%。总体上来看，本次调查的监测点位基本能代表沿海封闭式养殖尾水的现状水质情况。各监测具体情况详见表 2-4～表 2-7 及图 2-3。

表 2-4　各养殖品种监测点位情况表

养殖品种	城市	监测点位数量/个	占比/%
虾类	北海市	20	19.6
	钦州市	24	23.5
	防城港市	33	32.4
蟹类	北海市	1	1.0
	钦州市	2	2.0
	防城港市	—	—
鱼类	北海市	6	5.8
	钦州市	2	2.0
	防城港市	2	2.0
育苗场	北海市	4	3.9
	钦州市	4	3.9
	防城港市	4	3.9
合计		102	100

表 2-5　各养殖方式监测点位情况表

养殖方式	城市	监测点位数量/个	占比/%
工厂化	北海市	1	1.0
	钦州市	2	2.0
	防城港市	1	1.0
传统池塘	北海市	24	23.5
	钦州市	26	25.5
	防城港市	31	30.4
高位池	北海市	2	2.0
	钦州市	—	0.0
	防城港市	3	2.9
育苗场	北海市	4	3.9
	钦州市	4	3.9
	防城港市	4	3.9
合计		102	100

表 2-6　无处理设施和有处理设施监测点位情况表

城市	无处理设施点位数量/个	占比/%	有处理设施点位数量/个	占比/%
北海市	26	25.5	5	4.9
钦州市	28	27.4	4	3.9

城市	无处理设施点位数量/个	占比/%	有处理设施点位数量/个	占比/%
防城港市	32	31.4	7	6.9
合计	86	84.3	16	15.7

表 2-7　各地市监测点位情况表

城市	监测点位数量/个	占比/%
北海市	31	30.4
钦州市	32	31.4
防城港市	39	38.2
合计	102	100

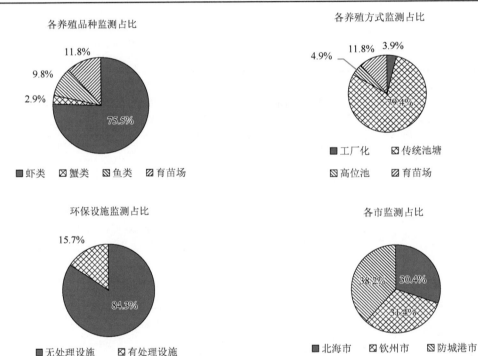

图 2-3　封闭式养殖监测布点占比

2）监测项目、频次及方法

水质监测项目：pH、盐度、溶解氧、化学需氧量、悬浮物、总氮、总磷、活性磷酸盐、亚硝酸盐氮、硝酸盐氮、氨氮共 11 项。水质采样选择各种养殖类别进行监测，在养殖排水期或养殖后期采集水样。分别在 6～8 月、10～11 月主要的收获期采样。样品的采集、贮存、运输及分析均按《海洋监测规范》（GB

17378—2007）、《海洋调查规范》（GB 12763—2007）及《近岸海域环境监测技术规范》（HJ 442—2020）中的有关规定进行。监测质量控制也按照《近岸海域环境监测技术规范》执行。

　　3）评价标准

　　参考广西地方标准《海水池塘养殖清洁生产要求》（DB 45/T 1062—2014）二级标准进行评价，具体排放限值要求见表 2-8。

表 2-8　《海水池塘养殖清洁生产要求》二级标准限值

序号	项目	二级标准
1	悬浮物（mg/L）	≤90
2	pH	6.5～9.0
3	化学需氧量（mg/L）	≤20
4	无机氮（以 N 计）（mg/L）	≤1.0
5	活性磷酸盐（以 P 计）（mg/L）	≤0.10
6	总氮（以 N 计）（mg/L）	≤2.0
7	总磷（以 P 计）（mg/L）	≤1.0
8	氨氮（以 N 计）（mg/L）	≤1.0

　　4）海水养殖尾水水质监测结果及分析

　　（1）广西整体海水养殖尾水水质监测结果及分析

　　本次对广西沿海封闭式海水养殖尾水监测各污染物的监测浓度结果情况见图 2-4。

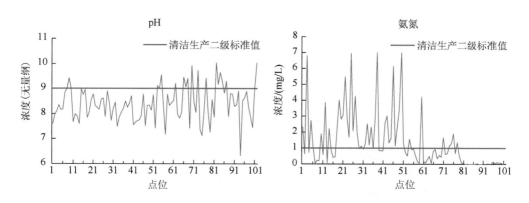

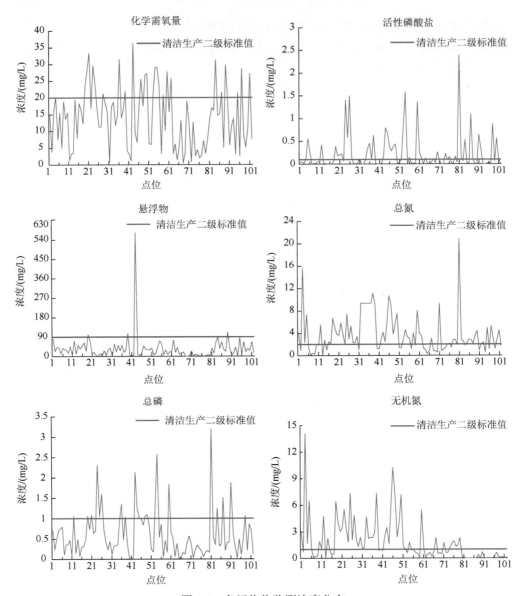

图 2-4　各污染物监测浓度分布

①按监测值统计情况。

对广西总体的海水养殖尾水监测结果进行分析，统计最小值、最大值、平均值和累计百分比例（80%）。

封闭式海水养殖尾水水质中，pH 的监测值范围为 6.33～10.03，平均值为 8.40，80%的点位 pH 为 6.5～9。悬浮物的监测值范围为 1～573mg/L，平均值为 35mg/L，80%的点位浓度值为 1～51mg/L。化学需氧量的监测值为 0.46～36.3mg/L，平均值

为 14.1mg/L，80%的点位浓度值为 0.46～21.6mg/L。活性磷酸盐的监测值为 0.0005～
2.39mg/L，平均值为 0.237mg/L，80%的点位浓度值为 0.0005～0.385mg/L。氨氮的
监测值为 0.0002～7.00mg/L，平均值为 1.38mg/L，80%的点位浓度值为 0.0002～
2.32mg/L。无机氮的监测值为 0.0046～14.1mg/L，平均值为 1.91mg/L，80%的点位
浓度值为 0.0046～2.95mg/L。总磷的监测值为 0.005～3.20mg/L，平均值为 0.608mg/L，
80%的点位浓度值为 0.005～1.02mg/L。总氮的监测值为 0.058～20.9mg/L，平均值
为 3.81mg/L，80%的点位浓度值为 0.058～5.67mg/L。

②与广西海水池塘养殖清洁生产标准的对比分析。

采用《海水池塘养殖清洁生产要求》二级标准进行对比分析，各个监测指标
均有不同程度的超出清洁生产二级水平值要求。

悬浮物超清洁生产二级水平值的比例为 3.9%，最大值超二级水平值的倍数为
5.4 倍。化学需氧量超清洁生产二级水平值的比例为 25.5%，最大值超二级水平值
的倍数为 0.8 倍。活性磷酸盐超清洁生产二级水平值的比例为 45.1%，最大值超二
级水平值的倍数为 23 倍。氨氮超清洁生产二级水平值的比例为 41.2%，最大值超
二级水平值的倍数为 6.0 倍。无机氮超清洁生产二级水平值的比例为 51.0%，最大
值超二级水平值的倍数为 13 倍。总磷超清洁生产二级水平值的比例为 20.6%，最
大值超二级水平值的倍数为 2.2 倍。总氮超清洁生产二级水平值的比例为 65.7%，
最大值超二级水平值的倍数为 9.5 倍。

总体上来看，总氮超清洁生产二级水平值的比例最大，其次是无机氮、活性
磷酸盐、氨氮、化学需氧量、总磷、悬浮物。针对所有的监测指标，超清洁生产
二级水平值的比例为 36.1%。

③与广西近岸海水本底值的对比分析。

采用广西壮族自治区海洋环境监测中心站 2021 年 4～5 月对广西近岸海水水
质的监测结果作为养殖进水的本底值，与海水养殖尾水水质进行对比分析，具体
见表 2-9。

表 2-9 海水养殖尾水与广西近岸海水水质对比　　　　单位：mg/L（pH 除外）

统计结果	pH	悬浮物	化学需氧量	活性磷酸盐	氨氮	无机氮	总磷	总氮
近岸海水平均值	8.01	10	0.771	0.023	0.052	0.204	0.043	0.424
养殖尾水平均值	8.40	35	14.1	0.237	1.38	1.91	0.608	3.81
养殖尾水高于近岸海水的倍数	—	2.5	17.3	9.3	25.5	8.4	13.1	8.0

从表 2-9 中可知，海水养殖尾水污染物与近岸的海水水质相比，海水养殖尾

水中的氨氮、化学需氧量和总磷含量远大于近岸海水的本底值，分别高于近岸海水的 25.5 倍、17.3 倍、13.1 倍，其次是活性磷酸盐、无机氮及总氮，分别高于近岸海水的 9.3 倍、8.4 倍、8.0 倍。

（2）重点海湾周边封闭式养殖水质监测结果及分析

对茅尾海、铁山港湾、廉州湾这三个重点海湾周边的封闭式养殖尾水水质情况进行分析，统计平均值浓度、最大值和最小值，具体结果见表 2-10 与图 2-5。采用 2021 年 4～5 月对重点海湾近岸海水水质的监测结果作为养殖进水的本底值，与海水养殖尾水水质进行对比分析。

表 2-10　重点海湾周边养殖尾水污染物浓度情况　单位：mg/L（pH 除外）

重点海湾	统计结果	pH	氨氮	化学需氧量	活性磷酸盐	悬浮物	总氮	总磷	无机氮
茅尾海	最小值	7.42	0.0686	3.14	0.001	1	0.817	0.005	0.071
	最大值	9.21	6.94	33.3	1.50	75	9.39	2.31	7.34
	平均值	8.26	2.13	18.1	0.262	28	4.74	0.715	2.55
铁山港湾	最小值	7.60	0.0014	3.83	0.0005	3	0.986	0.073	0.005
	最大值	10.03	6.80	23.7	2.39	101	20.9	3.20	14.1
	平均值	8.40	1.58	14.2	0.294	39	5.28	0.688	2.75
廉州湾	最小值	7.60	0.0002	5.00	0.0005	15	0.058	0.108	0.005
	最大值	9.64	2.32	31.3	0.532	88	3.82	1.25	2.85
	平均值	8.95	0.573	16.2	0.075	51	1.74	0.471	0.644
广西	平均值	8.40	1.38	14.1	0.237	35	3.81	0.608	1.91

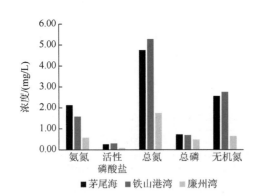 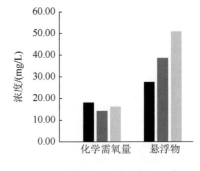

图 2-5　重点海湾养殖尾水的污染物平均浓度情况

①茅尾海。

茅尾海周边封闭式养殖尾水水质中 pH、悬浮物、化学需氧量、活性磷酸盐、氨氮、无机氮、总磷、总氮的平均浓度分别为 8.26、28mg/L、18.1mg/L、0.262mg/L、

2.13mg/L、2.55mg/L、0.715mg/L、4.74mg/L。采用清洁生产二级水平值进行对比分析,总氮超清洁生产二级水平值的比例最大,达 85.7%,其次是无机氮,为 81.0%,氨氮、活性磷酸盐、化学需氧量、总磷、pH 超清洁生产二级水平值的比例分别为66.7%、52.4%、38.1%、23.8%、4.8%。

与茅尾海近岸海水水质的监测结果进行对比分析,海水养殖尾水中的氨氮、悬浮物和化学需氧量含量远大于近岸海水的本底值,分别高于近岸海水的 29.3 倍、21.1 倍、17.5 倍,其次是总磷、总氮、无机氮及活性磷酸盐,分别高于近岸海水的 10.8 倍、7.2 倍、5.4 倍、4.6 倍。

②铁山港湾。

铁山港湾周边封闭式养殖尾水水质中 pH、悬浮物、化学需氧量、活性磷酸盐、氨氮、无机氮、总磷、总氮的平均浓度分别为 8.40、39mg/L、14.2mg/L、0.294mg/L、1.58mg/L、2.75mg/L、0.688mg/L、5.28mg/L。采用清洁生产二级水平值进行对比分析,总氮超清洁生产二级水平值的比例最大,达 71.4%,其次是无机氮,为 50.0%,氨氮、活性磷酸盐、化学需氧量、总磷、pH、悬浮物超清洁生产二级水平值的比例分别为42.9%、42.9%、14.3%、14.3%、14.3%、7.1%。

与铁山港湾近岸海水水质的监测结果进行对比分析,海水养殖尾水中的活性磷酸盐、氨氮、总磷和无机氮含量远大于近岸海水的本底值,分别高于近岸海水的 35.7 倍、23.9 倍、15.0 倍、14.3 倍,其次是化学需氧量及总氮,分别高于近岸海水的 10.2 倍、7.5 倍。

③廉州湾。

廉州湾周边封闭式养殖尾水水质中 pH、悬浮物、化学需氧量、活性磷酸盐、氨氮、无机氮、总磷、总氮的平均浓度分别为 8.95、51mg/L、16.2mg/L、0.075mg/L、0.573mg/L、0.644mg/L、0.471mg/L、1.74mg/L。采用清洁生产二级水平值进行对比分析,总氮和 pH 超清洁生产二级水平值的比例最大,分别为 55.6%和 55.6%,其次是无机氮和氨氮,分别为 22.2%和 22.2%,活性磷酸盐、化学需氧量、总磷超清洁生产二级水平值的比例分别为 11.1%、11.1%、11.1%。

与廉州湾近岸海水水质的监测结果进行对比分析,海水养殖尾水中的化学需氧量和氨氮含量远大于近岸海水的本底值,分别高于近岸海水的 26.0 倍、24.3 倍,其次是总磷、悬浮物、无机氮、总氮及活性磷酸盐,分别高于近岸海水的 11.4 倍、6.3 倍、5.9 倍、4.9 倍、2.9 倍。

由表 2-9 和图 2-5 可知,重点海湾周边的封闭式海水养殖尾水水质中,茅尾海、铁山港湾周边的封闭式海水养殖尾水中的氮和磷浓度相对高于广西的平均水平。

5)海水养殖尾水产污特征及变化趋势分析

(1)不同养殖方式的产污强度及变化趋势

根据 2021 年的养殖尾水水质监测结果,按工厂化、育苗场、高位池、传统池塘 4 种养殖方式，分别统计其无处理设施水质污染物的浓度范围和平均值，以分析各养殖方式的污染物产生浓度情况，具体见图 2-6 和表 2-11。

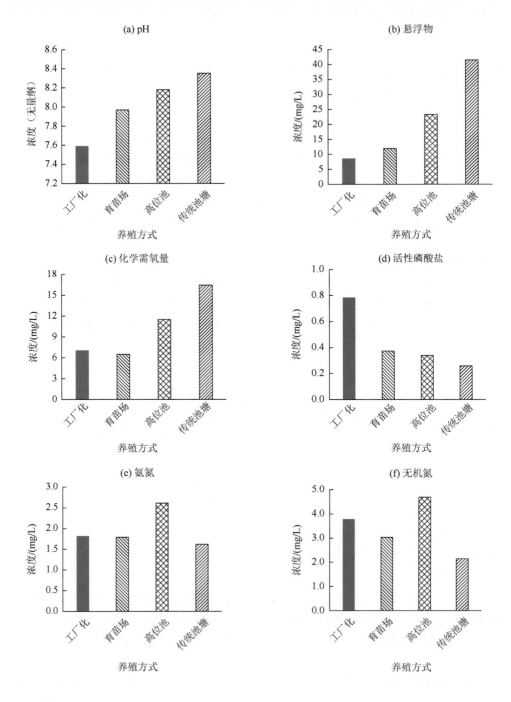

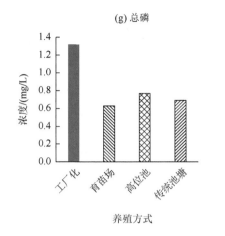

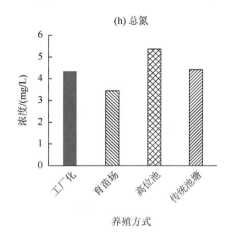

图 2-6　各养殖方式的污染物产生浓度情况

表 2-11　2021 年不同养殖方式的污染物浓度情况　单位：mg/L（pH 除外）

养殖方式	统计结果	pH	悬浮物	化学需氧量	活性磷酸盐	氨氮	无机氮	总磷	总氮
工厂化	最小值	7.16	2	4.16	0.0970	0.214	0.742	0.210	2.17
	最大值	7.89	23	12.2	1.19	4.65	6.31	2.10	6.48
	平均值	7.59	8.60	7.06	0.784	1.82	3.78	1.32	4.34
育苗场	最小值	7.23	1	0.72	0.0110	0.0616	0.0629	0.044	0.103
	最大值	8.70	72	24	1.41	6.34	8.82	2.31	9.98
	平均值	7.97	11.9	6.48	0.373	1.79	3.03	0.630	3.44
高位池	最小值	7.83	4	6.61	0.0060	1.12	1.13	0.276	1.42
	最大值	8.78	39	17.2	0.671	6.14	10.2	1.02	10.7
	平均值	8.18	23.3	11.5	0.338	2.61	4.69	0.769	5.37
传统池塘	最小值	6.33	3	1.87	0.0005	0.0002	0.0104	0.005	0.058
	最大值	10.03	573	36.3	2.39	7.00	14.1	3.2	20.9
	平均值	8.35	41.5	16.4	0.258	1.62	2.15	0.691	4.42

　　从各养殖类型各污染物的浓度平均值来看，悬浮物产污强度为传统池塘＞高位池＞育苗场＞工厂化；化学需氧量为传统池塘＞高位池＞工厂化＞育苗场；活性磷酸盐为工厂化＞育苗场＞高位池＞传统池塘；氨氮为高位池＞工厂化＞育苗场＞传统池塘；无机氮为高位池＞工厂化＞育苗场＞传统池塘；总磷为工厂化＞高位池＞传统池塘＞育苗场；总氮为高位池＞传统池塘＞工厂化＞育苗场。

　　总的来说，工厂化养殖模式产生的磷浓度均较高，其次是高位池、育苗场、传统池塘。高位池养殖模式产生的氮浓度较高，其次是工厂化、传统池塘、育苗场。化学需氧量和悬浮物浓度在传统池塘养殖模式中最高，其次是高位池、育苗场、工厂化。

采用 2010 年对广西沿海三市的水产养殖调查监测数据与本次的调查监测结果进行对比，分析 2010～2021 年广西海水养殖不同养殖方式的尾水水质变化情况。2010 年的封闭式海水养殖监测点位数量为 43 个，监测种类包含虾类、蟹类，监测的养殖方式主要为传统池塘养殖。根据 2010 年传统池塘养殖的尾水水质监测结果，统计传统池塘养殖的尾水污染物浓度范围和平均值，具体见表 2-12。

表 2-12　2010 年传统池塘养殖的尾水污染物浓度情况　单位：mg/L（pH 除外）

养殖类型	统计结果	pH	悬浮物	化学需氧量	活性磷酸盐	氨氮	无机氮	总磷	总氮
传统池塘	最小值	7.05	7	6.58	0.005	0.00	0.0109	0.040	0.600
	最大值	9.72	178	103	1.16	2.28	4.20	1.78	11.0
	平均值	8.42	38.4	37.1	0.274	0.413	0.992	0.511	2.92

由图 2-7 可以看出，2021 年传统池塘养殖模式与 2010 年传统池塘养殖相比，活性磷酸盐的平均浓度值变化不大，总体 2021 的传统池塘养殖尾水中的污染物相对于 2010 年有所增加，其中悬浮物、氨氮、无机氮、总氮、总磷分别是 2010 年的 1.1 倍、3.9 倍、2.2 倍、1.5 倍、1.4 倍。

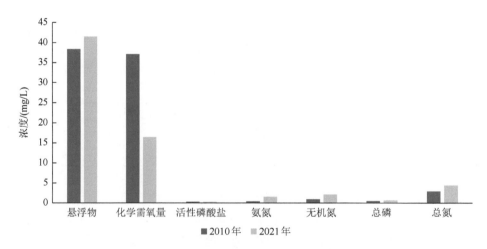

图 2-7　2021 年与 2010 年传统池塘养殖平均浓度对比情况

（2）不同养殖品种的产污强度及变化趋势

对 2021 年的无处理设施各养殖品种尾水水质监测结果，按虾类、鱼类、蟹类

3 种养殖品种，分别统计其尾水水质污染物的浓度范围和平均值，以分析各养殖品种的污染物产生浓度情况。具体见表 2-13。

表 2-13　2021 年不同养殖品种的污染物浓度情况　　单位：mg/L（pH 除外）

养殖品种	统计结果	pH	悬浮物	化学需氧量	活性磷酸盐	氨氮	无机氮	总磷	总氮
虾	最小值	6.33	2	2.47	0.0005	0.0002	0.010	0.022	0.243
	最大值	10.03	573	36.3	2.39	7.00	10.2	3.20	20.9
	平均值	8.31	41	17.1	0.348	1.72	2.44	0.837	4.65
鱼	最小值	7.42	4	1.87	0.0005	0.0487	0.0522	0.073	0.058
	最大值	9.21	75	25.8	1.5	6.80	14.1	1.60	15.7
	平均值	8.28	34	12.3	0.165	1.62	2.42	0.446	4.26
蟹	最小值	7.55	5	3.14	0.001	0.716	0.847	0.005	1.16
	最大值	8.71	40	20.2	0.108	0.843	1.70	0.701	2.31
	平均值	8.20	17	9.10	0.040	0.793	1.19	0.241	1.60

从各养殖种类各污染物的浓度平均值和图 2-8 来看，虾类的污染物悬浮物、化学需氧量、活性磷酸盐、氨氮、无机氮、总磷、总氮的产生浓度均最高，其次是鱼类，最后是蟹类。

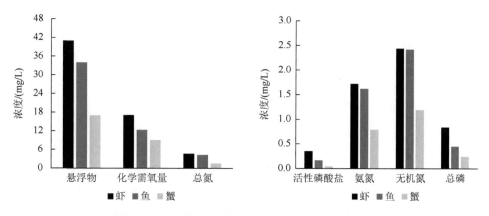

图 2-8　2021 年不同种类污染物平均浓度对比情况

采用 2010 年对广西沿海三市的水产养殖调查监测数据与本次的调查监测结果进行对比（其中，虾类 40 个，蟹类 3 个），分析 2010～2021 年广西海水养殖不同养殖品种的尾水水质变化情况。2010 年的不同养殖品种尾水水质监测结果统计见表 2-14。

表 2-14　2010 年不同养殖品种的污染物浓度情况　　单位：mg/L（pH 除外）

养殖品种	统计结果	pH	悬浮物	化学需氧量	活性磷酸盐	氨氮	无机氮	总磷	总氮
虾	最小值	7.05	7	10.7	0.005	0.000	0.0109	0.090	0.600
	最大值	9.72	178	103	1.16	2.28	4.20	1.78	11.0
	平均值	8.40	39.5	38.5	0.288	0.432	1.02	0.535	3.03
蟹	最小值	8.47	15	6.58	0.010	0.000	0.1913	0.040	0.710
	最大值	9.2	19	16.3	0.010	0.105	0.552	0.080	0.850
	平均值	8.84	17	11.4	0.010	0.053	0.372	0.060	0.780

　　从图 2-9 可看出，虾类养殖各污染物浓度平均值中，除了化学需氧量外，2021 年其他污染物悬浮物、活性磷酸盐、氨氮、无机氮、总磷、总氮的产生浓度

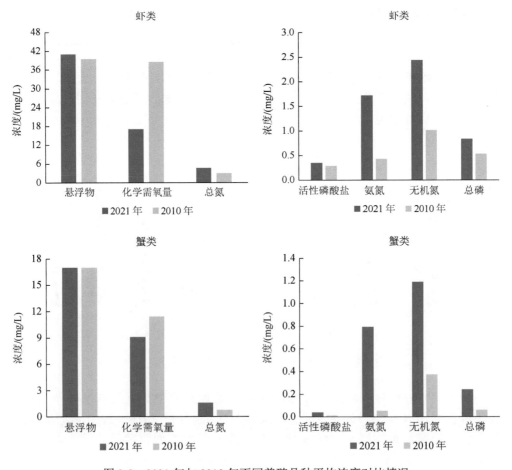

图 2-9　2021 年与 2010 年不同养殖品种平均浓度对比情况

均高于 2010 年。其中，氨氮、无机氮、总氮、活性磷酸盐和总磷浓度分别增加
3.0 倍、1.4 倍、0.5 倍、0.2 倍、0.6 倍。

蟹类养殖各污染物浓度平均值中，悬浮物浓度 2021 年与 2010 年持平，化学
需氧量浓度 2010 年高于 2021 年，其他污染物活性磷酸盐、氨氮、无机氮、总磷、
总氮的污染物产生浓度均为 2021 年高于 2010 年。其中，氨氮、无机氮、总氮、
活性磷酸盐和总磷浓度分别增加 14.0 倍、2.2 倍、1.1 倍、3.0 倍、3.0 倍。

2. 海水养殖抗生素和环境激素污染状况调查

1）海水养殖抗生素和环境激素使用状况

本节主要通过走访调研、现场调查、收集水产品养殖区的养殖方式及养殖过
程中使用的饲料、药物、消毒剂等添加种类、主要成分及数量，了解环境激素类
的潜在主要来源。在所调查的海水养殖场中，抽取北海市铁山港区石头埠、钦州
市钦江入海口、防城港市防城江及北仑河口入海口近岸，各选择两个虾塘进行养
殖饲料及药品使用情况调查。对虾养殖主要使用饲料为斑节对虾、南美白对虾配
合饲料，品牌基本为恒兴、海壹等，主要成分为鱼粉、大豆粕、菜粕、面粉、鱼
油、维生素 E 等。使用药剂基本为易克等杀虫药物，解毒应急灵、菌毒好迪等抗
菌药，生石灰、二氧化氯等消毒剂，水中宝等水质底质改良剂，以及一些微生物
制剂和中药制剂等。

从调查结果上看，广西沿海大部分的养殖场基本没有用到抗生素和环境激素
等药品试剂。在广西壮族自治区水产科学研究院的调研及到沿海各市的水产主管
部门调研时，多位专家也指出广西沿海对虾等养殖很少涉及抗生素和激素等药品，
只有育苗阶段可能会少量用药，养殖期间一般大多数只用到消毒剂、益生菌及碘
试剂。除了出现肠炎疾病时能用氟苯尼考，其他的病基本都是不治之症，用不到
激素等药剂。在现场走访调查中了解到，饲料和药品成分配方中也未发现明显含
有环境激素类成分。但发现大部分养殖场没有建立完善的饲料、药品使用记录和
台账，存在饲料、药品使用品种、数量不清的状况，及记录台账不全或缺失的情
况，因此也难以完全掌握养殖饲料和用药中是否涉及抗生素及环境激素，更无法
获知其使用量，需要后期进行专门调查。

此外，在调研中也有渔民和专家指出，目前广西沿海的贝类底播养殖中，尤
其是滩涂的底播养殖，在投苗之前，养殖户有用农药等对滩涂敌害生物进行灭杀
的行为，如洒农药毒杀海毛虫等，这可能是环境激素的来源之一。

2）岸基海水养殖抗生素和环境激素污染状况

针对广西海水养殖抗生素和环境激素污染状况，采用现场监测的方式对广西
重点海湾沿岸海水水产品集中养殖区开展养殖池塘抗生素和环境激素的污染状况
监测。

（1）监测范围及采样站点

在 4～6 月对铁山港湾、廉州湾、钦州湾、防城港湾及珍珠湾海域内典型的养殖池塘，以及这 5 个广西沿海海水水产品集中养殖区，开展了养殖池塘抗生素和环境激素的污染状况监测，同时也对这 5 个水产品集中养殖区所在海域（鱼类网箱、对虾、贝类）进行了监测，包括水体、沉积物、养殖产品。

其中，海水养殖池塘中抗生素和环境激素的监测，主要是在北海市南流江口、铁山港区石头埠、防城港市防城江口、东兴北仑河口及钦州市钦江口这 5 个池塘养殖密集区，对每个区域分别选取 2 个代表性池塘，于对虾收获季节在养殖池塘采集共 10 个池塘水样。

因海上的鱼类网箱养殖都是直接与周边的海水联通，受潮汐海流等影响，网箱水体与周边的海水交换频繁，因此在海上的鱼类网箱养殖区采集水样来分析养殖污染意义不大，本节调查中没有对海上的鱼类网箱养殖点进行监测，而将其纳入后面的养殖区监测内容中。

同样，广西沿海的贝类养殖，包括底播和浮筏养殖，都属于未投料的养殖方式，而且都属于岸外浅海滩涂开放式养殖，与周边海域相通，受径流潮汐潮流等作用海水交换频繁，没有所谓的养殖水体，因此本节调查也未对滩涂和海域的贝类养殖点进行监测，也将其纳入后面的养殖区做统一的监测。

（2）监测项目及分析方法

抗生素和环境激素按种类来分，可以分为多氯联苯化合物、烃类化合物、增塑剂和洗涤剂、农药、金属有机化合物等。本节调查选择用量和危害较大的典型种类。

本次监测项目包含抗生素和环境激素共 8 大类 93 项激素，其中有 12 种雄性激素、7 种雌性激素、17 种糖皮质激素、3 种四环素类抗生素、16 种邻苯二甲酸酯、19 种有机氯农药、18 种多氯联苯，以及 1 种多环芳烃。采用液相色谱质谱联用仪法、气相色谱质谱联用仪法和液相色谱仪法进行检测，具体见表 2-15。

表 2-15　环境激素种类及分析方法

| 序号 | 激素种类 | 主要化合物 | | 分析方法 | |
		数量	种类	海水样品	沉积物、生物体
1	雄性激素	12	宝丹酮、表雄酮、福美司坦、睾酮、甲睾酮、甲氢睾酮、美雄酮、诺龙、雄诺龙、雄酮、雄烯二酮、雄烯酮	液相色谱质谱联用仪法	液相色谱质谱联用仪法
2	雌性激素	7	戊酸雌二醇、炔雌醇、雌三醇、雌二醇、己烷雌酚、雌酮、己烯雌酚		

续表

序号	激素种类	主要化合物		分析方法	
		数量	种类	海水样品	沉积物、生物体
3	糖皮质激素	17	倍氯米松、丙酸氯倍他索、倍他米松、布地奈德、醋酸地塞米松、醋酸泼尼松龙、醋酸氢化可的松、地塞米松、氟米龙、氟米松、甲泼尼龙、可的松、泼尼松、泼尼松龙、氢化可的松、曲安奈德、曲安西龙	液相色谱质谱联用仪法	液相色谱质谱联用仪法
4	邻苯二甲酸酯	16	邻苯二甲酸二甲酯、邻苯二甲酸二乙酯、邻苯二甲酸二异丁酯、邻苯二甲酸二丁酯、邻苯二甲酸二（2-甲氧基）乙酯、邻苯二甲酸二（4-甲基-2 戊基）酯、邻苯二甲酸二（2-乙氧基）乙酯、邻苯二甲酸二戊酯、邻苯二甲酸二己酯、邻苯二甲酸丁基苄基酯、邻苯二甲酸二（2-丁氧基）乙酯、邻苯二甲酸二环己酯、邻苯二甲酸二（2-乙基）己酯、邻苯二甲酸二苯酯、邻苯二甲酸二正辛酯、邻苯二甲酸二壬酯	气相色谱质谱联用仪法	气相色谱质谱联用仪法
5	有机氯农药	19	p,p'-DDD、p,p'-DDE、p,p'-DDT、α-666、α-氯丹、β-666、γ-666、γ-氯丹、δ-666、艾氏剂、狄氏剂、甲氧滴滴涕、硫丹I、硫丹II、硫丹硫酸酯、七氯、外环氧七氯、异狄氏剂、异狄氏剂酮	气相色谱质谱联用仪法	气相色谱质谱联用仪法
6	多氯联苯	18	PCB101、PCB105、PCB114、PCB118、PCB123、PCB126、PCB138、PCB153、PCB156、PCB157、PCB167、PCB169、PCB180、PCB189、PCB28、PCB52、PCB77、PCB81		
7	多环芳烃	1	苯并[a]芘		
8	四环素类抗生素	3	土霉素、四环素、金霉素	液相色谱仪法	液相色谱仪法

（3）海水池塘养殖抗生素和环境激素污染状况

北海市南流江口、铁山港区石头埠、防城港市防城江口、防城港市北仑河口及钦州市钦江口沿岸海水池塘中海水养殖抗生素和环境激素的分析结果显示，广西沿海的海水养殖池塘中，抗生素和环境激素的含量很低，污染程度很轻。

在池塘养殖水体所监测分析的 4 大类 37 种环境激素（含抗生素）中，仅有甲睾酮和甲氢睾酮 2 种雄性激素被检出，而且含量很低。甲睾酮检出率为 10%，浓度为 0.0060 μg/L；甲氢睾酮检出率为 20%，浓度为 0.0100～0.0050 μg/L。被检出的 2 个水样都位于北海市石头埠，其他池塘养殖区的样品都未检出。其他 10 种雄性激素、6 种雌性激素、16 种糖皮质激素、3 种四环素类抗生素共 35 种环境激素（含抗生素）都未被检出，表明了广西沿海池塘海水养殖的抗生素和环境激素污染状况为基本无污染。

3) 海上主要养殖区抗生素和环境激素污染状况

抗生素和环境激素在北海市廉州湾及铁山港湾、钦州市钦州湾及防城港市珍珠湾分别采集 15 个水样和 15 个沉积物样品（沉积物点位与水质点位相同）。

（1）养殖区海水抗生素和环境激素污染状况

根据北海市廉州湾及铁山港湾、钦州市钦州湾及防城港市珍珠湾养殖区海水抗生素和环境激素的分析结果显示，广西近岸海域海水养殖区，海水中抗生素和环境激素的含量很低，污染程度很轻。

在养殖区海水所监测分析的 7 大类 75 种环境激素（含抗生素）中，仅有 1 种雄性激素（甲睾酮）和 1 种糖皮质激素（泼尼松）被检出，而且含量很低。甲睾酮检出率为 40%，浓度为 0.0002～0.0009 μg/L；泼尼松检出率为 6.7%，浓度为 0.0018 μg/L；被检出的 7 个水样分布在北海市 4 个，钦州市 1 个，防城港市 2 个，其他海水养殖区的样品都未检出。其他 11 种雄性激素、6 种雌性激素、15 种糖皮质激素、3 种四环素类抗生素、20 种有机氯农药、17 种多氯联苯、1 种多环芳烃共 73 种环境激素（含抗生素）都未被检出，表明了广西近岸海域海水养殖区的抗生素和环境激素污染状况为基本无污染。

（2）养殖区沉积物中抗生素和环境激素污染状况

根据北海市廉州湾及铁山港湾、钦州市钦州湾，以及防城港市珍珠湾养殖区海洋沉积物中抗生素和环境激素的分析结果显示，广西近岸海域海水养殖区，海洋沉积物中抗生素和环境激素的含量很低，污染程度很轻。

在养殖区海洋沉积物所监测分析的 8 大类 92 种环境激素（含抗生素）中，有 4 种雄性激素、3 种有机氯农药和 1 种多环芳烃共 8 种环境激素被检出，而且含量很低。其中，雄性激素检出率为 46.7%，检出雄烯二酮、睾酮、雄诺龙和雄烯酮 4 种雄性激素，检出浓度为雄烯二酮 0.3～1.2 μg/kg，睾酮 0.3～1.3 μg/kg，雄诺龙 0.7 μg/kg，雄烯酮 0.3 μg/kg；有机氯检出率为 33.3%，检出 3 种有机氯农药为 DDD、DDE、DDT，检出浓度为 DDD1.2～2.8 μg/kg；DDE1.1～1.9 μg/kg，DDT1.6～4.7 μg/kg；多环芳烃检出率为 20%，检出浓度为苯并[a]芘 0.7～3.3 μg/kg。被检出的 11 个水样分布在北海市 3 个、钦州市 6 个、防城港市 2 个，其他海水养殖区的样品都未检出。其他 8 种雄性激素、6 种雌性激素、16 种糖皮质激素、16 种邻苯二甲酸酯、3 种四环素类抗生素、17 种有机氯农药、18 种多氯联苯共 84 种环境激素（含抗生素）都未被检出，表明了广西近岸海域海水养殖区的抗生素和环境激素污染状况为基本无污染。

4) 主要海水养殖品抗生素和环境激素污染状况

（1）样品采集区域及站点

针对广西沿海主要的水产养殖类型，包括底播贝类、浮法吊养贝类、网箱鱼类、池塘虾类等典型养殖方式及种类，在 4～6 月对主要养殖海区，包括铁山港湾、廉州湾、钦州湾、防城港湾及珍珠湾海域的典型海水水产品集中养殖区，采集了典型的代表性养殖种类，分别为文蛤、牡蛎、金鲳鱼、南美白对虾共 4 个种类，开展了广西沿海水产养殖品中抗生素和环境激素的污染状况监测。

在北海廉州湾、铁山港湾、钦州湾、防城港湾及珍珠港近岸养殖区分别采集贝类、鱼类和虾类共 19 个样品，其中文蛤样品 7 个，主要为廉州湾、铁山港湾、珍珠湾、钦州湾红沙等沿岸底播或天然养殖产品；牡蛎样品 5 个，主要为铁山港湾和钦州湾的茅尾海、龙门及钦州港海域的浮法吊养的香港巨牡蛎；鱼类样品 2 个，主要是铁山港湾和钦州港的网箱养殖金鲳鱼；虾类样品 5 个，主要是铁山港湾、廉州湾、钦州湾和珍珠湾周边的池塘养殖南美白对虾。

（2）养殖区海洋水产养殖品抗生素和环境激素分析结果

根据北海廉州湾及铁山港湾、钦州湾、防城港湾以及珍珠港近岸养殖区贝类、鱼类和对虾样品分析结果，广西海洋水产养殖品中，抗生素和环境激素的含量很低，基本无污染。在海洋水产养殖品所监测分析的 8 大类 93 种环境激素（含抗生素）中，分别检出 7 种雄性激素、2 种雌性激素、4 种糖皮质激素、1 种四环素类抗生素、3 种有机氯农药共 17 种环境激素（含抗生素）；其他 5 种雄性激素、4 种雌性激素、13 种糖皮质激素、16 种邻苯二甲酸酯、2 种四环素类抗生素、17 种有机氯农药、18 种多氯联苯、1 种多环芳烃共 76 种环境激素（含抗生素）都未被检出。

①雄性激素。

在海洋水产养殖品所监测分析的 12 种雄性激素中，检出 7 种雄性激素，含量很低。19 个样品检出 11 个，样品检出率为 57.9%，检出雄烯酮、雄烯二酮、雄酮、诺龙、睾酮、表雄酮、宝丹酮 7 种雄性激素，检出率为 5.3%（宝丹酮、睾酮、雄酮）～42.1%（雄烯酮）。从样品类别上看，7 个文蛤样品检出 3 个，检出率为 42.9%；5 个牡蛎样品检出 2 个，检出率为 40%；2 个鱼类样品检出率为 100%；5 个对虾样品检出 4 个，检出率为 80%。其中，检出率较高的雄烯酮检出浓度为 0.5～18.9 μg/kg，表雄酮为 8.4～70.9 μg/kg，除了铁山港湾的牡蛎样品中雄性激素含量相对较高之外，其他的样品中含量很低，鱼类和对虾没有明显差异。

②雌性激素。

在海洋水产养殖品所监测分析的 6 种雌性激素中，检出 2 种雌性激素，含量很低。19 个样品检出 9 个，样品检出率为 47.4%，检出雌酮、雌三醇 2 种雌性激素。其中，雌酮检出 8 个样品，检出率为 42.1%，检出浓度为 0.3～3.8 μg/kg；雌三醇检出 5 个样品，检出率为 26.3%，检出浓度为 0.1～17.9 μg/kg。从样品类别上看，7 个文蛤样品检出 1 个，检出率为 14.3%；5 个牡蛎样品检出 1 个，检出率为 20%；2 个鱼类和 5 个对虾样品检出率均为 100%。龙门附近的牡蛎样品中雌酮的含量相对较高（3.8 μg/kg），防城港东湾文蛤样品中雌三醇含量相对较高

（17.9 μg/kg），其余样品含量很低，鱼虾贝之间也没有明显的差异。

③糖皮质激素。

在海洋水产养殖品所监测分析的 17 种糖皮质激素中，检出 4 种糖皮质激素，含量很低。19 个样品检出 7 个，样品检出率为 36.8%，检出布地奈德、醋酸氢化可的松、可的松、氢化可的松 4 种糖皮质激素。其中，布地奈德检出 5 个样品，检出率为 26.3%；可的松和氢化可的松均检出 2 个样品，检出率为 10.5%；醋酸氢化可的松检出 1 种样品，检出率为 5.3%。检出率较高的布地奈德检出浓度为 0.7～1.3μg/kg。从样品类别上看，7 个文蛤样品检出 4 个，检出率为 57.1%；5 个牡蛎样品检出 1 个，检出率为 20%；2 个鱼类样品检出率为 100%。文蛤中布地奈德含量相对较高，鱼类中醋酸氢化可的松、可的松和氢化可的松含量相对较高，对虾都未检出糖皮质激素。

④四环素类抗生素。

在海洋水产养殖品所监测分析的 3 种四环素抗生素中，仅有 1 个对虾样品检出金霉素类抗生素，样品检出率为 5.3%，浓度为 9 μg/kg，位于东兴江平镇沿岸的池塘养殖区，其他样品均未被检出。

⑤有机氯农药。

在海洋水产养殖品所监测分析的 19 种有机氯农药中，检出 3 种有机氯农药，含量很低。19 个样品检出 5 个，样品检出率为 26.3%，均为贝类样品，检出 3 种有机氯农药为 DDD、DDE、DDT。DDD、DDE、DDT 均检出 2 个样品，检出率均为 10.5%；DDD 检出浓度为 1.8～2.0 μg/kg，DDE1.2～3.6 μg/kg，DDT4.5～5.5 μg/kg。从样品类别上看，7 个文蛤样品检出 3 个，检出率为 42.9%；5 个牡蛎样品检出 2 个，检出率为 40%。这一定程度上表明了贝类的有机氯农药含量相对于鱼类和虾类略高。

对广西沿海 5 大类海水养殖产品 19 个样品的检测结果进行分析，只有个别样品的某些种类环境激素和抗生素被检出，除了被检出的 7 种雄性激素、2 种雌性激素、4 种糖皮质激素、1 种四环素类抗生素、3 种有机氯农药共 17 种环境激素（含抗生素）之外，其他 76 种环境激素（含抗生素）都未被检出。由此可见广西沿海的水产养殖产品，因生物累积性，有一定的抗生素和环境激素检出风险，但总体上环境激素和抗生素的种类检出率不高，而且在被检出的种类中，含量也很低，5 大类水产品的样品中，除了贝类的有机氯农药含量相对鱼类和虾类略高之外，其他激素也没有明显的差异。这表明了总体上广西沿海的海水养殖产品抗生素和环境激素含量很低，绝大部分抗生素和环境激素含量极低甚至没有，基本无污染。贝类有机氯农药相对较高，可能与贝类较强的富集性有关，也可能与贝类底播中使用药物杀灭敌害生物的活动有关，需要稍加关注。

2.4.2　海水养殖微塑料污染状况

1. 广西海水养殖区微塑料污染状况

通过资料收集与实验数据，对北部湾海水养殖相关海域中的微塑料丰度进行比对分析（表 2-16），结果显示，北部湾沿岸的滩涂浅海区域沉积物中微塑料丰度较高，入海地面径流的水体与沉积物中微塑料丰度较低，河口育苗区水体中的微塑料丰度最高，可见除了入海径流及海岸排放的微塑料污染以外，海水养殖的生产过程中同样贡献了大量微塑料。

表 2-16　广西海水养殖区的微塑料污染状况

研究海域	数据采集方法	水体微塑料丰度	沉积物微塑料丰度/（个/千克）	参考文献
北部湾近海	—	—	458±342	(Xue et al., 2020)
钦州湾沙滩	—	—	96±34	(Li et al., 2018)
茅尾海红树林	1.2 μm 滤膜	—	940±17	(Li et al., 2019)
茅尾海养殖区	20 μm 滤膜	4.5±2.7 个/升	41.7±22.7	(Zhu et al., 2021)
河口育苗区	20 μm 滤膜	10.1±1.7 个/升	—	(Zhu et al., 2019)
钦州港	20 μm 滤膜	8.8~9.5 个/升	—	(Zhu et al., 2019)
大风江	330 μm manta 拖网	0.33~0.9 个/米^3	9.4~50.3	(Zhu et al., 2019)
茅岭江	20 μm 滤膜	2.56±1.6 个/升	25.4±1.2	(Zhu et al., 2021)
钦江	20 μm 滤膜	1.96±0.8 个/升	39.2±1.6	(Zhu et al., 2021)

2. 广西茅尾海微塑料污染调查

2021 年 7 月在茅尾海海域及汇入河流开展了 19 个点位的表层水、底层水和底泥样品的采集工作。2021 年茅尾海表层水体的微塑料污染浓度为 0.3~6.9 个/升（平均值：2.6±0.7 个/升），底层水中微塑料的污染浓度为 0.8~9.6 个/升（平均值：3.9±1.3 个/升）。茅尾海表层水体中的微塑料污染浓度略高于底层水体，二者并未表现出明显的相关性，即表层水的微塑料污染情况并不能代表底层水的污染情况。底泥样品中的微塑料浓度为 7.9~70.5 个/千克干重（平均值：37.4±1.2 个/千克）。

在 2021 年的所有样品中，透明色仍然是占比重最大的颜色，同比其他颜色的比例明显增加（图 2-10）。样品中纤维状微塑料的平均占比为 78%，不规则图形的占比约为 16%。2021 年 7 月的底层水与底泥中的微塑料表现出非常相似的理化特征。

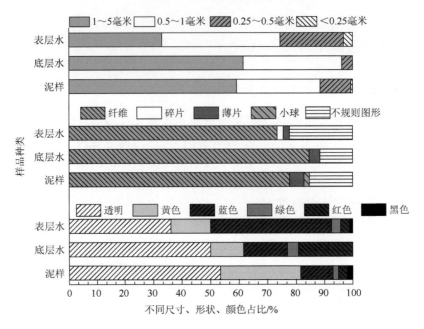

图 2-10　2021 年茅尾海不同样品中典型微塑料的理化特征

3. 广西海水池塘养殖微塑料垃圾污染状况

池塘养殖作为一种重要的海水养殖方式，是广西水产养殖业的重要组成部分。池塘养殖广泛分布在北部湾及其河口沿岸，养殖品种以虾、蟹为主。广西海水池塘养殖以开放式水系统、单品种、粗放式养殖模式为主（Su et al., 2019），由于没有形成集约化与规模化的管理运营方式，这种养殖模式生产过程中普遍存在环境污染问题。出于成本控制的因素，塑料耗材在海水池塘养殖中被广泛使用，常见的塑料浮筒浮筏、废弃网具、塑料绳、渔民遗弃的生活塑料垃圾等固体废弃物与生产过程中塑料的损耗，为海水池塘养殖环境贡献了大量微塑料。因此，分别在 2021 年的 5 月及 7 月对海水池塘养殖环境中的微塑料污染状况进行了调查分析（表 2-17）。

表 2-17　池塘养殖调查地点

钦州采样点	池塘采样点及数量（采集池塘养殖水及周边表层沉积物）
虾塘（15 个）	黄鹿岭虾塘 2 个、石江墩虾塘 1 个、大围虾塘 1 个、鲤鱼墩虾塘 1 个、沙坡岭头顶村虾塘 1 个、灰窑角虾塘 1 个、沙沟虾塘 1 个、三块田虾塘 1 个、腰子岭虾塘 1 个、天堂村虾塘 1 个、君珠围虾塘 1 个、老刘围虾塘 1 个（5 月）、大窝虾塘 1 个（7 月）、蛇岭头虾塘 1 个（7 月）
虾蟹混养塘（2 个）	沙沟虾蟹混养塘 1 个、茅岭虾蟹混养塘 1 个（5 月）
鱼塘（1 个）	大窝鱼塘 1 个

注：未标注采样日期的为 5 月、7 月两次采样。

在 5 月份共采集了 17 个池塘站点（P1～P17），每个站点收集 25 升池塘养殖水，2.5 千克养殖池塘周边表层沉积物，在所有站点均检测到了微塑料（表 2-18）。其中水体微塑料丰度范围为 1.56～5.56 个/升（平均值：3.33±1.21 个/升）。表层沉积物中微塑料丰度范围为 22～52 个/千克（平均值：34.5 个/千克），养殖水体中微塑料总量 1415 个，薄片状 6 个，不规则形状 32 个，纤维状 1377 个。透明色 134 个，红色 86 个，绿色 17 个，蓝色 1178 个。

在 7 月份共采集了 18 个池塘站点（P1～P18），每个站点收集 25 升池塘养殖水，2.5 千克养殖池塘周边表层沉积物，在所有站点均检测到了微塑料（表 2-18）。其中水体微塑料丰度范围为 1.56～5.16 个/升（平均值：2.83±0.87 个/升）。表层沉积物中微塑料丰度范围为 24～56 个/千克（平均值：35.4 个/千克）。养殖水体中微塑料总量 1093 个，薄片状 1 个，不规则形状 17 个，纤维状 1075 个。透明色 112 个，红色 36 个，绿色 12 个，蓝色 933 个。大部分采样点表层沉积物微塑料丰度与水体微塑料丰度呈现正相关，但并无显著线性关系。

表 2-18　广西海水池塘养殖微塑料污染丰度

站点名称	5 月		7 月	
	水体/（个/升）	沉积物/（个/千克）	水体/（个/升）	沉积物/（个/千克）
P1	3.12	34	2.52	42
P2	2.48	—	2.64	56
P3	1.56	22	2.00	32
P4	4.44	—	3.84	24
P5	2.16	—	—	—
P6	2.64	34	2.52	34
P7	4.40	50	2.32	42
P8	3.20	34	2.44	30
P9	5.56	—	3.12	40
P10	2.88	—	3.00	32
P11	5.24	—	5.16	26
P12	3.12	24	2.92	38
P13	1.68	—	1.56	24
P14	4.32	52	2.96	28
P15	3.16	—	2.32	42
P16	2.76	26	2.24	36
P17	3.88	—	2.16	46
P18	—	—	4.32	30
平均值	3.33	34.5	2.83	35.4

4. 广西海水养殖产品中微塑料污染状况

微塑料因其颗粒小而易被各种生物体摄入，且稳定的理化性质使其难以从环境中被消除。此外，由于具有较大的比表面积和疏水性，微塑料容易受到有机污染物的污染，也易于被微生物附着成为病原菌的温床。摄入微塑料可能对海洋生物造成物理和毒理学威胁。本节调查针对广西海水养殖区域茅尾海采集的生物体进行体内微塑料含量及生态风险分析。

调查共收集鱼类样品 66 条，12 个物种（表 2-19）。在所有鱼类肠胃道和 40 条鱼的鱼鳃（属于 8 种）中观察到了微塑料，每个样品含有至少 1 个微塑料，并且均显著高于空白对照（$P<0.01$）。在鱼肠胃道试验中，检测到的微塑料的丰度为 $2.0 \sim 14.0$（平均值：5.4 ± 0.3）个/个体和 $0.2 \sim 14.6$（平均值：3.6 ± 0.4）个/克；在鱼鳃试验中，微塑料的丰度范围在 $0.0 \sim 8.5$（平均值：2.0 ± 0.2）个/个体之间，即 $0.0 \sim 12.3$（平均值：2.0 ± 0.3）个/克鳃重。以个/个体度量，鱼肠胃道中的微塑料多于鱼鳃中的（$P<0.01$）（表 2-19）。在所有牡蛎样品的软组织中均发现了微塑料，丰度范围为 $3.2 \sim 8.6$ 个/个体（$0.7 \sim 1.1$ 个/克组织湿重），微塑料的平均污染水平为 4.7 ± 0.3 个/个体（0.8 ± 0.2 个/克组织湿重）。

表 2-19　广西养殖鱼类样品中的微塑料丰度

物种	个数	生活习性	体重/克	鱼肠胃道中的微塑料		鱼鳃中的微塑料	
				个/个体	个/克	个/个体	个/克
黄鳍鲷	15	表层鱼	58.7 ± 4.7	4.1 ± 2.0	2.3 ± 1.3	3.0 ± 0.2	2.6 ± 0.3
前鳞龟鲹	4	表层鱼	32.9 ± 0.9	3.8 ± 0.6	1.5 ± 0.6	2.3 ± 0.7	1.5 ± 0.5
斑鰶	3	表层鱼	79.0 ± 6.3	2.0 ± 0.2	0.7 ± 0.4	0.0 ± 0.0	0.0 ± 0.0
海鲢	3	表层鱼	542.2 ± 24.7	3.0 ± 1.3	0.2 ± 0.3	0.0 ± 0.0	0.0 ± 0.0
海鲈鱼	6	表层鱼	261.4 ± 7.5	5.3 ± 1.4	0.9 ± 0.7	3.0 ± 0.6	0.3 ± 0.1
沙尖鱼	4	表层鱼	19.6 ± 1.3	1.7 ± 0.5	4.3 ± 1.3	0.5 ± 0.2^{a}	1.5 ± 0.5
虾虎鱼	16	底层鱼	8.5 ± 0.2	4.6 ± 1.3	14.6 ± 2.3	0.3 ± 0.1^{a}	1.2 ± 0.2
罗非鱼	3	底层鱼	117.7 ± 4.7	8.5 ± 1.8	1.9 ± 0.5	2.5 ± 0.5	1.0 ± 0.2
鯒	3	底层鱼	79.2 ± 3.6	10.0 ± 1.6	3.5 ± 0.7	2.0 ± 0.5	1.0 ± 0.4
金钱鱼	3	底层鱼	106.2 ± 7.4	14.0 ± 2.7	1.3 ± 0.4	1.0 ± 0.3	0.5 ± 0.3
黑鲷	3	底层鱼	25.8 ± 3.7	2.0 ± 0.7	1.8 ± 0.6	8.5 ± 0.8	12.3 ± 1.4
鲻鱼	3	底层鱼	20.1 ± 0.6	5.7 ± 1.8	9.6 ± 1.9	1.0 ± 0.2	2.5 ± 0.6

a 与空白对照没有显著差异。

鱼类样品中常见的聚合物类型包括人造丝、聚酯和聚丙烯（图 2-11）。鱼类体内微塑料白色和蓝色纤维居多。白色微塑料在鱼类肠胃道所占比重更多，占微塑料的 50%～93%。在前鳞骨鲻、海鲈鱼、罗非鱼和鲴 4 种鱼的鳃中，纤维状微塑料的比重高达 100%。鱼类肠胃道中的薄片微塑料占据 25%，远高于鱼鳃中的（4%）。鱼类肠胃道和鳃之间的微塑料尺寸没有显著差异。

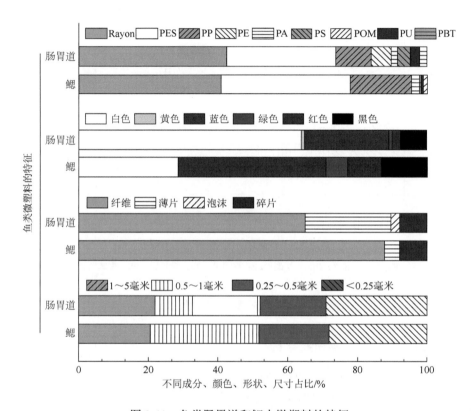

图 2-11 鱼类肠胃道和鳃中微塑料的特征

Rayon：人造丝；PES：聚酯；PP：聚丙烯；PE：聚乙烯；PA：聚酰胺（尼龙）；PS：聚苯乙烯；POM：聚甲醛；PU：聚氨酯；PBT：聚对苯二甲酸丁二醇酯

牡蛎组织样品中的主要聚合物类型包括人造丝和聚酯，分别占微塑料的 50%和 39%（图 2-12）。白色是占比重最大的颜色，高达 76%，其次是蓝色、黄色和黑色。牡蛎体内纤维状微塑料占微塑料的 69%。牡蛎中微塑料的尺寸与水样（12%）相比，牡蛎（31%）和鱼样（29%）中更容易观察到尺寸<0.25 毫米的微塑料（$P<0.05$）。

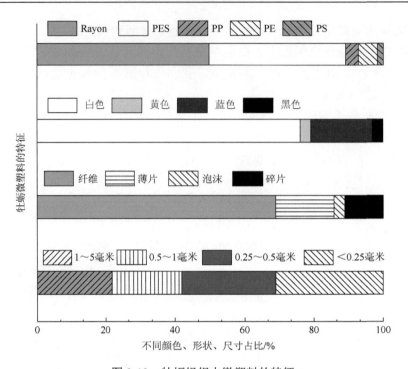

图 2-12　牡蛎组织中微塑料的特征

Rayon：人造丝；PES：聚酯；PP：聚丙烯；PE：聚乙烯；PS：聚苯乙烯

2.4.3　海水养殖污染治理存在的问题和压力

1. 海水养殖环境影响问题分析

（1）岸内养殖对海洋环境的影响

①养殖尾水短期集中排放影响局部海域。

近年来，广西沿海海水养殖污染物排放量呈现逐年增加的趋势。2020 年，广西沿海海水养殖尾水总磷排放量占入海总量的 19.4%，总氮占入海总量的 9.5%，均在广西入海污染源中位居第二，仅次于河流携带入海的污染物量。在养殖废水污染物排放量中，对虾养殖污染物排放量占比达 90%以上，是养殖尾水最主要的污染源。广西沿海的海水养殖以传统池塘养殖方式为主，大部分养殖户的收获季相对集中在 6～8 月和 10～11 月，除部分进水条件较差的池塘不排水外，大多池塘的养殖尾水一般在收虾后进行排放，而收虾过程中搅动水质和底泥，使水体中悬浮物升高，底泥夹带大量氮磷营养物质随水流排放进入入海沟渠或海域（图 2-13）。目前养殖尾水处理率低，在养殖池塘集中连片分布的区域，含高浓度氮磷的养殖尾水的短时集中排放对近岸海域的影响相对明显。广西沿海 2016 年后的对虾养殖面积较 2015 年有所减少，但养殖产量却逐年不断增加，在一定程度上反映了养殖密度的增长，而高密度的养殖需大量投喂外源性饵料，造成排泄物增加，使养殖尾水中的氮、磷含量增高。海水养殖的短时集中排放，以及其尾水污染物中的氮、磷等营养物质和有机物成为近岸水体富营养化的污染源重要来源之一。近年来，局部海域富营养化形势严峻，铁山港湾、廉州湾和钦州湾等海湾频频出现藻类暴发性增殖现象，而这几个海湾同时也是海水养殖业相对密集的区域，对养殖业的可持续发展和海洋生态系统健康造成潜在的威胁。

图 2-13　养殖尾水排放

②高位池养殖未实现尾水循环回用。

广西采用高位池养殖模式的养殖户较少，且均未实现尾水循环利用。高位池养殖是一种高密度、高投饵量、高换水率、高污染养殖模式，该类养殖换水率较高，且养殖尾水从池塘底部排出，排出的尾水中含有大量残饵、鱼虾粪便和排泄物。部分养殖户将尾水排入沟渠自然沉降后排海，部分养殖户将其排入传统池塘经沉淀和微生物处理后排海。该类养殖虽然在广西分布较少，但由于其排污量大，因此，其对附近海域产生的环境影响也不容忽视。

③养殖池塘塘泥缺乏妥善处理方式。

据调查，广西沿海的传统土质养殖池塘每年积累的塘泥大约为 20～35 厘米厚，主要是由池塘中鱼虾类的排泄物以及剩余饲料等废物长时间沉积而形成。塘泥过多会造成鱼塘底部老化，增加池塘的耗氧量，释放有毒有害气体，而且滋生大量微生物寄生虫，对鱼塘的影响非常大，因此每隔 1～2 年要进行一次清淤，一般在排水晒塘后进行，待塘底龟裂采用人工或机器将表面塘泥移除（图 2-14）。为了节约清淤的成本，养殖户主要采取将塘泥就近堆放在塘埂上的方式。但由于没有采取种植农作物等固化塘堤措施，下雨时，雨水会将塘泥中的氮磷冲回池塘。高位养殖池塘底部铺有底膜，采取的清淤方式是捕捞后保持 20 厘米水深，搅起底泥，然后连泥带水排出塘外，如此重复几次；或捕捞后排干池水，用高压水枪冲洗池底，再将底泥随着尾水一起排出。塘泥当中含有大量的有机物质，尤其是氮磷钾的含量非常丰富，但海水养殖塘泥具有一定的盐度，对于农作物养殖方面的适用性有一定的局限。目前，广西沿海海水养殖池塘塘泥缺乏妥善的处理方式，也尚未见有专门的第三方公司提供免费上门清理塘泥回收利用服务，塘泥的流失入海也成为局部海域氮磷污染物主要来源之一。

图 2-14　对虾养殖池塘塘泥

④养殖尾水排口数量众多，底数不清。

根据海洋部门对广西陆源入海污染源排查结果，2017 年全区陆源污染源 453 个，其中，养殖排水口 336 个，占比为 74.2%，该数据仍在进一步核查，至今尚未有最终养殖排污口数量核查结果。目前广西沿海三市中，防城港市于 2018 年排查水产养殖入海排污口共 38 个，钦州对督察反馈的 149 个排污口建立排污口档案信息，但其中没有单纯的水产养殖类排污口，水产养殖类排污口核查工作仍在进行当中。目前，也只有东兴市、港口区农业农村（水利）局对现有水产养殖入海排污口设立了养殖尾水监测点，定期进行抽样检测，实施动态监管。广西海水养殖模式以传统池塘养殖为主，绝大多数为个体经营或合作社，占比 80% 以上。养殖池塘面积总体以 3～30 亩为主，属于小规模池塘类型，养殖尾水排放方式粗放，一塘一排口现象较多，使得广西海水养殖尾水存在排污口数量众多，底数不清，监测、监管覆盖不全面等问题，以致对海水养殖尾水排污口分布、责任主体、排放方式、排放时间及频次、排放去向、浓度、排污口数量等关键信息了解不足，距离"精准治污"的监管需求仍有较大差距。

⑤缺乏可推广的集中连片区域养殖尾水治理技术。

区别于淡水养殖尾水，海水养殖尾水的特征为盐度较高、离子效应强，处理难度相对较高。部分适用于淡水养殖尾水的治理技术，不一定适于海水养殖尾水治理，如在人工湿地处理技术方面，种植的水生植物需考虑耐盐性的物种；在污染物的微生物降解方面，需考虑培养能在海水环境中快速繁殖生长、净化能力更强的菌群。目前，广西海水养殖池塘采取的环保措施大多为简易的沉淀池，处理效率较低。对于养殖集中连片区域，因地理条件和环境特征各有差异，部分养殖排水渠中还包含有农村生活污水，排放时间、规律不同，且养殖主体以个体户为主，在开展连片治理技术和治理模式方面尚缺乏经济适用、技术成熟和可推广的治理技术和运营方式。

⑥底播贝类播种前撒药对海洋生态造成不良影响。

目前，广西滩涂贝类养殖方式主要为底播增殖，以车螺、花甲螺为主，把螺苗投入海底让其自然生长，养殖过程中不会用到药也不投饵，但是在养殖投苗之前，为了给养殖贝类最大限度提供生长空间，养殖户普遍会用一种名为甲氰菊酯的药物泼洒养殖滩涂区域。甲氰菊酯又名灭扫利、灭扫星、灭虫螨，是一种拟除虫菊酯类杀虫、杀螨剂，具有渗透性强，耐雨水冲刷，高效、广谱、低残留等特点（何恒果等，2016）。这种杀虫剂对人、畜和植物安全，对鱼类和家蚕高毒，在贝类底播增殖过程中主要用于杀灭养殖滩涂中的甲壳类和多毛类等海洋底栖生物，给养殖贝类提供更多生长空间的同时减少食物竞争，短时期内有利于贝类的生长。但由于药物杀死了很多原本就生活在滩涂的底栖生物，降低了滩涂的生物多样性和丰富度，给潮间带生态系统健康和稳定带来不良影响，此外单一种类、高密度的贝类养殖容易爆发病害，同样也不利于贝类养殖的可持续健康发展。

（2）海上养殖对海洋环境的影响

①海水养殖产生的塑料垃圾污染物量较大。

根据本书调查及测算，2020 年广西近岸海域浮筏养殖中的塑料成分总使用量为 23 873 吨，平均每年丢弃到海里的塑料废为 14 853 吨（含 6161 吨泡沫、1319 吨包装膜、1718 吨加强绳、1475 吨捆绑绳和 4180 吨悬挂绳），岸滩池塘养殖产生的塑料垃圾重量约为 1218 吨，可见海水养殖中海上养殖产生的塑料垃圾量较大。塑料垃圾会随着风力迁移或雨水冲刷，从陆地进入地表水，最终进入海洋，或者分解形成的微塑料在河流、季风等作用下，成为海洋生态系统中微塑料的另一重要来源之一，对海洋环境和海洋生物造成直接和潜在的威胁（贺加贝等，2020）。这些数量巨大的海水养殖塑料垃圾一直处于随意丢弃且无人监管状态，在以往的相关水产养殖污染状况调查报告中没有被提及，也没有引起管理部门的关注和重视。本书调研数据还未包括网箱养殖产生的塑料垃圾数据，随着广西近海网箱养殖规模的发展，广西海水养殖产生的塑料垃圾将会日渐增加。

②网箱养殖投饵量过剩造成海域环境污染。

目前，网箱养殖使用颗粒饲料基本上靠人工搬运和投喂，成本高、劳动强度大，而且养殖方式和养殖管理不够精细化，为了能让养殖鱼类摄食足够多的饵料，网箱养殖投饵量远远超过养殖鱼类的摄入量，不仅造成饲料浪费，也容易造成环境污染。网箱养殖所产生的废物主要为残存的饵料、鱼类的粪便和排泄物，这些废物中主要含营养物质氮、磷和有机物，并最终对环境产生影响。据估计，每生产 1 吨鱼约有 150～300 千克的残饵（约合投饵量的 1/3）及产生的 250～300 千克粪便（Phillips et al.，1985）。海水网箱养鱼系统中的氮以人为投放饵料和鱼苗的形式输入，通过鱼的收获回收的只有 27%～28%，有 28%的氮积累于沉积物中（任一平和曾晓起，1998）。沉积物中的有机物富集效应会促使异养有机体耗氧增加，对沉积物进行分解，释放出氮、磷等无机营养物质，而在缺氧的情况下还会释放出有毒的氨和硫化物，影响鱼类的生长和健康（祁真，2009）。溶解性的无机氮、无机磷是浮游植物生长的限制性营养盐，网箱养殖区的人工投饵量过剩导致附近海域的氮、磷含量增加，也为浮游植物的增殖和赤潮的发生提供了必要的物质条件。

2. 海水养殖环境管理问题分析

（1）养殖尾水排放尚未制定强制标准

目前，广西海水养殖业存在排污行为缺乏有效约束、养殖尾水治理力度不够等问题，其根本原因在于海水养殖尾水尚未制定排放标准，环境监管执法缺乏行之有效的依据，不利于生态环境主管部门和养殖业主管部门的管理。2019 年，广西印发实施了《广西水产养殖尾水生态处理设施建设要点（试行）》，进一步规范和提高全区养殖尾水处理的水平，但目前水产养殖尾水处理技术仍处于探索阶段，缺少与沿海绿色养殖相适应的污染治理技术，尤其是尾水处理效果难以评估。

现行的国家标准中，《污水综合排放标准》（GB 8978—1996）适合高污染行业，不适合池塘养殖尾水排放的管控。原农业部发布的《海水养殖水排放要求》（SC/T 9103—2007）属于水产行业推荐性标准，该标准不适于作为广西海水养殖尾水排放标准，一是我国地域跨度较大，南、北方海水水质差异较大（如无机氮相差 30 倍），加上养殖模式和技术水平不同，污染物排放水平差异较大，且该标准发布至今已近 20 年，随着水产养殖业的迅速发展和养殖技术的不断更新，该标准已不完全符合当前的养殖现状。二是该标准中无总氮、总磷指标，氮和磷的在水体中的形态是可以相互转化的，缺乏这两项指标不利于对海域的无机氮和活性磷酸盐的控制，而广西近岸海域主要超标因子为无机氮和活性磷酸盐。广西于 2014 年发布的《海水池塘养殖清洁生产要求》仅适用于广西区内海水池塘养殖清洁生产的实施，对于不开展清洁审核的海水池塘养殖尾水排放不具备约束效力，不利于开展对水产养殖污染的控制和监管。此外，该标准的限制指标数量较多，要求相对较高，增加养殖户负担，不利于作为广西普适性的排放标准执行。因此，需进一步研究制定广西海水养殖排放标准的指标及其限值。

（2）海水养殖项目环评制度难以执行到位

《建设项目环境影响评价分类管理名录（2021 年版）》（生态环境部令第 16 号）根据养殖类型和养殖规模明确了"海水养殖"的环评类别要求，但养殖户环保意识不强，对海水养殖环评没有任何概念，相关部门对于海水养殖环评工作不重视，宣贯不到位，以致海水养殖项目环评制度执行力度不强。广西沿海绝大多数海水养殖场未按要求开展环境影响评价，除部分工厂化养殖场外，大部分海水养殖场养殖废水未纳入各级渔业、环保和海洋部门的监管范围，不利于海水养殖的环境管理。

（3）海水养殖塑料垃圾监管措施尚不完善

根据《自治区农业农村厅办公室关于印发贯彻落实〈关于扎实推进塑料污染治理工作的通知〉〈广西进一步加强塑料污染治理近期工作要点〉任务分工表的通知》（桂农厅办函〔2020〕165 号），目前仅针对渔港码头的渔网渔具垃圾进行专门清理，而并没有将海水养殖过程及养殖场所产生的塑料垃圾纳入管理范围中。长期以来，政府主管部门对海水养殖生产过程中海洋渔业塑料垃圾的污染状况不重视，没有采取或实施防控措施，同时也缺乏切实可行的监管手段和措施，配套的行政管理和责任追溯制度不健全或可操作性不强，导致在近岸海域养殖作业过程中，岸滩池塘养殖户随意在养殖环境中丢弃垃圾的现象仍然比较普遍，海上养殖户随意向海上丢弃塑料泡沫、渔网具、绳索等现象未能得到有效控制，海上监管尤为困难。

3. 海水养殖行业问题分析

（1）海水养殖技术相对落后

广西海水养殖主体大部分以个体经营者为主，特别是一家一户分散式经营，养殖方式传统粗放，规模化、集约化养殖程度较低。与其他渔业省份相比，广西的工厂化养殖面积偏小，空间拓展性不足。据不完全统计，工厂化养殖比例仅占 3%，规模化养殖场低于 50%，不利于废水的集中处理及管控。另外，规模化养殖场中仅保留部分养殖塘作示范基地，部分也出租给个体养殖户，没能真正实现养殖废水的完全集中处理。

广西海水养殖以传统土池塘养殖为主，高位池养殖方式的养殖户仅占 10%，传统池塘的养殖环境受天气、地理条件等因素的制约影响较大，在病害防控方面的能力较差，养殖成功率不高，养殖事故性排水较多。部分养殖户在养殖过程中为了追求单亩产量而增加养殖密度，容易出现水质问题从而影响养殖成功率。广西地处亚热带季风气候区，夏季气温较高，持续高温对池塘养殖有很大的影响，台风等自然灾害也会对养殖池塘造成重大影响，加上养殖户管理水平不高，缺乏科学养殖的指导，盲目相信药品供应商的推销，滥用药物，导致鱼虾死亡，致使换水排水频次增加。总体上来说，广西养殖技术和管理水平较低，抗风险能力较差。此外，海水养殖结构不够优化，养殖品种较单一，以南美白对虾为主，鱼虾、虾蟹混养，立体养殖的生态型养殖模式应用较少，对产生的污染物自身降解和吸收能力也较差。

（2）水域滩涂养殖规范管理力度不够

持水域滩涂养殖证经营生产的养殖场比例不高，水产养殖规范管理难度大。一方面，浅海滩涂要办理海域使用证才能办理养殖使用证，以取得此证作为办理养殖使用证的前提条件，而海域管理权归属海洋部门，负责养殖证登记发放的则为农业农村部门，新的养殖用海规划颁布实施后，部分地区尚未开展大范围海域招拍挂手续，水域滩涂养殖证发放登记工作进展缓慢；另一方面，部分群众对养殖使用证制度认识不足，加上渔业依法行政力量薄弱，距离规范管理存在较大差距。海上非法养殖行为屡禁不止，屡清不绝。如北海铁山港湾清退大面积的养殖浮排，尚有 930 亩未清退。防城港市企沙渔港禁养区、钦州市钦州港港口航运禁养区、茅尾海东岸工业与城镇用海禁养区内均仍存在连片浮排养殖。

（3）养殖行业环保意识不强

据调查，大多数养殖户环保意识不强，甚至有些部门仍认为养殖尾水不属于废水，对于养殖尾水排放造成的环境影响认识不足，海水养殖行业从上至下均缺乏建设尾水处理设施的资金、技术和意识。在非法用海养殖方面，养殖户法律意识淡薄，非法用海养殖问题突出。沿海渔民养殖历史悠久，"祖宗海""门前海"的思想观念根深蒂固。高利润的驱动下，群众无序占海养殖现象较为突出，合规经营意识薄弱。此外，养殖户对丢弃塑料垃圾造成海洋环境污染的危害性认识不足，缺乏环境保护和社会责任承担意识，未形成相互间的监督约束机制及环境保护氛围。

在养殖用药管理方面，由于从事水产养殖生产的人员专业素质参差不齐，大部分专业技术水平不高，未掌握如何合理用药，或者对不合理用药可能造成的严重危害认识不足，有些个体户在水产用兽药的使用过程中随意性很大，也没有形成用药台账记录。

参 考 文 献

陈作志，邱永松，2005. 北部湾二长棘鲷的资源变动[J]. 南方水产，3：26-31.

邓蔚昭，李宁昭，2017. 广西北部湾绿色生态海水养殖业的培育和发展对策[J]. 企业科技与发展，5：8-10.

高晨宇，闫新萍，2012. 养殖海水中环境激素的环境风险评价技术研究[J]. 环境科学导刊，31（5）：74-76.

广西壮族自治区海洋局，2021.广西海洋经济发展"十四五"规划[EB/OL].（2021-09-09）[2024-12-20]. http://hyj.gxzf.gov.cn/zwgk_66846/xxgk/fdzdgknr/fzgh/ghjh/t10069060.shtml.

何恒果，闫香慧，王进军，等，2016. 甲氰菊酯和阿维菌素对柑橘全爪螨的亚致死效应[J]. 应用生态学报，27（8）：2629-2635.

贺加贝，赵强，杨国华，等，2020. 海洋生态系统中的微塑料研究现状及在渔业生产中的防控措施[J]. 科学养鱼，

2：58-60.

李风铃，江艳华，姚琳，等，2013. 水体中典型环境激素的种类及污染现状[J]. 中国渔业质量与标准，3（1）：44-50.

李权昆，2012. 世界海水养殖业发展趋势与启示[J]. 世界农业，4：9-12.

李晓曼，2015. 洱海水系烷基酚和类固醇类环境激素污染特征研究[D]. 昆明：昆明理工大学.

李媛媛，梁胤程，马腾，等，2021. 日照市海水养殖业发展现状及对策分析[J]. 世界农业，5：76-77.

李云莉，2017. 中国沿海典型养殖水域抗生素及其抗性基因污染的初步研究[D]. 上海：上海海洋大学.

刘文萍，石晓勇，王晓波，等，2009. 北黄海辽宁近岸水环境中壬基酚污染状况调查及生态风险评估[J]. 海洋环境科学，28（6）：664-667.

罗金福，李天深，蓝文陆，2016. 北部湾海域赤潮演变趋势及防控思路[J]. 环境保护，44（20）：40-42.

农业农村部渔业渔政管理局，2021. 2020 年全国渔业经济统计公报[EB/OL].（2021-07-28）[2024-12-20]. http://www.yyj.moa.gov.cn/gzdt/202107/t20210728_6372958.htm.

农业农村部渔业渔政管理局，全国水产技术推广总站，中国水产学会，2020. 2020 中国渔业统计年鉴[M]. 北京：中国农业出版社.

祁真，2009. 养殖水域污染及其防治[J]. 河南水产，4：26-28.

青尚敏，刘保良，刘国强，2019. 2012 年至 2017 年广西区海域赤潮及水华发生趋势研究[J]. 科技资讯，17（8）：245，247.

任仁，2001. 环境激素的种类和污染途径[J]. 大学化学，5：28-32.

任一平，曾晓起，1998. 海水网箱养鲍诱发有机物污染的生物监测[J]. 青岛海洋大学学报（自然科学版），3：71-75.

孙典荣，2008. 北部湾渔业资源与渔业可持续发展研究[D]. 青岛：中国海洋大学.

谭君，林竹光，刘仲华，等，2008. 固相萃取法分析水生生物体中 17 种酞酸酯类环境激素[J]. 分析化学，36（12）：1702-1706.

滕玉洁，王幸丹，崔崇威，2008. 环境激素的种类及危害分析[J]. 环境科学与管理，6：20-23.

夏凉，2018. 药物类污染对斑马鱼胚胎形态、行为和基因表达的生态毒理效应研究[D]. 上海：华东师范大学.

杨宇峰，王庆，聂湘平，等，2012. 海水养殖发展与渔业环境管理研究进展[J]. 暨南大学学报（自然科学与医学版），33（5）：531-541.

袁华荣，陈丕茂，贾晓平，等，2011. 北部湾东北部游泳生物资源现状[J]. 南方水产科学，7（3）：31-38.

张露，2018. 浙江沿岸海洋沉积物和生物体中邻苯二甲酸酯类环境激素检测技术研究及健康风险评估[D]. 舟山：浙江海洋大学.

张瑞玲，2018. 北部湾典型养殖区抗生素污染特征及海产品食用风险[D]. 南宁：广西大学.

张守都，李友训，姜勇，等，2021. 海洋强国背景下我国发展现代海水养殖业路径分析[J]. 海洋开发与管理，38（11）：18-26.

张炟瑞，2021. 山东半岛海水养殖场中抗生素在不同养殖阶段的分布与生物积累特征[D]. 济南：山东大学.

中国水产，2002. 中国海洋渔业水域图（第一批）[J]. 中国水产，8：21-24.

朱晓楼，沈超峰，黄荣浪，等，2014. 多氯联苯的膳食暴露及健康风险评价研究进展[J]. 环境化学，33（1）：10-18.

邹建伟，黄俊秀，王强哲，2016. 北部湾北部沿岸渔场 2015 年伏季休渔效果评价[J]. 渔业信息与战略，31（2）：132-138.

Chen C, Zheng L, Zhou J, et al., 2017. Persistence and risk of antibiotic residues and antibiotic resistance genes in major mariculture sites in Southeast China[J]. Science of the Total Environment，580：1175-1184.

Chen H, Liu S, Xu X, et al., 2015. Antibiotics in typical marine aquaculture farms surrounding Hailing Island, South China：Occurrence, bioaccumulation and human dietary exposure[J]. Marine Pollution Bulletin，90（1/2）：181-187.

Li R, Zhang L, Xue B, et al., 2019. Abundance and characteristics of microplastics in the mangrove sediment of the semi-enclosed Maowei Sea of the South China Sea: new implications for location, rhizosphere, and sediment compositions[J]. Environmental Pollution, 244: 685-692.

Li S, Shi W, Li H, et al., 2018. Antibiotics in water and sediments of rivers and coastal area of Zhuhai City, Pearl River estuary, south China[J]. Science of the Total Environment, 636: 1009-1019.

Phillips M J, Beveridge M C, Ross L G. 1985. The environmental impact of salmonid cage culture on inland fisheries: Present status and future trends[D]. Stirling: University of Stirling.

Xue B, Zhang L, Li R, et al., 2020. Underestimated microplastic pollution derived from fishery activities and "hidden" in deep sediment[J]. Environmental Science & Technology, 54 (4): 2210-2217.

Zhong Y, Chen Z, Dai X, et al., 2018. Investigation of the interaction between the fate of antibiotics in aquafarms and their level in the environment[J]. Journal of Environmental Management, 207: 219-229.

Zhu J, Zhang Q, Huang Y, et al., 2021. Long-term trends of microplastics in seawater and farmed oysters in the Maowei Sea, China[J]. Environmental Pollution, 273: 116450.

Zhu J, Zhang Q, Li Y, et al., 2019. Microplastic pollution in the Maowei Sea, a typical mariculture bay of China[J]. Science of the Total Environment, 658: 62-68.

第 3 章　广西亲海空间资源优势与海洋垃圾治理压力

近年来，随着广西沿海经济的快速增长和旅游业的繁荣发展，海洋垃圾污染问题日益加剧，近海区域承受着巨大的海洋垃圾污染压力，尤其是漂浮垃圾，已成为威胁海洋环境和濒危海洋生物的主要污染源。研究显示，海洋塑料垃圾已进入食物链，危害海洋生态系统的健康和可持续发展，如不采取有效管理措施，海洋垃圾将对人类健康造成严重影响。本章重点阐述了广西亲海空间资源优势，通过实地调查与监测分析了海洋垃圾污染对亲海空间的影响，根据近年来广西海洋垃圾污染治理工作与成效，分析了亲海空间海洋垃圾治理压力。

3.1　广西亲海空间资源优势

广西位于中国南部偏西地带，地处东南亚与南亚之间，靠近越南、老挝、缅甸、印度等国家和地区，海岸线长达 1628.59 千米，拥有丰富的滨海休闲旅游资源，亲海空间资源优势明显。

1. 广西亲海空间资源类型丰富

广西亲海空间资源由海域资源、岸线资源、滩涂资源和海岛资源构成。

海域资源方面，北部湾海域总面积约 12.8 万千米^2，属于我国的海域面积约为 5.98 万千米^2。广西管辖海域范围约 7000 千米^2（其中海洋生态保护红线占 25%）。广西确权海域使用面积 527.39 千米^2，海洋空间利用的分布情况如下：渔业领域占 67%，交通航运领域占 12%，工业领域占 8%，专项用途占 7%，而旅游休闲娱乐、填海造陆项目、海底建设项目及其他用途共同占据了剩余的 6%。已开发利用的海域 99%的确权位于水深 20 米以浅海域。

岸线资源方面，广西大陆海岸线东起与广东省接壤的洗米河口，西至中越交界的北仑河口，全长 1628.59 千米，海岸线长度排全国第 7 位，已利用海岸线占比 86.52%，主要包括渔业岸线（45.14%）、工业岸线（1.68%）、交通运输岸线（7.40%）、旅游娱乐岸线（1.47%）、造地工程岸线（2.70%）、特殊岸线（15.06%）和其他岸线（13.07%）。

滩涂资源方面，《广西北部湾经济区海岸滩涂资源调查监测与开发利用保护研究应用示范》专项数据显示，广西海岸滩涂总面积为 975.34 千米^2，其中已开发利用滩涂面积为 250.02 千米^2，占滩涂总面积的 25.6%。主要开发利用方式为生物类滩涂、非生物类滩涂、围塘养殖类滩涂、填海造地类滩涂。其中，生物类滩涂占比 11.5%，是广西特色典型生态系统的分布区，极具保护价值；非生物类滩涂面积最大，占比 74.2%，包括裸滩、风景名胜、文体娱乐用海等；围塘养殖是广西最重要的滩涂开发利用方式之一，占比 7.6%；填海造地类滩涂占比 6.7%，即工业、港口码头用海等，主要分布在企沙港、钦州港、钦州湾、铁山港湾区域等。

海岛资源方面，广西共有海岛 643 个。有居民海岛 14 个，分别是北海市涠洲岛、斜阳岛、南域围、更楼围、七星岛、外沙岛，钦州市龙门岛、西村岛、沙井岛、麻蓝头岛、簕沟墩、团和岛，防城港市针鱼岭、长榄岛。无居民海岛 629 个（其中纳入海洋生态红线管理的 90 个），其中已存在开发利用活动的无居民海岛 476 个，开发总面积约 5.86 千米^2，占无居民海岛总面积的 36.33%，主要用途为渔业、农林牧业、交通运输、城乡建设及公共服务建设等。

2. 广西海洋旅游自然人文资源丰富

海洋旅游资源有滨海沙滩、岛屿、生态、人文等类型多样的旅游资源。广西海洋旅游资源丰富，既有优美的亚热带、热带滨海风光及优质的水体和沙滩，又有浓郁的海洋文化和民族风情，沙滩宽广，海水洁净，沙质细白，浪小潮平。广西滨海沙滩类旅游资源有银滩、侨港、白浪滩、怪石滩、月亮湾、金滩及涠洲岛西部海岸；滨海生态类旅游资源主要有冠头岭、三娘湾等；滨海岛屿类旅游资源主要有涠洲岛、斜阳岛、龙门—七十二泾群岛等。目前，广西拥有涠洲岛、北海银滩等国内知名的海洋旅游景区、景点。区域范围内共有国家 5A 级景区 1 家，国家级旅游度假区 1 家，国家级文化产业示范基地 1 家，国家 4A 级旅游景区 37 家；自治区级旅游度假区 2 家，自治区级文化产业示范园区 4 家；五星级酒店 4 家，四星级酒店 12 家。

3.2　广西海洋垃圾污染对亲海空间的影响

3.2.1　岸滩垃圾污染状况

为全面了解广西海岸线垃圾污染状况，广西壮族自治区海洋环境监测中心站采用现场踏勘、无人机巡查及现场监测的手段对海岸线垃圾开展了大面积调查。勘察足迹遍布整个海岸线，能到达的海岸线尽量到达，对于部分无法到达或监测有困难的区域，如红树林、人工岸堤、海岸线很宽的区域等，采用无人机观测或望远镜观测（图 3-1），此次调查沿海岸线踏勘的点位约 130 个。

(a) 无人机观测

(b) 望远镜观测

图 3-1　海岸线垃圾污染状况调查方法

1. 现场踏勘

（1）局部区域临海亲海空间环境良好

通过对整个海岸线的勘察发现，广西海岸线局部区域亲海空间尤其是著名景点，因为有专人管理，每日清扫垃圾 1~4 次，现场勘察发现的垃圾很少，如北海银滩、防城港白浪滩、钦州三娘湾等景点（图 3-2）。

(a) 北海银滩

(b) 钦州三娘湾

(c) 防城港白浪滩

(d) 北海侨港

图 3-2　著名海滩环境状况

（2）局部区域垃圾分布较多

局部区域如无人管理的海滩、小码头、养殖区附近的红树林、延伸入海的网红公路等区域垃圾分布较多（图3-3）。

　　　　(a) 局部岸滩　　　　　　　　　　　　(b) 红树林

　　　(c) 无人管理的小码头　　　　　　　(d) 网红公路局部路段

　　　(e) 无人管理的海滩　　　　　　　(f) 无人管理的岸堤

图3-3　部分岸线环境状况

（3）沿海三市垃圾分布特征

本节根据走访调研情况分析了沿海三市垃圾分布特征，具体情况如下。

①北海市。

北海主城区区域岸线垃圾很少，除紫霞湾东侧无人管理的岸滩有少量垃圾外，其他岸滩总体上垃圾很少。铁山港湾海岸线总体情况较差，垃圾分布较多，尤其是沿岸的小码头、村庄附近，垃圾较密集，主要为养殖捕捞垃圾及生活垃圾。其中，铁山港湾网红公路北岸港池聚集了大量养殖垃圾。

②防城港市。

防城港市海岸线垃圾总体上分布不多，大部分岸线仅零星分布少量垃圾，靠近茅尾海的红沙村附近海岸线、人为活动较多的三星沙滩一带及怪石滩分布垃圾相对较多，该部分岸线分布有一些泡沫垃圾，部分岸段红树林上挂有一些大泡沫垃圾，说明海水养殖对防城港市也产生了一定影响。

③钦州市。

钦州市钦州港以东尤其是三娘湾以东岸线垃圾较多，该段岸线分布有大量的泡沫垃圾，部分岸段红树林上挂满塑料袋，垃圾分布密集。说明海水养殖对钦州港产生了很大的影响。部分小码头由于无人管理，垃圾分布较多，部分延伸至海面的公路和围填海岸堤拦截了大量海漂垃圾，沿岸垃圾分布较多，如钦州港三墩公路、滨海公园以北的围填海海堤等。此外，部分无人管理的海滩垃圾分布也较为密集。

2. 无人机调查

（1）调查方法

为详细了解垃圾的分布情况，挑选 17 个重点区域进行无人机调查，通过无人机航拍方式，根据选取的重点岸段开展数码航拍及正射影像生产工作，采用精灵4RTK 无人机开展正射影像拍摄，飞行高度 100 米，空间分辨率约为 0.1 米，通过为期一周的无人机数据采集后，由工作人员对无人机正射影像进行处理，对无人机影像中的图斑进行提取和分析，最终分析得出单位面积海岸线的垃圾面积占比（图 3-4）。

（2）调查结果

基于 2022 年拍摄的无人机影像，提取得到广西重点海域垃圾分布情况，获取了垃圾的位置、类型、面积等信息。调查范围包含珍珠湾红树林、南流江口、三娘湾海滩等 19 个区域，海滩/红树林面积共计约 2 578 298.56 米^2，垃圾面积共计约 11 222.80 米^2，约占海滩/红树林面积的 0.4353%，其中，建筑垃圾面积 508.34 米^2，占垃圾总面积的 4.53%，渔业垃圾面积 9453.27 米^2，占垃圾总面积的 84.23%，生活垃圾面积 1261.19 米^2，占垃圾总面积的 11.24%，各区域垃圾具体分布如表 3-1 所示。

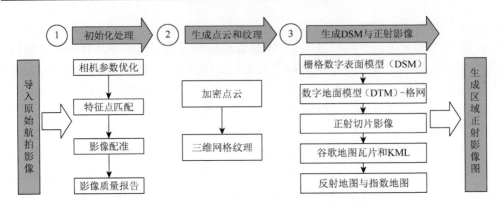

图 3-4　无人机原始影像处理与正射影像生成流程图

表 3-1　广西重点海域垃圾分布情况

地点	海滩/红树林面积/米²	建筑垃圾面积/米²	渔业垃圾面积/米²	生活垃圾面积/米²	垃圾面积合计/米²	海岸带垃圾占比/%
珍珠湾红树林	334 879.00	0.00	117.09	0.00	117.09	0.035 0
南流江口	239 093.00	0.00	197.96	183.67	381.63	0.159 6
三娘湾海滩	66 472.90	0.00	378.03	32.68	410.71	0.617 9
铁山港湾	71 939.10	0.00	46.85	166.39	213.24	0.296 4
铁山港区霞海客栈小港口	80 810.70	0.00	83.50	248.85	332.35	0.411 3
西湾红树林	320 250.00	0.00	754.96	0.00	754.96	0.235 7
白浪滩	37 443.39	0.00	0.00	0.72	0.72	0.001 9
白龙	50 328.10	388.82	1 136.28	56.41	1 581.51	3.142 4
大风江沙角	205 436.34	40.12	2 670.55	380.38	3 091.05	1.504 6
二白龙	27 321.47	0.00	52.88	3.91	56.79	0.207 9
防城港山新沙滩区域 1	106 996.54	9.72	524.49	54.47	588.68	0.550 2
防城港山新沙滩区域 2	77 827.99	65.31	2.47	18.45	86.23	0.110 8
防城红沙码头区域 1	426 351.77	0.00	219.17	1.36	220.53	0.051 7
防城红沙码头区域 2	32 690.76	0.00	511.35	0.00	511.35	1.564 2
怪石滩	27 864.65	4.37	16.35	11.37	32.09	0.115 2
果鹰大道	43 184.25	0.00	132.27	0.00	132.27	0.306 3
银滩	94 715.60	0.00	0.00	15.12	15.12	0.016 0
英罗港区域 1	124 925.00	0.00	1 023.55	48.08	1 071.63	0.857 8
英罗港区域 2	209 768.00	0.00	1 585.52	39.33	1 624.85	0.774 6
合计	2 578 298.56	508.34	9 453.27	1 261.19	11 222.80	0.435 3

3. 现场监测

（1）监测点位布设情况

在 2022 年初，对钦州市、北海市、防城港市进行实地调查和监测取样，累计监测点位 36 个，监测面积达 663 168 米 ^{2}，监测区域见表 3-2。

表 3-2　海滩垃圾监测区域

城市	监测区域	经度/°	纬度/°
北海市	美女鱼小镇	109.66474479	21.51148456
	铁山港墩仔村	109.77131031	21.49704863
	铁山港官僚海	109.76219528	21.52663781
	铁山港烟楼下	109.67277778	21.55444444
	铁山港车路口	109.68116791	21.49790759
	英罗港	109.76348365	21.47216329
	沙田港码头 14#	109.66288590	21.52191199
	铁山港海脚	109.69230186	21.49209619
	铁山港江尾	109.71317239	21.47824409
	铁山港杨屋村	109.75709516	21.45605662
	白龙	109.34384273	21.44876022
	铁山港黑泥	109.43122753	21.44981145
	铁山港区霞海客栈小港口	109.33592540	21.44955220
	紫霞湾	109.05307900	21.45893400
	南㵲	109.05157727	21.44123196
	侨港	109.11429156	21.41818570
	银滩	109.14593949	21.40537588
	金滩	109.14698155	21.49814407
	南流江	109.07588336	21.59970283
	石螺口	109.08897756	21.02124769
	南湾	109.10302900	21.02558516
	涠洲岛东岸（东海湾 3＋4＋5#）	109.14175808	21.03983285
	涠洲岛北岸（东海岸 1＋2#）	109.10816088	21.06264154
钦州市	三墩	108.70384399	21.60485814
	沙井港	108.59396134	21.85125052
	大风江角沙	108.86730018	21.63953551

续表

城市	监测区域	经度/°	纬度/°
钦州市	犀牛脚中心渔港	108.73660800	21.63487300
	龙门（果鹰＋渔港码头）	108.59718047	21.72067915
	三娘湾	108.77111076	21.61828044
防城港市	白浪滩	108.29427435	21.53594841
	白龙尾	108.22079093	21.49883146
	月亮湾	108.32631900	21.59087100
	西湾	108.34229925	21.65053453
	珍珠湾	108.23572752	21.61223071
	山新沙滩	108.51187119	21.58571558
	红砂码头	108.57534200	21.68498086

（2）监测方法

参考《海洋垃圾监测与评价指南（试行）》调查技术，包括设置监测断面、对垃圾进行分类和规格化统计。收集到的海滩和漂浮在海面上的垃圾样本经过简易清洗、测量、分类和计数处理。

①垃圾分类。

本节依据尺寸、材料、颜色及来源这四个维度对海洋垃圾进行归类。《海洋垃圾监测与评价指南（试行）》提出了一种基于尺寸的分类方法，将海洋垃圾细致划分为四个等级：特大块垃圾、大块垃圾、中块垃圾、小块垃圾，尺寸规格见表 3-3。

表 3-3　海洋垃圾尺寸规格

海洋垃圾类型	尺寸规格
特大块垃圾	≥1 米
大块垃圾	≥10 厘米，且＜1 米
中块垃圾	≥2.5 厘米，且＜10 厘米
小块垃圾	≥5 毫米，且＜2.5 厘米

在借鉴《海洋垃圾监测与评价指南（试行）》的基础上，本节对海洋垃圾进行了细致的材质分类。具体而言，我们将海洋垃圾按照其构成材料的不同，划分为以下几大类别：塑料类、玻璃类、金属类、橡胶类、织物（布）类、木制品类、纸制品类，以及包括其他人造物品及无法辨识的材料在内的综合类别，详见表 3-4。

表 3-4　海洋垃圾材料类型分类

材料类型	垃圾种类
塑料类	刀、叉、勺、饮料瓶（塑料）、饮料罐、购物袋（塑料）、其他塑料袋、杯/盘（塑料）、浮标、其他塑料瓶（油装和漂白剂等）、鱼篓、渔网及碎片、鱼线（1 米折合 1 件）、缆绳（1 米折合 1 件）、注射器
玻璃类	饮料瓶（玻璃）、玻璃碎片
金属类	瓶盖（金属）、饮料罐六联装套环
橡胶类	皮筋套、避孕套、气球、轮胎
织物（布）类	尿布、卫生巾/棉
木制品类	木材制品（筷子、竹篓等）
纸制品类	烟蒂、纸袋、杯/盘（纸质）、香烟包装、雪茄烟蒂、烟花爆竹
其他人造物品及无法辨识的材料	电器（冰箱、洗衣机等）、打火机、建筑材料

在研究中，我们对收集到的海洋垃圾样本进行了基于颜色的系统分类和统计分析。这一分类涵盖了一系列普遍存在的色彩，具体包括黑色、白色、蓝色、绿色、棕色、红色、黄色、灰色、紫色及粉色等。

为了实现与其他研究数据的有效对比，本节采纳了西北太平洋行动计划（NOWPAP）所推荐的分析架构，对收集到的海洋垃圾进行了详尽的来源归类。我们将海洋垃圾来源划分为五个主要类别：人类海岸活动、航运/渔业类活动、医疗/卫生用品、吸烟用品及其他弃置物，如表 3-5 所示。

表 3-5　海洋垃圾来源分类

垃圾来源	垃圾种类
人类海岸活动	塑料制饮料瓶、购物袋、玩具、餐具、食品包装、纺织品如衣物和鞋类、金属制饮料罐及其相关材料、纸张废弃物、玻璃瓶等
航运/渔业类活动	浮标、导航标志及渔具等
医疗/卫生用品	塑料制注射器、婴儿尿布、棉签、卫生巾及牙刷等
吸烟用品	打火机、香烟、烟蒂及过滤嘴
其他弃置物	家用电器和电子设备、各类电池、加工木材、橡胶轮胎、金属罐与桶、大于 4 升的气体容器、照明设备如玻璃灯泡、灯罩及灯管、玻璃与陶瓷制的建筑材料、布料地毯和织物家具等

②数据处理。

垃圾密度计算方法如下：

$$D = \frac{n}{\sum_{i=1}^{k} l_i \times w}$$

式中：

D——海面漂浮大/特大块垃圾、海面漂浮小/中块垃圾、岸滩垃圾密度，单位为个/千米^2；

n——垃圾的总数量，单位为个；

w——调查断面有效的宽度/网口宽度/监测断面宽度，单位为千米；

l_i——第 i 个监测断面的长度，根据船速×行驶时间计算确定（大块特大块垃圾），根据船速与拖网时间或网口流量计确定（小/中块垃圾），单位为千米；

k——监测断面数量。

（3）监测结果及来源解析

①垃圾丰度状况。

本次调查岸滩面积共计 663 168 米^2，在调查区域内共发现 4747 个垃圾，总占地面积为 7004.73 米^2。岸滩垃圾数量密度平均为 7268 个/千米^2，按区域统计，北海市范围内岸滩海洋垃圾密度最高，为 26 039 个/千米^2；其次为防城港市 4977 个/千米^2；钦州市密度最低，仅为 3065 个/千米^2。从实际占地面积看，北海市岸滩垃圾占地面积最大，为 2970 米^2；其次为防城港市 2553 米^2；钦州市占地面积最小，为 1481 米^2（图 3-5）。

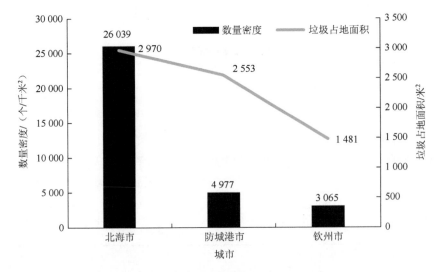

图 3-5　岸滩垃圾数量密度及占地面积

②垃圾大小组成。

在本书的调查区域内，小块垃圾的数量共计 139 个，占总垃圾数量的 2.9%；中块垃圾数量为 1103 个，占比达到 23.2%；大块垃圾数量为 3157 个，占总数的 66.5%；特大块垃圾数量为 348 个，占总数量的 7.4%。在数量分布上，大块和中块垃圾是岸滩垃圾的主要组成部分，共计 4260 个，占总量的 89.7%。

实际占地面积方面，小块垃圾占地 0.02 米^2，中块垃圾占地 1.90 米^2，大块垃圾占地 405.98 米^2，而特大块垃圾则占地 6596.84 米^2。从面积占比来看，特大块垃圾在空间占用上占据主导地位，占比高达 94.2%（图 3-6）。

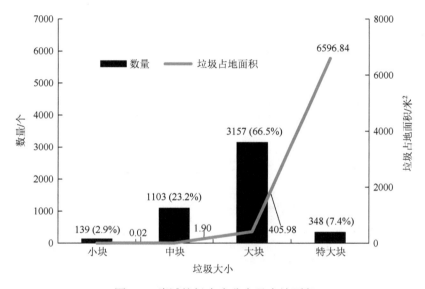

图 3-6 岸滩垃圾大小分布及占地面积

③垃圾成分组成。

从数量上看，塑料类垃圾的数量最多，为 3962 个，占比 83.5%。其他人造物品及无法辨识的材料、木制品类、玻璃类、金属类、纸制品类、织物（布）类及橡胶类这 7 个类别的垃圾占比之和为 16.5%，分别为 171 个（3.6%）、162 个（3.4%）、149 个（3.1%）、103 个（2.2%）、94 个（2.0%）、82 个（1.7%）和 24 个（0.5%）（表 3-6）。在考虑实际覆盖面积时，塑料类垃圾仍然是最主要的贡献者，其总覆盖面积达到 4736.57 米^2，占总覆盖面积的 67.62%；紧随其后的是木制品类垃圾，其覆盖面积为 2245.45 米^2，占总覆盖面积的 32.06%；织物（布）类、其他人造物品及无法辨识的材料、纸制品类这三类垃圾在覆盖面积上的比例相当，均位于 0.06%～0.15% 的区间；而橡胶类、金属类和玻璃类垃圾的覆盖面积则相对最少，这三类垃圾的覆盖面积总和占比仅为 0.03%（图 3-7）。

表 3-6　岸滩垃圾组成数量及占比

垃圾种类	数量/个	数量占比/%
塑料类	3962	83.5
其他人造物品及无法辨识的材料	171	3.6
木制品类	162	3.4
玻璃类	149	3.1
金属类	103	2.2
纸制品类	94	2.0
织物（布）类	82	1.7
橡胶类	24	0.5

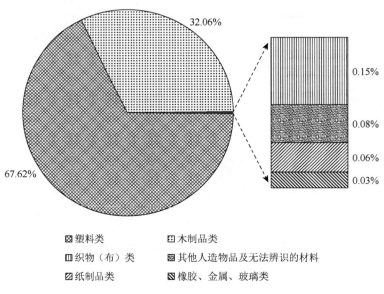

图 3-7　岸滩垃圾成分面积占比

④垃圾颜色分布。

在本节研究中共识别出 13 种不同颜色的垃圾，包括白色、紫色、灰色、蓝色、黑色、粉色、红色、棕色、绿色、银色、黄色、透明色和彩色。观察数量分布，白色垃圾的数量居首，共计 3089 个，占总数的 65.1%；而黄色、绿色、黑色、蓝色、透明色、红色、灰色和棕色垃圾的数量相对接近，这八种颜色的垃圾合计占比为 33.9%；粉色、彩色、银色和紫色垃圾的数量较少，仅占总数的 1%。在考虑覆盖面积时，黑色、灰色和白色垃圾的覆盖面积最为显著，分别为 2652.45 米^2、2153.64 米^2 和 1925.83 米^2，占比分别为 37.88%、30.76%

和 27.51%（图 3-8）。综合来看，黑色、灰色和白色构成了海滩垃圾的主要颜色特征。

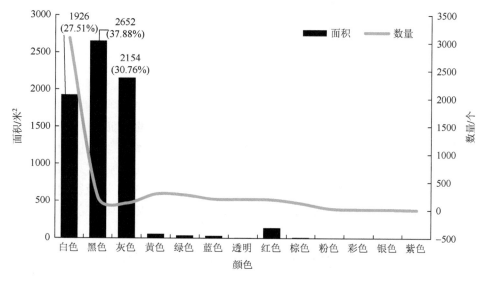

图 3-8　岸滩垃圾颜色面积占比及数量分布

⑤岸滩垃圾来源分析。

通过对岸滩垃圾来源的分析，图 3-9 显示了不同来源的垃圾分布情况。分析显示，航运/渔业类活动产生的垃圾数量居首，占总量的 65.3%，其次是来自人类海岸活动的垃圾，占比为 24.1%。其他弃置物和吸烟用品的垃圾分别占

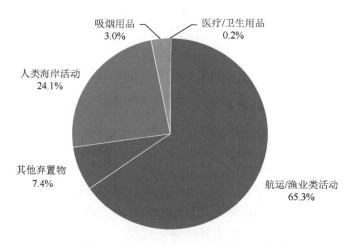

图 3-9　岸滩垃圾来源数量占比分布

7.4%和3.0%，而医疗/卫生用品的垃圾最少，仅占0.2%。总体而言，航运/渔业类活动以及人类海岸活动产生的垃圾共占了总体垃圾量的89.4%，这两类活动在海滩垃圾的产生中扮演了主要角色。

各区域统计结果如图 3-10 所示，清晰地展示了不同地市岸滩垃圾的主要来源，普遍为航运/渔业类活动和人类海岸活动。总体上，北海市岸滩垃圾来源比例的分布与整个研究区域的分布极为一致。北海市岸滩的垃圾数量密度最高，达到 26 039 个/千米^2。分析北海市海洋垃圾密度较高的原因时，我们发现该市拥有较长的海岸线，并且其邻近的海滩周围分布着多种海洋功能区域。这些区域包括旅游休闲区、海洋生态保护区、农业渔业区以及港口航运区，它们的数量在所有监测岸滩中占据领先地位。此外，一些监测岸滩与海洋功能区的距离较近，特别是农业渔业区，这些区域产生的渔业废弃物可能通过海流等自然途径最终汇集至岸滩，成为海洋垃圾的一部分。因此，北海市的岸滩海洋垃圾密度相对较高，超出了周边地区的平均值，有必要加强对海洋垃圾的回收处理力度。

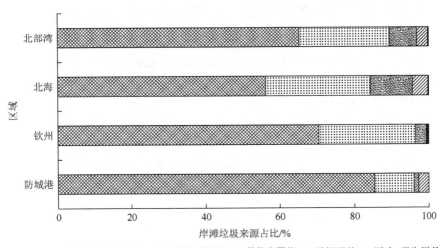

图 3-10　岸滩垃圾来源占比

4. 岸滩垃圾污染对亲海空间的影响

综合上述三种调查结果分析，广西沿海重点景区有专门的保洁队伍负责每日清扫垃圾，岸滩垃圾分布很少，游客亲海临海体验感好，但是局部区域如零散分布的小海滩、小码头、养殖区附近的红树林、延伸入海的网红公路等区域因无人管理，垃圾分布较多，游客亲海临海体验感较差。

沿海三市海岸线垃圾均以塑料垃圾为主，其中，钦州市塑料垃圾中泡沫占比较高主要受海水养殖影响,防城港市海岸线零星分布的垃圾也多以塑料泡沫为主,但其分布密度较钦州低,说明防城港市海滩也主要受海水养殖影响。北海市海岸线分布的塑料垃圾有渔网、麻绳、泡沫等,说明北海海岸线主要受捕捞业和海水养殖业影响。

综上可知,广西沿海岸滩垃圾污染对亲海空间的影响主要集中在无人管理岸线,垃圾污染主要来源于海水养殖业及捕捞业。

3.2.2 海漂垃圾污染状况

1. 监测点位布设

2022 年,广西壮族自治区海洋环境监测中心站对钦州市、北海市、防城港市海域海漂垃圾进行实地调查和监测取样,共布设 9 个监测断面,详细经纬度见表 3-7。

表 3-7 广西沿海三市海漂垃圾监测点位信息表

序号	位置	断面经纬度
1	英罗港口	21.4472°N,109.7789°E
2	铁山港湾口	21.5080°N,109.6072°E
3	白龙湾港口	21.3998°N,109.3345°E
4	廉州湾	21.5260°N,109.0357°E
5	南流江口	21.5743°N,108.9918°E
6	大风江口	21.5971°N,108.8937°E
7	钦州湾口	21.6147°N,108.6139°E
8	防城港东西湾外	21.5151°N,108.3336°E
9	珍珠湾外	21.4786°N,108.1768°E

2. 监测结果分析

(1)漂浮大/特大块垃圾

在北部湾的九个海域中,对漂浮的大块和特大块垃圾进行了采集,共获得 97 个样本,包括泡沫、塑料袋、塑料瓶和塑料绳等。这些海域的漂浮大块和特大块垃圾平均密度为 160 个/千米^2,范围在 0~161 个/千米^{2}之间。珍珠湾外海域的漂浮大块和特大块垃圾密度最高,为 161 个/千米^2,铁山港湾口和防城港东西湾海域的密度次之,为 98 和 92 个/千米^2,而廉州湾和南流江海域在监测期间未发现漂浮的大块和特大块垃圾(图 3-11)。

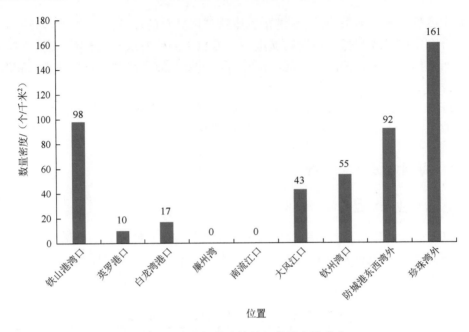

图 3-11　漂浮大/特大块垃圾数量密度分布

按采集到的漂浮大块、特大块垃圾碎片的类型统计，塑料类数量最多，占总数量的 89.7%，其次是其他人造物品及无法辨识的材料和纸制品类，所占比例分别为 5.2%和 4.1%，木制品类最少，为 1.0%（表 3-8）。

表 3-8　漂浮大/特大块垃圾组成数量及占比

垃圾种类	数量/个	数量占比/%
塑料类	87	89.7
其他人造物品及无法辨识的材料	5	5.2
纸制品类	4	4.1
木制品类	1	1.0
橡胶、金属、玻璃和织物（布）类	0	0

（2）漂浮中小块垃圾

在北部湾的海域中，共收集到 813 个各类中小块漂浮垃圾，包括烟蒂、塑料绳、塑料碎片、木块、泡沫、塑料袋、塑料瓶、纸张、铁片、瓶盖和塑料吸管等。这些垃圾可以归类为五大类：木制品类、其他人造物品及无法辨识的材料、塑料类、金属类和纸制品类。各海域中小块漂浮垃圾的平均数量密度为 46 824 个/千米 ^{2}，密度变化区间为 7102～137 872 个/千米 ^{2}。其中，数量密度最大的海域是珍珠湾海域，数量密度为 137 872 个/千米 ^{2}，其次为防城港东西湾海域，数量密度为 91 736 个/千米 ^{2}，铁山港湾口、大风江口和钦州湾口海域数量密度接近，为 44 351～52 990 个/千米 ^{2}，英罗港和白龙港海域的数量密度对比其他海域处于较低水平，在 7102～7622 个/千米 ^{2}（图 3-12）。

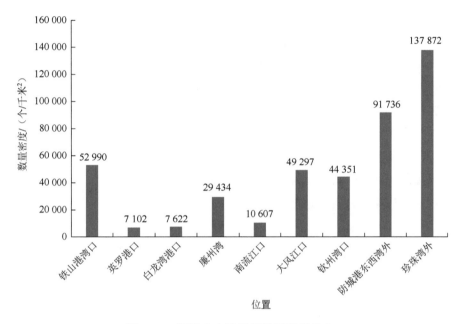

图 3-12　漂浮中小块垃圾数量密度分布

在收集的中小块漂浮垃圾中，塑料类数量居首，占总量的 94.7%；其次是纸制品类，占比为 4.3%；其余类别的海洋垃圾在数量上的占比均未超过 1.0%（表 3-9）。

表 3-9　漂浮中小块垃圾组成数量及占比

垃圾种类	数量/个	数量占比/%
塑料类	770	94.7
纸制品类	35	4.3
其他人造物品及无法辨识的材料	5	0.6
金属类	2	0.3
木制品类	1	0.1
橡胶、玻璃和织物（布）类	0	0

（3）漂浮垃圾综合分析

在对选定的九个海域进行漂浮垃圾采样分析时，我们发现这些海域的漂浮垃圾平均分布密度为 513 个/千米^2，密度的波动区间在 80～1379 个/千米^{2}之间。在这些漂浮垃圾中，塑料类占据了绝大多数，达到了 94.18%，而纸制品类和其他人造物品及无法辨识的材料分别占据了 4.29% 和 1.10% 的比重。相比之下，木制品类和金属类的占比相对较小，仅为 0.22%。在垃圾的尺寸分布上，中/小块垃圾占据了主导地位，比例为 89.34%，而大/特大块垃圾的占比为 10.66%。值得注意的是，中/小块垃圾的密度是大/特大块垃圾的 293 倍，显示出明显的数量优势。在防城港市，珍珠湾区域的漂浮垃圾密度是最高的，紧随其后的是防城港东西湾区域（图 3-13）。

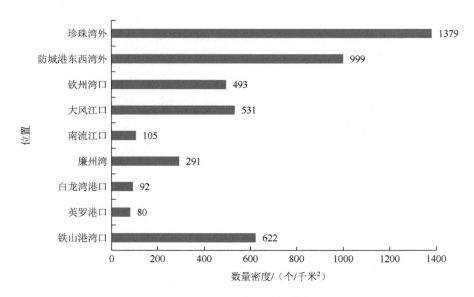

图 3-13　漂浮垃圾数量密度分布

（4）海漂垃圾来源分析

调查区域内海漂垃圾来源如图 3-14 所示。在监测的海域中，来源于航运/渔业类活动的海漂垃圾最多，占 75.2%；其次是人类海岸活动，占 22.4%；有 1.8% 的漂浮垃圾来源于吸烟用品；其他弃置物垃圾占 0.6%；在本节研究的调查过程中，我们并未发现有来源于医疗/卫生用品的海洋漂浮垃圾。通过全面的分析，我们得出结论，海上漂浮垃圾的主要来源是航运/渔业类活动及人类海岸活动，这两个方面的贡献合计占据了海上漂浮垃圾总量的 97.6%，它们在海洋垃圾的形成过程中起到了关键性的作用。

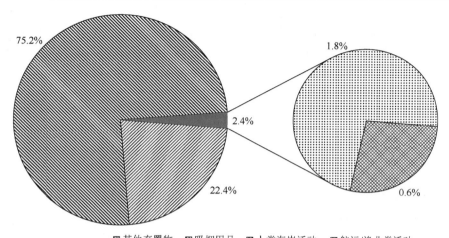

图 3-14　海漂垃圾来源分布

　　如图 3-15，通过分析海洋漂浮垃圾的尺寸，我们发现在中/小块漂浮垃圾中，绝大多数（78.5%）源自航运/渔业类活动；人类海岸活动贡献了 19.3%；而吸烟用品仅占其中的 1.8%。对于大/特大块漂浮垃圾而言，航运/渔业类活动以及人类海岸活动各占一半（48.0%）；其他弃置物贡献了 3.0%；吸烟用品所占比例最小，仅为 1.0%。

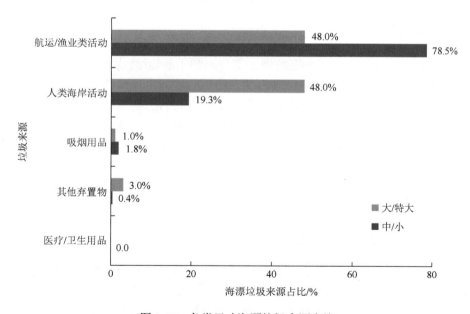

图 3-15　各类尺寸海漂垃圾来源占比

综上所述，结合区域统计图（图 3-16），调查区域范围内海漂垃圾主要来自海上，主要为航运/渔业类活动，海水养殖；另一部分则来源于陆地，由人类海岸活动和其他弃置物贡献，据推测，这些海洋漂浮垃圾主要通过河流输送或沿海活动时被丢弃而进入海洋环境。

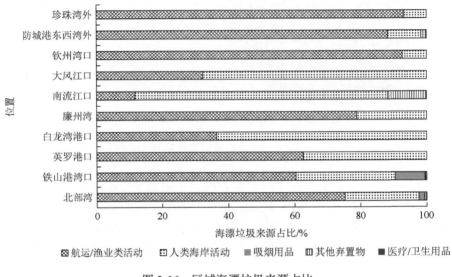

图 3-16　区域海漂垃圾来源占比

3. 海漂垃圾污染对亲海空间的影响

通过监测调查知，广西海漂垃圾一部分来源于航运/渔业类活动，另一部分来源于陆地。海漂垃圾以中/小块垃圾为主，其中防城港市珍珠湾区域的漂浮垃圾密度最大，其次是东西湾。海漂垃圾污染对亲海空间的影响主要是其随着风浪最终回归到海滩上，从而对游客的亲海临海体验造成影响，因此广西海漂垃圾污染主要对珍珠湾和西湾沿岸亲海空间造成不利影响。

3.2.3　养殖垃圾污染状况

1. 海水养殖垃圾污染概述

随着我国渔业的快速增长，海洋捕捞和海水养殖技术及其配套设施的现代化进程不断加快，因此，海水养殖过程中产生的垃圾对环境的潜在污染问题急需得到充分关注和重视。在海水养殖活动中，废弃物污染主要来源于各种养殖方式，如沿岸养殖、网箱养殖和浮筏养殖等，在这些过程中，废弃的渔具、泡沫浮动装置、包装材料、水泥孵化柱及网状碎片等成为主要的污染物。在海水养殖过程中产生的废弃物呈现出多种形态和不同的材质,其中塑料类垃圾的污染问题尤为突出,它们对海洋生态系统及其生物多样性构成了显著的直接与间接威胁。在我国,根据其用途,海水养殖中产生的塑料废弃物可分为两大类:作业用塑料和生活用塑料。作业用塑料中,废弃的渔网、损坏的泡沫浮具和箱板等是主要的丢弃物品;而在生活用塑料方面,丢弃量较大的物品主要包括一次性使用的塑料袋、塑料瓶和餐盒等。依据塑料垃圾的材质和物理特性,结合其在水中的浮沉状态,这些塑料废弃物可进一步划分为漂浮型、半漂浮型和沉底型三类。其中,泡沫塑料、塑料瓶和塑料袋等轻于海水的塑料垃圾,会长期在海面上漂浮;重于海水的塑料垃圾则会沉入海底。而那些与海水密度相近的塑料物品,如用聚乙烯或尼龙制成的渔网和绳索,一旦被丢弃,往往会在海面上以半漂浮状态存在,形成所谓的“幽灵渔具”。这些废弃物不仅可能缠绕海洋生物如鱼类、鲸鱼和海豚,导致它们受伤甚至死亡,还有可能缠绕船只的推进器,引发设备故障和严重的海上事故(吴姗姗等,2020)。

塑料垃圾因其难以被生物分解的特性,在自然环境中,若不经历化学结构的转变,可能持续存在超过五百年的时间。海洋中的塑料废弃物在物理、化学及生物作用下逐渐破碎,形成微塑料。这些微塑料的粒度极为细小,超出了肉眼可辨识的范围,并能广泛分布于水体和底泥等海洋环境中。它们在海洋系统中的传输和变化过程极为复杂,涉及多种环境和生物因素。微塑料被海洋生物误食后会破坏生物的身体机能,对海洋生物生存造成危害,并通过食物链的传递威胁整个生态系统平衡,同时通过各种途径威胁人类的健康安全。另外,海洋漂浮垃圾中含有的潜在有害化学物质会在海水长期的侵蚀作用下逐渐释放,这些物质随着海洋垃圾在海底的不断积累,可能对特定区域的水质和沉积物环境产生不良影响,进而危害水生生物和底栖生态。同时,受到海流、风向及海岸线地形等因素的影响,海洋垃圾可能会集中堆积在某些海湾的近岸区域或被冲上海滩,这不仅破坏了海洋的自然景观,还可能给海洋旅游业带来负面冲击(施旭航等,2021)。

广西近岸海域独特的生态环境和自然资源使其成为发展海水养殖业的优良场所,同时广西近岸海域也是我国重要的天然贝类、鱼类产卵场和繁殖场(宁秋云和陈圆,2021)。因此,广西海水养殖产生的塑料垃圾对海洋生态环境的影响需引起重视和关注。

2. 海水贝类养殖垃圾污染状况

1)调查方法

本次海水贝类养殖垃圾污染现状调查主要针对在广西分布较广泛的浮筏类养

殖,参考 Tian 等(2022)在研究中计算得出的"浮筏养殖中不同塑料成分的用量",结合问卷调查和卫星遥感解译方法,对广西近岸海域及各重点海湾的浮筏养殖塑料垃圾产生量进行估算。

2)养殖浮筏结构调查

Tian 等(2022)对牡蛎养殖浮筏进行观察和测量,根据牡蛎养殖浮筏的实际结构组成绘制了单元格的简图(图 3-17a),同时确定了牡蛎养殖浮筏中使用的塑料物品,并将其标记在图表中(图 3-17b)。牡蛎养殖浮筏的构造基本标准化,其骨架一般由 5~9 米长的杉木或竹子组成,骨架的接头或交叉处用聚乙烯绳固定(捆绑绳,图 3-17b1)。浮筏由长方体漂浮块(外包聚乙烯袋的聚苯乙烯泡沫块,38cm×190cm,50cm×100cm,图 3-17b4)提供浮力,每个浮筏包含 2~4 块。将牡蛎固定在聚乙烯绳(悬挂绳,图 3-17b3)上形成牡蛎串,悬挂在浮筏的骨架上进行养殖。此外,使用加强绳(图 3-17b2)来增强整个养殖浮筏的稳定性,该加强绳在长轴方向跨越浮筏的整个长度,并在两端连接锚在水中。浮筏的塑料组件主要包括浮式泡沫块、包装膜、加强绳、捆绑绳和悬挂绳,牡蛎养殖浮筏组成结构见图 3-17。

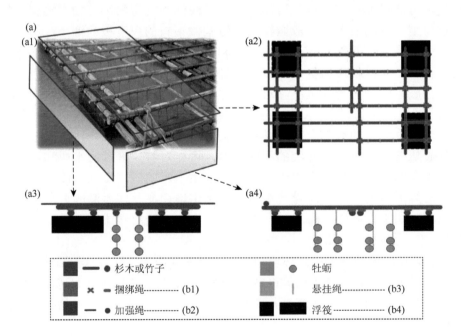

(b)

聚乙烯袋　　　　　　　　聚苯乙烯泡沫块

图 3-17　牡蛎养殖浮筏组成结构

3）养殖浮筏塑料组件废弃量计算

（1）计算方法

根据 2020 年从遥感数据中提取的广西近岸海域及各重点海湾的浮筏面积，估算不同塑料组件的总重量、可丢弃到环境中的重量，以及整个海域所有浮筏的塑料组件平均年丢弃量。计算如下：

$$M_T = M_S \times S_T$$

$$M_{TD} = M_T \times D$$

$$M_{TDY} = \frac{M_{TD}}{T_Y} = \frac{M_S S_T D}{T_Y} = \frac{\left(\sum_{i=1}^{n} \frac{M_{Ri}}{S_{Ri}}\right) S_T D}{n T_Y}$$

M_T 为不同塑料组件的总重量（以 kg 计）；M_S 为浮筏每平方米不同塑料组件的重量（以 kg/m^2 计）；S_T 为区域浮筏养殖面积（以 m^2 计）；M_{TD} 为区域不同塑料组件丢弃到环境中的重量（以 kg 计）；D 为废弃率，根据 Tian 等（2022）的调查结果，悬挂绳在养殖周期内平均丢弃 2 次，其废弃率取 200%，其他塑料组件的废弃率根据问卷调查结果取 49%；M_{TDY} 为不同塑料组件的年平均丢弃量。T_Y 为浮筏使用寿命，平均值取 4 年。

（2）浮筏每单位面积塑料组件使用量

Tian 等（2022）的研究结果显示，浮筏的大小存在差异，从 175.5 米^{2}到 2250 米^{2}不等。单个浮筏使用的浮式泡沫块数量在 45 到 480 之间（与外部包裹的聚乙烯塑料膜相同）；加强绳和悬挂绳的长度分别为40～1000米和2250～27 000米，换算成质量单位时为74～793千克（泡沫块）、16～169千克（包装膜）、8～193千克（加强绳）和10～123千克（悬挂绳）。单位浮筏面积的泡沫、薄膜、加强绳和吊绳的平均量分别为 0.355±0.057 千克/米^2、0.076±0.012 千克/米^2、0.099±0.016 千克/米^{2}和0.059±0.003 千克/米^2。不同木筏的单个绳结的平均长度为3.62～6.28米，单个木筏的绳结数量为 2640～6468，单个木筏的捆绑绳的总长度为 14 714～29 441 米，质量为 67～134 千克，对于所有测量的筏，每单位面积使用的捆绑绳重量为 0.085 千克/米^2。

（3）各重点海湾浮筏养殖面积

采用2020年的遥感影像资料，对各重点海湾的浮筏养殖面积和分布情况进行了解译及分析，各重点海湾的浮筏养殖面积见表3-10。

表 3-10　各重点海湾浮筏养殖面积

序号	海湾	浮筏养殖面积/千米^2
1	茅尾海	12.27
2	钦州湾外湾	12.24
3	珍珠湾	2.33
4	大风江口	1.22
5	铁山港湾	2.44
6	防城港湾	2.66
7	北仑河口	2.36

（4）广西贝类浮筏养殖潜在塑料负荷计算

根据2020年各重点海湾贝类浮筏养殖面积，结合 Tian 等（2022）的研究，估算各重点海湾及广西近岸海域的潜在塑料使用量、潜在塑料污染负荷及年均潜在塑料污染负荷。

①各重点海湾及广西近岸海域潜在塑料使用量。

各重点海湾潜在塑料使用量见表3-11，其中茅尾海潜在塑料使用量最大，其次为钦州湾外湾、防城港湾、铁山港湾，北仑河口和珍珠湾相对较少，大风江口最少。各重点海湾浮筏养殖塑料使用量占比见图3-18。各类塑料组件中，泡沫类使用量最大，占52.7%，其次为加强绳和捆绑绳，分别为14.7%和12.6%，包装膜和悬挂绳最少，各类塑料组件使用量占比见图3-19。整个广西近岸海域浮筏养殖潜在塑料使用量约为 23 873 吨，其中泡沫 12 574 吨，包装膜 2692 吨，加强绳3507 吨，捆绑绳3011 吨，悬挂绳2090 吨。

表 3-11　各重点海湾及广西近岸海域浮筏养殖潜在塑料使用量　（单位：吨）

序号	海湾（海域）	泡沫	包装膜	加强绳	捆绑绳	悬挂绳	合计
1	茅尾海	4 356	933	1 215	1 043	724	8 271
2	钦州湾外湾	4 345	930	1 212	1 040	722	8 249
3	珍珠湾	792	169	221	190	132	1 504
4	大风江口	433	93	121	104	72	823
5	铁山港湾	866	185	242	207	144	1 644
6	防城港湾	944	202	263	226	157	1 792
7	北仑河口	838	179	234	201	139	1 591
8	广西近岸海域	12 574	2 691	3 508	3 011	2 090	23 874

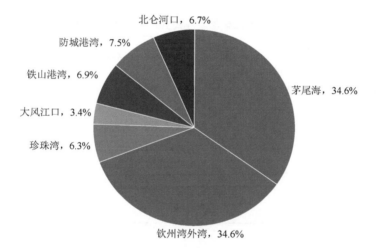

图 3-18　各重点海湾浮筏养殖塑料使用量占比

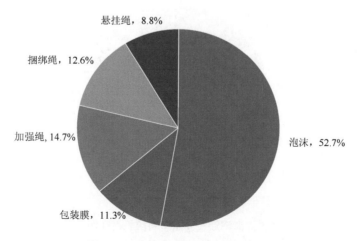

图 3-19　各类塑料组件使用量占比

②各重点海湾及广西近岸海域浮筏养殖潜在塑料污染负荷。

各重点海湾浮筏养殖潜在塑料污染负荷见表 3-12,其中茅尾海浮筏养殖潜在塑料污染负荷最大,其次为钦州湾外湾、防城港湾、铁山港湾,北仑河口和珍珠湾相对较少,大风江口最少。各重点海湾浮筏养殖塑料垃圾潜在污染负荷占比见图 3-20。各类塑料垃圾中,泡沫类潜在污染负荷最大,约占 41.5%,其次为悬挂绳,约占 28.1%,再次为加强绳和捆绑绳,包装膜最少,各类塑料垃圾潜在污染负荷占比见图 3-21。整个广西近岸海域浮筏养殖潜在塑料污染负荷约为14 853 吨,其中泡沫 6161 吨,悬挂绳 4180 吨,包装膜 1319 吨,加强绳 1718 吨,捆绑绳 1475 吨。

表 3-12　各重点海湾及广西近岸海域浮筏养殖潜在塑料污染负荷　　（单位：吨）

序号	海湾（海域）	泡沫	包装膜	加强绳	捆绑绳	悬挂绳	合计
1	茅尾海	2 134	457	595	511	1 448	5 145
2	钦州湾外湾	2 129	456	594	510	1 444	5 133
3	珍珠湾	388	83	108	93	263	935
4	大风江口	212	45	59	51	144	511
5	铁山港湾	424	91	118	102	288	1 023
6	防城港湾	463	99	129	111	314	1 116
7	北仑河口	411	88	114	98	278	989
8	广西近岸海域	6 161	1 319	1 717	1 476	4 179	14 852

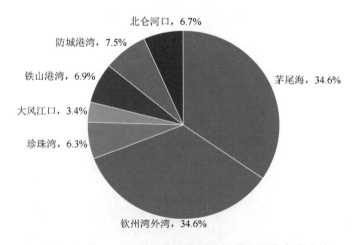

图 3-20　各重点海湾浮筏养殖塑料垃圾潜在污染负荷占比

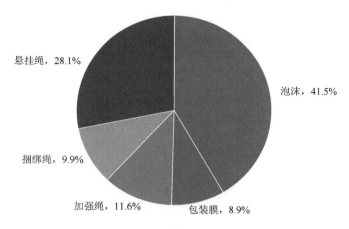

图 3-21　各类塑料垃圾污染负荷占比

③各重点海湾及广西近岸海域浮筏养殖年均潜在塑料污染负荷。

按浮筏使用寿命 4 年，计算每年的浮筏养殖潜在塑料污染负荷，各重点海湾浮筏养殖年均潜在塑料污染负荷见表 3-13，其中，茅尾海浮筏养殖年均潜在塑料污染负荷最大，其次为钦州湾外湾、防城港湾、铁山港湾，北仑河口和珍珠湾相对较少，大风江口最少。各重点海湾浮筏养殖塑料垃圾年均潜在污染负荷占比见图 3-22。各类塑料垃圾中，泡沫类年均潜在污染负荷最大，约占 41.5%，其次为悬挂绳，约占 28.1%，加强绳和捆绑绳较少，包装膜最少，各类塑料垃圾年均潜在污染负荷占比见图 3-23。整个广西近岸海域浮筏养殖年均潜在塑料污染负荷约为 3715 吨/年，其中泡沫 1541 吨/年，悬挂绳 1045 吨/年，加强绳 430 吨/年，捆绑绳 369 吨/年，包装膜 330 吨/年。

表 3-13　各重点海湾及广西近岸海域浮筏养殖年均潜在塑料污染负荷　（单位：吨/年）

序号	海湾（海域）	泡沫	包装膜	加强绳	捆绑绳	悬挂绳	合计
1	茅尾海	534	114	149	128	362	1287
2	钦州湾外湾	532	114	148	127	361	1282
3	珍珠湾	97	21	27	23	66	234
4	大风江口	53	11	15	13	36	128
5	铁山港湾	106	23	30	25	72	256
6	防城港湾	116	25	32	28	78	279
7	北仑河口	103	22	29	25	70	249
8	广西近岸海域	1541	330	430	369	1045	3715

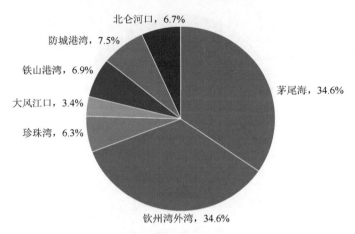

图 3-22　各重点海湾浮筏养殖塑料垃圾年均潜在污染负荷占比

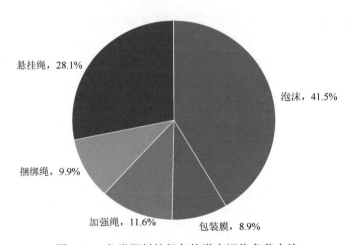

图 3-23　各类塑料垃圾年均潜在污染负荷占比

3. 海水池塘养殖垃圾污染状况

1）调查方法和内容

通过现场走访调查的方式了解广西沿海各区县海水池塘养殖垃圾种类及分布特点，根据北部湾大学估算的海水池塘养殖产生的塑料类垃圾平均密度（约为 3.76 克/米^2），结合卫星遥感解译方法，对广西沿海北钦防三市及各重点海湾沿岸海水池塘养殖面积进行解译，通过求塑料类垃圾的密度与池塘养殖面积之积对塑料垃圾产生量进行估算。

2）调查结果和分析

（1）不同养殖品种产生的塑料垃圾种类

根据现场走访调查，广西海水池塘养殖主要包括虾类养殖、鱼类养殖、蟹类养殖、鱼虾混养、虾蟹混养等，虾类养殖在沿海各区县都有分布，养殖品种以南美白对虾为主，斑节对虾和日本对虾也有少量养殖，虾塘养殖所产生的养殖垃圾主要是人为造成的、养殖作业中使用到的一些塑料制品，主要有塑料膜、塑料瓶、塑料袋、塑料碎片等几种类型的塑料类垃圾存在。蟹养殖多采用混养模式，所造成的养殖垃圾污染主要是塑料碎片、塑料瓶和塑料袋。因鱼类养殖而造成污染的垃圾主要有泡沫浮箱、塑料瓶、塑料袋、塑料网等。

（2）不同地区产生的塑料垃圾量

根据沿海三市各县乡镇海水池塘养殖面积及分布情况，结合北部湾大学估算的海水池塘养殖产生的塑料类垃圾平均密度（约为 3.76 克/米^2），估算沿海三市各县区各重点海湾的海水池塘养殖垃圾排放量。

①沿海三市海水池塘养殖垃圾排放量。

2020 年广西沿海三市海水池塘养殖塑料垃圾排放量为 1218 吨。沿海三市中，北海海水池塘养殖塑料类垃圾排放量最多，其次为防城港，钦州最少。沿海三市海水池塘养殖塑料垃圾排放量见表 3-14，各市海水池塘养殖塑料垃圾排放量占比见图 3-24。

表 3-14　沿海三市海水池塘养殖塑料垃圾排放量

城市	海水池塘养殖面积/万亩	塑料垃圾产生量/吨
北海市	30.22	758
钦州市	8.81	220
防城港市	9.57	240
合计	48.60	1218

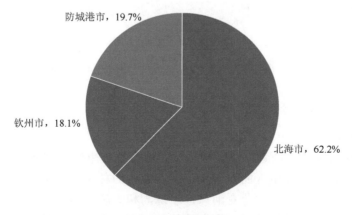

图 3-24　沿海三市海水池塘养殖塑料垃圾排放量占比

②各重点海湾海水池塘养殖垃圾排放量。

广西各重点海湾中，廉州湾沿岸海水池塘养殖塑料垃圾排放量最大，其次是铁山港湾、大风江口、钦州湾，珍珠湾和防城港湾相对较少。重点海湾海水池塘养殖塑料垃圾排放量见表3-15，各海湾塑料垃圾排放量占比见图3-25。

表3-15　重点海湾海水池塘养殖塑料垃圾排放量

海湾	海水池塘养殖面积/万亩	塑料垃圾产生量/吨
珍珠湾	4.89	123
防城港湾	3.90	98
钦州湾	6.78	170
大风江口	6.89	173
廉州湾	14.03	352
铁山港湾	9.08	228

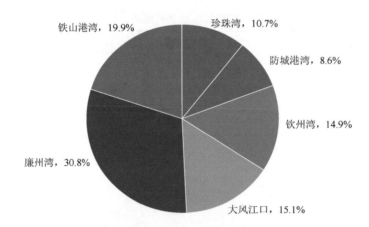

图3-25　重点海湾海水池塘养殖面积塑料垃圾排放量占比

4. 养殖垃圾对亲海空间的影响

1）海上贝类养殖垃圾污染对亲海空间的影响

调查结果显示，广西近岸海域浮筏塑料成分总使用量为23 873吨，各海湾中茅尾海和钦州湾浮筏养殖区面积最大，塑料组件的总使用量及废弃量也最大，其次是防城港湾、铁山港湾、北仑河口，珍珠湾和大风江口相对较少，各类塑料组件中泡沫最多，泡沫组件在风力和海浪的拍打下分解成细小泡沫颗粒，部分漂浮在海面上，部分迁移到海滩上，对各海湾的亲海空间造成不良影响，其中茅尾海和钦州湾亲海空间所受影响最大。

2）岸基池塘养殖垃圾污染对亲海空间的影响

调查结果显示，广西海水养殖池塘周边分布的塑料垃圾类型包括泡沫、防渗膜、农药瓶、塑料桶等。其中塑料瓶是主要的塑料垃圾类型。塑料类垃圾的平均密度约为 3.76 克/米^2。2020 年广西沿海三市海水池塘养殖塑料垃圾排放量为 1218 吨，沿海三市中北海市海水池塘养殖面积最大，塑料垃圾产生量最大，占 62.2%，防城港市和钦州市塑料垃圾产生量相对较少，分别占 19.7%和 18.1%。各重点海湾中，廉州湾沿岸海水池塘养殖塑料垃圾排放量最大，占 30.8%，其次是铁山港湾，占 19.9%，大风江口和钦州湾，珍珠湾和防城港湾相对较少。部分离海岸较近养殖区的塑料垃圾在陆地风和雨水的作用下输入海里，部分漂浮在海面上，部分随着波浪迁移到海滩上，对各海湾的亲海空间造成不良影响，其中廉州湾沿岸亲海空间所受影响最大。

3.3 广西海洋垃圾污染整治工作及成效

3.3.1 实施海洋垃圾整治及塑料污染治理相关政策措施

沿海经济的快速增长和旅游业的繁荣导致海洋垃圾问题加剧，近海区域承受着巨大的海洋垃圾污染压力，尤其是漂浮垃圾，已成为威胁海洋环境和濒危海洋生物的主要污染源。塑料垃圾是海洋垃圾的主要成分，对海洋生态系统造成严重破坏，不可降解的塑料制品破坏海洋环境，威胁海洋生物的生存。塑料垃圾的普遍性和持久性使其成为海洋环境的破坏者和威胁者。研究显示，海洋塑料垃圾已进入食物链，危害海洋生态系统的健康和可持续发展，如不采取有效管理措施，海洋垃圾将对人类健康造成严重影响（刘会欣等，2023）。为减少海洋垃圾对环境的污染，国家、自治区和沿海三市纷纷出台了相关政策对海洋垃圾及塑料污染进行治理。

1. 国家层面实施的海洋垃圾整治及塑料污染治理相关政策措施

（1）海洋垃圾管理政策与污染防治工作进展

我国大陆海岸线长 18 400 千米，横跨 8 个沿海省区和 2 个直辖市，居住着全国超过 40%的人口。随着沿海工农业和旅游业的快速发展，近岸海域所承受的海洋垃圾污染压力越来越大。近年来，中国不断加大对海洋垃圾的监管力度，相关法律法规制度和监测制度也不断趋于完善，自 2009 年起，海洋垃圾监测专题已经纳入中国海洋环境质量公报。通过不断推进生活垃圾分类工作和实施江河湖海清漂行动，我国正努力从源头控制海洋垃圾的产生。2018 年 11 月，生态环境部、发展改革委、自然资源部联合印发《渤海综合治理攻坚战行动计划》，要求开展入海河流和近岸海域垃圾综合治理；2019 年 5 月，中共中央国务院办公厅印发《国家生态文明试验区（海南）实施方案》，要求海南加快建立海上环卫制度，有效治理岸滩和近海海洋垃圾。"十四五"期间，为进一步加强海洋垃圾和塑料污染治理，我国将海洋垃圾治理作为重点任务纳入《重点海域综合治理攻坚战行动方案》《"十四五"海洋生态环境保护规划》《"十四五"塑料污染治理行动方案》等，取得了阶段性进展（鞠茂伟等，2022）。

（2）加强法律制度顶层设计

《中华人民共和国环境保护法》是我国环境保护的基本法，为我国海洋垃圾污染的防治提供根本遵循。2020 年新修订的《中华人民共和国固体废物污染环境防治法》细化和压实了各级各类主体的责任，从法律层面确立了生活垃圾分类制度，加强农村生活垃圾处置，并从国家层面禁止、限制生产、销售和使用不可降解塑料袋等一次性塑料制品。《中华人民共和国海洋环境保护法》是我国海洋环境保护领域的综合性法律。该法律的修订进一步强化了海洋垃圾污染防治的管理要求，明确了地方政府在海洋垃圾治理中的主体责任，细化了各部门的职责分工；同时，提出了构建完善的海洋垃圾治理体系，从源头加强垃圾污染管控，为我国海洋生态环境的持续改善提供了更有力的法治保障。

此外，多项法律法规如《中华人民共和国防治陆源污染物污染损害海洋环境管理条例》（1990 年）、《废塑料回收与再生利用污染控制技术规范（试行）》（2007 年）、《中华人民共和国循环经济促进法》（2009 年）、《中华人民共和国清洁生产促进法》（2012 年）、《中华人民共和国水污染防治法》（2017 年修订）及《禁止洋垃圾入境推进固体废物进口管理制度改革实施方案》（2017 年）等，都涉及塑料垃圾的管控，并对《进口废物管理目录》等固体废弃物管理规定和条例进行了多次修订，禁止发达国家向我国出口塑料垃圾。近年来，国家陆续推出了一系列环境保护政策，如"水十条"（2015 年）、"土十条"（2016 年）、"河长制"（2016 年）及在部分沿海地区试行的"湾长制"（2017 年），旨在防止塑料垃圾直接入河或在水体边随意堆放，强化水体及其岸线的垃圾治理，及时清捞水体内的垃圾和漂浮物，并妥善处理。这些措施对减少塑料垃圾的产生和控制塑料垃圾入海起到了积极作用（陆敏瑞，2022）。

（3）出台塑料污染相关管理政策

我国对海洋垃圾和塑料污染问题给予高度重视，并持续推出相关政策。2001 年，发布了《关于立即停止生产一次性发泡塑料餐具的紧急通知》，标志着我国开始提出对塑料污染的管控措施。2007 年，发布《国务院办公厅关于限制生产销售使用塑料购物袋的通知》，禁止生产、销售和使用超薄塑料购物袋，并推行塑料购物袋有偿使用制度。2019 年，住房和城乡建设部等部门联合印发《关于在全国地级及以上城市全面开展生活垃圾分类工作的通知》，启动全国范围内的生活垃圾分类工作，计划到 2025 年基本建成分类处理系统。2020 年，国家发展改革委和生态环境部联合印发《关于进一步加强塑料污染治理的意见》，从全生命周期管理的角度提出政策措施。2020 年，生态环境部门将微珠和含有微珠的化妆品及化学药品列入高污染、高环境风险清单。国家发展改革委也在 2020 年实施《产业结构调整指导目录（2019 年本）》，禁止生产销售一次性发泡塑料餐具、一次性塑料棉签和超薄塑料袋，以减少微塑料的来源。

（4）发挥相关规划的引领作用

在 2021 年 3 月，我国发布了《中华人民共和国国民经济和社会发展第十四个五年规划和 2035 年远景目标纲要》，规划中明确要求加强塑料污染全链条防治。2022 年 1 月，生态环境部等六部门联合发布了《"十四五"海洋生态环境保护规划》，重点关注海洋塑料垃圾治理。2021 年 9 月国家发展改革委和生态环境部联合印发了《"十四五"塑料污染治理行动方案》，积极推动塑料生产和使用源头减量，加快推进塑料废弃物规范回收利用和处置，大力开展重点区域塑料垃圾清理整治。到 2025 年，我国预计将实现塑料污染治理机制的显著提升，确保地方、部门和企业的责任得到有效执行。这将包括从生产、流通、消费、回收利用到末端处置的全链条治理。在源头减量方面，重点领域如商品零售、电子商务、外卖、快递和住宿业的一次性塑料使用大幅减少，电商快件的二次包装基本消失，可循环快递包装的应用规模达到 1000 万个。在回收和处置方面，地级及以上城市已基本建立生活垃圾分类系统，塑料废弃物的收集和转运效率显著提高。全国城镇生活垃圾的焚烧处理能力达到 80 万吨/日左右，塑料垃圾的直接填埋量大幅减少。农膜回收率达到 85%，全国地膜残留量实现零增长。在垃圾清理方面，重点水域、旅游景区和农村地区的历史遗留露天塑料垃圾基本被清除，塑料垃圾向自然环境的泄漏得到有效控制。

（5）建立实施湾长制

2017 年，国家海洋局印发《关于开展"湾长制"试点工作的指导意见》，提出在部分地区试点推行湾长制，明确各级湾长的职责任务，落实各有关部门的责任分工，试点建立健全陆海统筹、河海兼顾、上下联动、协同共治的治理新模式，控制陆源垃圾输入，开展海漂垃圾、海滩垃圾和海底垃圾清理。湾长制试点项目已在河北省秦皇岛市、山东省胶州湾、江苏省连云港市、海南省海口市及浙江省全省范围内启动。这些试点城市根据各自的具体情况，实施了"一湾一策"的管理模式。目前，湾长制正在逐渐推广，我国已有 71%的沿海地级市采用了这一制度。

（6）实施污染防治专项行动

我国将海洋垃圾治理纳入污染防治专项工作整体规划，通过实施渤海综合治理、农业与农村污染治理、城市黑臭水体治理等专项行动，推动近岸海域、农村和入海河流垃圾的常态化管理。2018 年 12 月，生态环境部、国家发展改革委、自然资源部联合印发《渤海综合治理攻坚战行动计划》，提出构建和完善港口、船舶、养殖活动及垃圾污染防治体系，沿岸（含海岛）高潮线向陆一侧一定范围内，禁止生活垃圾堆放、填埋，严厉打击向海洋倾倒垃圾的违法行为。截至 2020 年底，环渤海地区的"三省一市"均已建立垃圾分类和海上环卫工作机制，完成了沿岸一定范围内生活垃圾堆放点的清理工作，实施了渔港环境的综合整治，加强了渔业垃圾的清理和处置，从而基本实现了对入海河流和近岸海域垃圾的常态化防治。2018 年 11 月，生态环境部、农业农村部联合印发《农业农村污染治理攻坚战行动计划》，提出加大农村生活垃圾治理力度，严厉查处在农村地区随意倾倒、堆放垃圾行为，开展非正规垃圾堆放点排查整治。2018 年，住房和城乡建设部、生态环境部联合印发《城市黑臭水体治理攻坚战实施方案》，提出加强水体及其岸线的垃圾治理，建立健全垃圾收集（打捞）转运体系，并对清理出的垃圾进行无害化处理处置。截至 2022 年底，全国地级及以上城市黑臭水体基本消除，县级城市黑臭水体消除比例达到 40%（鞠茂伟等，2022）。

（7）加强塑料垃圾入海防控

全面实施河流垃圾治理。全面推行河长制，以生活污水理和垃圾处理作为重点，针对入海河流实施河道漂浮垃圾清理和河岸保洁制度，有效控制了陆源垃圾入海。启动"无废城市"试点项目，提升城市生活垃圾的无害化处理能力。推进水产养殖绿色发展，加强养殖废弃物的管理，推广网衣、浮球等副产品的集中收集和资源化利用，对近海筏式和吊笼养殖中的泡沫浮球进行整治，并推广环保新材料。加强沿海渔港污染防治，增加染防治设施设备，提高渔港垃圾清理频次。地方政府利用"世界环境日"和"世界海洋日"等活动，与媒体和公益组织合作，加强海洋垃圾的宣传教育，并鼓励公众参与海滩清洁活动，从而提高公众对海洋环境保护的认识和参与度。2021 年，生态环境部等六部门联合发布《"美丽中国，我是行动者"提升公民生态文明意识行动计划（2021—2025 年）》，旨在进一步加强生态文明宣传教育，推动构建生态环境治理的全民行动体系。中国海洋发展基金会组织了 2021 年度的"美丽海洋公益行动"，在 15 个沿海城市同步开展，共举办 290 多场活动，培养志愿者 18000 多人，清理海岸线 300 多千米，获得媒体报道 300 多次（鞠茂伟等，2022）。

（8）强化海洋垃圾监测

自 2007 年起，我国对约 50 个沿海近岸代表性区域进行了海洋垃圾的监测，监测内容涵盖海面漂浮垃圾、海滩垃圾和海底垃圾，同年，中国海洋环境质量公报增设"海洋垃圾"一栏，从 2011 年至今，作为第三章"主要入海污染源状况"里的第四节。"海洋垃圾"一栏从独立成节到作为"主要入海污染源状况"，明确了海洋垃圾在整个海洋环保体系中的定位。监测结果通过中国海洋生态环境状况公报向社会发布。

2. 广西层面实施的海洋垃圾整治及塑料污染治理相关政策措施

（1）出台塑料污染相关管理政策及措施

为了从源头控制塑料垃圾污染，自治区出台了一系列政策强化塑料污染治理。2020 年 5 月 7 日，广西壮族自治区发展和改革委员会和广西壮族自治区生态环境厅联合印发《广西壮族自治区进一步加强塑料污染治理工作实施方案》，要求抓住塑料制品生产、销售和使用重点领域和重要环节，全面落实政府管理责任及企业主体责任，有序禁止、限制部分塑料制品的生产、销售和使用，积极推广替代产品，规范塑料废弃物回收利用，建立健全塑料制品生产、流通、使用、回收处置等环节的管理制度，有效治理塑料污染，保持广西生态优势，促进生态文明建设，努力建设壮美广西。2021 年 3 月 30 日，自治区生态环境厅组织制定并印发实施《广西壮族自治区再生塑料行业环境准入指导意见》（桂环规范〔2021〕1 号），规范废塑料再生项目规划布局，引导行业健康有序发展。各市县有关部门依据塑料污染治理工作职能分工，开展执法检查专项行动及相关治理工作。积极组织开展全区塑料废弃物资源化回收利用和处置企业排查，通过查阅企业环评手续、环保守法情况，以及现场核查技术工艺设备等工作，查找行业存在的环保问题，摸清广西塑料废弃物回收利用处置情况，督促存在问题企业实施环保整改。截至2020 年 12 月，广西共排查废塑料回收处置再利用企业 410 家，发现存在环境问题企业 161 家，报请地方政府取缔 30 家，责令整改 125 家。2021 年 3 月 30 日自治区生态环境厅印发《广西壮族自治区再生塑料行业环境准入指导意见》，对废塑料回收、破碎、热熔造粒等废塑料直接再生或改性再生新建、改建及扩建项目开展环境影响评价和为各级生态环境主管部门环境管理提供指导意见。主要目的是规范广西再生塑料行业的规划布局，控制污染物排放，提高资源的再生综合利用，引导行业健康有序发展。

（2）发挥相关规划的引领作用

2021 年 12 月 31 日，自治区发展改革委发布了《广西生态文明强区建设"十四五"规划》，要求加强海上污染防治，严格船舶污染管控和海上垃圾治理。《广西壮族自治区海洋生态环境保护高质量发展"十四五"规划》第六条也要求"推进海洋塑料垃圾治理"。此外，在自治区生态环境厅《关于自治区十三届人大四次会议第 2021015 号代表建议协办意见的函》（桂环函〔2021〕672 号）中提到的"下一步工作计划"明确要求"督促沿海三市加强海洋塑料垃圾监督管理，持续开展'清洁海滩'等行动，做好塑料垃圾污染源头管控与入海防控的有效衔接"。2022 年 1 月 20 日，北钦防一体化指挥部印发《北钦防一体化 2022 年工作要点》（北钦防一体化指发〔2022〕1 号），其中主要任务第八点提出"提升生态环境齐保共治水平，强化生态联防联控，持续抓好茅尾海-钦州湾、铁山港湾综合整治，建设美丽海湾"。2022 年 1 月 27 日，北钦防一体化指挥部 2022 年第一次工作会议形成的会议纪要（北钦防一体化指阅〔2022〕1 号）中指出，扎实推进生态环境一体化，自治区生态环境厅牵头，围绕构建陆海联动防控机制和"清洁海岸线"，提出新的生态环境共保共治措施。

3. 沿海城市实施的关于海洋垃圾整治及塑料污染治理的相关政策措施

2022 年 1 月，北海市印发《北海市海洋和海滩垃圾治理集中整治行动方案》和《北海市海洋和海滩垃圾集中整治联席会议制度》，成立了领导组织机构和市整治办，下设综合组、督查组、宣传组开展工作。同时，制定印发《北海市海滩环境卫生巡查制度（试行）》《北海市海滩环境卫生监管责任名单公告制度（试行）》《北海市海滩环境卫生问题举报投诉受理处置制度（试行）》工作制度，对海洋和海滩环境卫生巡查、卫生监管和举报投诉受理进行规范管理。2022 年 2 月 15 日，率先开展海洋和海滩垃圾集中整治，形成整治—督导研判—工作会推进机制，确保各项问题得到协调解决，整治行动得以快速推进。

防城港市坚持规划引领，不断完善管理机制。为抓好水域环境整治，打造"水清滩净、鱼鸥翔集、人海和谐"海岸线，不断建立完善海岸线管理机制，2013 年 9 月制定实施了《防城港西湾海域清洁长效管理机制实施方案》，2018 年 6 月印发实施了《防城港市重点海域清理清洁工作实施方案》，对防城港市管辖的重点海域、海滩（岸）采取定期或不定期的方式进行清理、清洁，保持海域、海滩（岸）清洁。

3.3.2　探索建立海上环卫制度，构建常态化管理机制

随着海洋垃圾污染压力日益增大，沿海三市切实担负起海洋垃圾污染治理的主体责任，积极探索建立海上环卫制度。

（1）北海市

2022 年 2 月，北海市率先启动了海洋和海滩垃圾的集中整治行动，实施了海上环卫制度。为此，成立了由市委副书记和副市长共同担任组长、24 个成员单位负责人组成的市海洋和海滩垃圾治理集中整治行动领导小组。该小组对渔港、内港、沿海河道、海滩景区等地的海滩垃圾进行了全方位、无死角的集中整治，并

推动岸滩和海滩垃圾治理实现常态化。同时，北海市还印发了《北海市海滩环境卫生巡查制度（试行）》、《北海市海滩环境卫生监管责任名单公告制度（试行）》和《北海市海滩环境卫生问题举报投诉受理处置制度（试行）》等制度，对海洋和海滩环境卫生巡查、卫生监管和举报投诉受理进行规范管理。目前，北海已将海城区管辖的北岸沙滩、海景大道沙滩、地角沙滩、新营社区沙滩，银海区管辖的银滩公园东侧段、侨港沙滩、罗马广场沙滩、银滩一号国际会议中心东西两侧沙滩、三千海沙滩，银滩管委会管辖的银滩景区沙滩等 10 个海滩，列为北海市重点海滩区域进行保洁管护。通过加大整治力度，加强常态化保洁和巡查监管，确保北海近岸海域、海滩（岸）清洁。

（2）防城港市

防城港市对全市西湾海域、金滩海域和白浪滩海域等在重点海域清理清洁工作实行网格化管理，明确了各单位负责的清理范围和工作内容，并将此项工作纳入各级政府、各部门日常工作内容，实行长效化管理。目前防城港市在西湾海域通过购买服务已初步建立"海洋清洁队"，并有完善的转运台账记录，但尚未出台相关工作方案。东兴市、港口区、防城区沿海各乡镇（街道）均出台了海域清洁工作实施方案，明确清洁范围与转运流程；白浪滩、金滩等景区通过聘请第三方环卫清洁公司定期对景区岸滩进行环境卫生清洁并建立了相应的保洁制度。为了引导公众参与海洋垃圾清理整治，防城港市还出台了《防城港市"守护海岸线争创文明城"系列活动总体方案》，采取充分利用六五世界环境日、世界海洋日等主题宣传活动及不定期组织全市各行各业志愿者开展"守护清洁岸线共建美丽海湾"海岸线清洁活动等方式加大群众参与度，并通过部门官网、微信公众号、官方微博等渠道扩大宣传范围。

（3）钦州市

2022 年以来，钦州市委市人民政府高度重视海岸线清洁工作，钦州市坚持陆海统筹，狠抓工作落实。按照"属地管理，分级负责，分段打捞"的原则，结合江河湖海清漂专项行动，压实地方政府责任，成立环卫队伍，实行巡回保洁制度，根据潮汐和垃圾漂移规律，对岸滩和海漂垃圾开展常态化清洁作业，维持岸滩及海域环境整洁。

探索构建常态化机制，组建海上环卫队伍。钦州市自贸区钦州港片区、钦南区、三娘湾管理区均已成立海上环卫队伍，实行巡回保洁制度，并配备打捞设备和转运车辆，根据潮汐和垃圾漂移规律，对养殖集中区、旅游景点等重点区域进行常态化打捞清理。

为了从源头减少海洋垃圾的产生量，钦州市积极推动养殖设施建设材料绿色化环保化，市人民政府分管领导率队赴福建省学习考察新型环保养殖设施投入使用经验，渔业主管部门组织编制《钦州市牡蛎养殖技术规范》《钦州市新型蚝排建设工程技术规范》《钦州市新型鱼排建设工程技术规范》3 项团体标准，规范养殖设施建设及养殖密度，指导现有海上传统养殖设施进行绿色改造，推进养殖垃圾减量化。

按照就近就地原则，结合镇村垃圾转运站布局，完善重点区域沿岸镇村垃圾收集、转运、处置体系，不断提高垃圾转运站点覆盖率。积极争取各级各部门专项资金补助相关县区（管委）配备完善打捞工具、环卫工人、清运车辆，做到海上环卫与陆上环卫无缝对接，及时清理转运上岸垃圾，做到日产日清，并规范处置。

加强海洋环境保护宣传，提高群众环保意识。沿海各镇（街道）采取到村开宣讲会、出动流动宣传车、入户宣传，悬挂横幅、广告牌、发放宣传资料等多种形式，全方位多渠道开展海洋环境保护宣传，营造良好氛围，力争在源头上杜绝海漂垃圾。市生态环境局、市海洋局联合北部湾大学等单位，组织开展"保护海洋环境 共建清洁美丽海滩"等相关活动，以实际行动践行"绿水青山就是金山银山"理念，营造人人参与海岸线清洁的良好氛围。

3.3.3　推进海洋垃圾清理专项行动

通过实施国家、自治区及地方颁布的一系列政策措施，沿海三市探索建立海上环卫制度，积极开展海岸线清洁工作。北海市通过制定专项行动方案、建立工作机制、成立领导组织机构和市整治办统筹专项行动各项工作，同步督查推进垃圾污染整治并取得显著成效。截至 2023 年底，北海市共督查海滩和海岸沿线点位 103 个，发现问题共 336 件，发出书面督查整改通知 28 份，已完成整改 314 处。海滩整治面积达到 178.7 万米 ^{2}，海岸线清理长度为 79.9 千米。在此次整治行动中，共清理海洋和海滩垃圾约 6074.69 吨，废弃船只 88 艘，残油 61.41 米 ^{3}，以及油污水 260.47 米 ^{3}。

防城港市在西湾海域建立"海洋清洁队"，全天候对西湾海域约 45 千米 ^{2} 的近岸海域各种垃圾废弃物进行清理，结合海洋垃圾分布的实际情况，在易滞留海洋垃圾的海堤、红树林区域等重点岸段，布设了升降式海洋垃圾拦截围网等辅助性清理设施，有效拦截并清理了大量海洋垃圾。2022 年初，防城港市海洋、农业农村部门派出执法人员，对海域非法养殖设施进行清理整治，经严厉打击和宣传教育，近岸海域非法养殖已得到有效遏制，近海海域开发利用秩序明显改善。同时，在西湾海域（针鱼岭大桥—北部湾海洋文化广场段）布设安装了 2 台球形海洋垃圾监视监控摄像头，用于开展西湾海域范围海洋垃圾监视监控，对海岸线清洁进行有效监督，使海岸线清洁管工作得到不断规范，基本实现了"湾净、滩美"的美丽海岸线。

钦州市自贸区钦州港片区、钦南区、三娘湾管理区均成立海上环卫队伍，实行巡回保洁制度，并配备打捞设备和转运车辆，根据潮汐和垃圾漂移规律，对养殖集中区、旅游景点等重点区域进行常态化打捞清理。2022 年初，开始对网桩、地笼、废旧蚝排进行清理，截至目前，钦州市海岸线清洁工作已初见成效。

3.4　广西亲海空间海洋垃圾治理压力

1. 海上环卫工作机制缺失，常态化治理尚未实现

虽然沿海三市已开始探索实践海上环卫行动及海岸线清洁专项整治工作，并取得了较好的成效，但广西近岸海域垃圾治理压力依然很大，海洋垃圾的来源多样、形成机制复杂，专项整治工作可以解决一时的污染，却不能长期保持岸滩清洁，此外，目前实施的海洋垃圾治理主要针对重点海域、著名景点，未能覆盖全部海岸线，部分无人管辖地带还处于治理盲区，急需建立起系统的治理机制。截至目前，广西尚未印发实施海上环卫制度，未构建起覆盖全域完整的岸线和近海垃圾收集分类、打捞、运输、处理体系，没有相应的监管考核制度，各部门职责不够明晰，缺乏有力的工作举措，部门间缺乏联动，对渔船随意倾倒垃圾、岸线使用单位不清理垃圾等现象缺少执法力度。

2. 海水养殖方式落后，泡沫塑料垃圾产生量大

广西海水贝类养殖业近年来蓬勃发展，2020 年近江牡蛎产量居全国第一，但随之产生的养殖塑料垃圾尤其是泡沫垃圾污染问题也日渐凸显。广西牡蛎养殖主要以粗放式养殖为主，未形成集约化与规模化的管理运营方式，出于成本控制等因素，泡沫、包装膜、绳等塑料制品在牡蛎养殖中被广泛使用，浮筏到使用年限后又被随意丢弃到海洋环境中，造成了大面积的泡沫垃圾污染。

3. 海水养殖塑料垃圾监管和防控机制不完善

广西涉海塑料垃圾专项清理仅针对渔港码头的渔网渔具垃圾，对于海水养殖过程以及养殖场所产生的塑料垃圾并未纳入治理范畴。同时，养殖塑料制品的使用、丢弃等责任追溯制度不健全、可操作性不强，缺乏切实可行的监管手段和配套的行政管理，养殖塑料监督管理制度难以落实。

4. 红树林内结构复杂，垃圾清理难度大

广西是我国红树林的重要分布区，红树林面积占全国的 32.7%，仅次于广东

省（1.22 万公顷），位居全国第二。根据自然资源部与国家林草局于 2019 年 4 月共同组织的红树林资源及适宜恢复地专项调查，广西红树林总面积为 9330.34 公顷。红树林岸线构成了广西的大陆海洋生物岸线，成为广西沿海一大独特景观。近年来，随着海洋垃圾大量入海，红树林捕集到的垃圾量也逐年增加，给红树林景观及其生长环境带来很大威胁，给公众亲海体验带来很大不利影响。根据广西壮族自治区海洋环境监测中心站近年来对广西沿海垃圾污染现状调查，沿海部分红树林片区海洋垃圾数量巨大，垃圾多被海浪拍到沙滩上或者搁浅在红树林植物枝丫间，红树林内结构复杂，树枝盘根错节，工作人员和船只无法靠近红树林核心地带，搁浅在其中的垃圾清理难度大。

5. 人员与资金保障不足

目前广西海洋垃圾清理主要区域为岸滩区域，还没有专门的海上环卫队伍，没有专业海上打捞队，针对海面漂浮垃圾的清理能力不强，难以覆盖整个近海区域。城区、农村环卫所服务范围没有覆盖至岸滩。海洋环保公益团队与当地政府环卫部门衔接不畅，海洋环保志愿者队伍有待扩大。各级财政对海上环卫的资金投入较少。

6. 部门间沟通不畅，措施落实不到位

生态环境、住建、交通、农业农村、文旅、城管执法、海洋、海事等部门与辖区政府上下联动不够密切，部门之间联动不够顺畅，海岸线清洁行动各项措施落实到位，需要进一步建立沟通协调机制，强化沟通联动。

7. 海洋环境保护科普宣传力度不足

广西涉海部门目前在海洋塑料垃圾对环境的影响和危害等方面科普宣传力度不够，养殖户普遍环保意识不强，对丢弃塑料垃圾会造成海洋环境污染的严重性、危害性认识不足，社会责任承担意识薄弱，养殖户相互之间也未形成监督约束机制及氛围，造成养殖塑料垃圾随意丢弃的现象。

参 考 文 献

鞠茂伟，吴梦林，褚晓婷，等，2022. 加强海洋垃圾污染防治监管 助力重点海域综合治理攻坚战[J]. 环境保护，50（12）：19-22.

刘会欣，贺翼飞，郑帅鹏，等，2023. 秦皇岛典型海域海洋垃圾污染现状与防治对策[J]. 河北环境工程学院学报，33（2）：79-85.

陆敏瑞，2022. 南海塑料垃圾污染防治国际法规制研究[D]. 南宁：广西大学.

宁秋云，陈圆，2021. 广西北部湾海域生态环境特征与保护对策[J]. 海洋开发与管理，38（6）：60-64.

施旭航，薛青青，陈荣昌，2021. 船舶垃圾污染船岸协同治理问题与对策研究[J]. 交通节能与环保，17（4）：69-72.

吴姗姗，张祝利，等，2020. 中国海洋渔业塑料垃圾排放现状及防控浅析[J]. 中国水产，12：48-51.

Li J，Zhang H，Zhang K，et al.，2018. Characterization，source，and retention of microplastic in sandy beaches and mangrove wetlands of the Qinzhou Bay，China[J]. Marine Pollution Bulletin，136：401-406.

Su L，Deng H，Li B，et al.，2019. The occurrence of microplastic in specific organs in commercially caught fishes from coast and estuary area of east China[J]. Journal of Hazardous Materials，365：716-724.

Tian Y，Yang Z，Yu X，et al.，2022. Can we quantify the aquatic environmental plastic load from aquaculture？[J]. Water Research，219：118551.

第4章　广西美丽海湾生态优势和保护压力

广西海洋生物资源种类众多，海洋生物多样性丰富度居全国第三位。本章重点从广西海洋生物物种种类、生态系统类型、珍稀海洋动物资源和物种遗传多样性来阐述广西海洋生态优势，总结目前广西在海洋生态保护生态中采取的保护措施，分析海洋生态保护压力的来源和制约因素。

4.1　美丽海湾生态生物资源优势

4.1.1　海洋生物物种种类丰富

广西近岸海域位于中国南海的西北部，北临北海市、钦州市、防城港市三市，西起中越边境的北仑河口，东与广东省英罗港接壤，东南与海南省隔海相望，西部与越南接壤。广西管辖海域范围约 7000 千米 ^{2}，滨海湿地面积为 2986.95 千米 ^{2}，海岸线长 1628.59 千米，分布有海岛 643 个，沿岸入海河流 125 条，其中南流江、钦江、大风江、茅岭江、防城江、北仑河等为常年性河流，河口海湾众多，岸线曲折，浅滩发育广。广西海域属于亚热带季风气候，温润宜人，降水丰富，适合动植物生长，海域水质优良，自然资源优厚，海洋生物种类繁多，是我国重要的海产品增养殖区和优质渔场之一。海洋生态系统极具独特性和典型性，包含河口海湾、红树林、珊瑚礁和海草床等多种典型海洋生态系统，有国家一级保护动物中华白海豚、布氏鲸及国家二级保护动物中国鲎、印太江豚和文昌鱼等多种珍稀海洋生物，是我国海洋生物多样性最高的海区之一。

1. 浮游生物

浮游生物是水生生物界的重要组成部分之一，不但分布广、种类多，而且在数量上超过底栖生物和游泳生物，而更重要的是，它是很多经济水生生物（鱼类、贝类等）的饵料基础。因此，它在渔业上具有重大意义。一些浮游动物，如水母和甲壳类虾，是营养丰富的海产品。

（1）浮游植物

2023 年夏季，广西近岸海域浮游植物共鉴定出 5 门 71 属 199 种。其中以硅藻门占绝对优势，共 130 种，占总种类的 65.33%；其次是甲藻门，共 57 种，占总种类的 28.64%；蓝藻门 10 种，占总种类的 5.03%；定鞭藻门 1 种，占总种类的 0.50%；绿藻门 1 种，占总种类的 0.50%（图 4-1）。

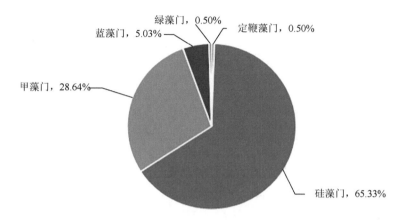

图 4-1　2023 年夏季广西近岸海域浮游植物物种组成

2023 年广西近岸海域浮游植物共出现 3 种优势种，为硅藻和甲藻，优势度从大到小分别为中肋骨条藻、链状裸甲藻、旋链角毛藻。浮游植物细胞丰度范围为 $1.47 \times 10^3 \sim 3745.60 \times 10^3$ 个/升，平均值为 321.72×10^3 个/升，约是 2022 年的 4.7 倍，细胞丰度水平大幅提升。从沿海三市来看，北海年均浮游植物细胞丰度最高，其次是防城港，钦州最低；与 2022 年相比，北海、钦州、防城港的细胞丰度水平均有较大幅度提升（图 4-2）。

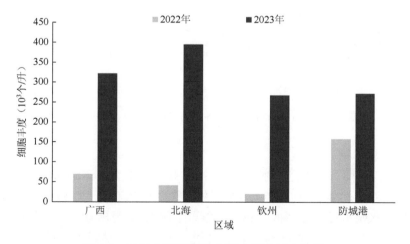

图 4-2　2023 年浮游植物细胞丰度分区市比较

从 2016～2023 年广西各重点海湾浮游植物生物多样性监测结果来看（表 4-1），北仑河口-珍珠湾多样性指数最高（平均值为 2.82），波动幅度最小（标准差为 0.50）；防城港湾多样性指数最低（平均值为 2.46），波动幅度最大（标准差为 0.92）。

表 4-1 2016～2023 年广西各重点海湾浮游植物多样性指数

海湾	2016 年	2017 年	2018 年	2019 年	2020 年	2021 年	2022 年	2023 年	平均值	标准差
铁山港湾	2.72	2.82	3.22	3.92	2.18	2.56	1.24	1.70	2.55	0.85
廉州湾	2.17	2.34	3.31	3.49	2.58	2.58	2.39	1.40	2.53	0.66
钦州湾	2.39	2.68	3.31	3.81	2.06	2.39	1.62	1.77	2.50	0.75
防城港湾	1.88	2.49	3.37	3.46	3.32	2.58	0.90	1.70	2.46	0.92
北仑河口-珍珠湾	3.25	2.89	3.35	3.26	3.00	2.23	2.60	2.00	2.82	0.50

2016～2023 年，各重点海湾的多样性指数在 1.0～4.0 上下波动，变化趋势比较一致，均呈现"先上升后下降"的变化趋势，2019 年的平均多样性指数最高，2023 年的最低（图 4-3）。

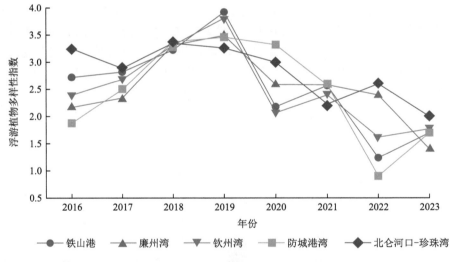

图 4-3 2016～2023 年广西各海湾浮游植物多样性指数变化

（2）浮游动物

2023 年夏季，广西近岸海域 58 个站位共鉴定出大型浮游动物 16 类 143 种（类），包括浮游幼体 23 种（类）。种类数较多的主要有桡足类 57 种，占总种类数的 39.8%；水螅水母类 26 种，占总种类数的 18.2%；浮游幼体 23 种（类），占总种类数的 16.1%；毛颚类 11 种，占总种类数的 7.7%；樱虾类 5 种，占 3.5%；浮游螺类、管水母类和枝角类各 3 种，各占 2.1%；糠虾类、介形类、端足类、被囊类各 2 种，各占 1.4%；栉水母类、歪尾类、磷虾类、涟虫类各 1 种，各占 0.7%。2023 年夏季广西近岸海域大型浮游动物种类及占比详见图 4-4。

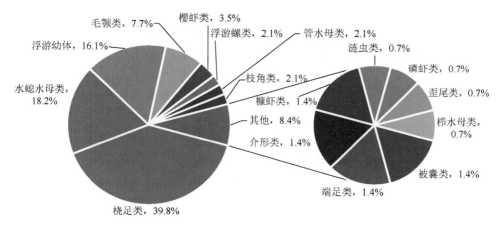

图 4-4　2023 年夏季广西近岸海域大型浮游动物种类数组成

　　2023 年夏季广西近岸海域大型浮游动物优势种一共有 4 类 5 种，以桡足类的太平洋纺锤水蚤[*Acartia（Odontacartia）pacifica*]的优势度为最高，为 0.13，其丰度占浮游动物总丰度的 20.41%，出现频率 65.52%；其次是桡足类的红纺锤水蚤[*Acartia（Odontacartia）erythraea*]，优势度为 0.08，其丰度占浮游动物总丰度的 12.94%，出现频率 65.52%。2023 年夏季广西近岸海域大型浮游动物丰度变化范围为 3.83～3567.16 个/米^3，均值为 265.95 个/米^3。从沿海三市来看，钦州大型浮游动物丰度最高，其次是防城港，北海最低。与 2022 年相比，广西近岸海域大型浮游动物丰度总体上升，沿海三市中大型浮游动物丰度上升最大的为钦州，其次是防城港，北海略微下降（图 4-5）。

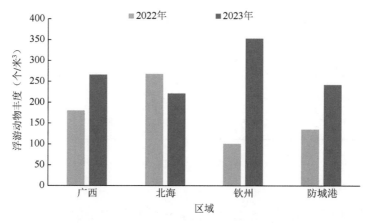

图 4-5　2023 年大型浮游动物丰度分区市比较

从 2016～2023 年广西海域浮游动物生物多样性监测结果来看（图 4-6），2016～2023 年广西海域浮游动物多样性指数总体呈现波动上升的趋势，其中 2020 年最高，2018 年最低。2016～2018 年先升高后下降，2018～2020 年逐渐上升，2020～2023 年逐渐下降。从各重点海湾浮游动物生物多样性监测结果来看（表 4-2），防城港湾多样性指数最高（平均值为 2.72），钦州湾多样性指数最低（平均值为 2.32）；2016～2023 年北仑河口-珍珠湾多样性指数呈整体上升的趋势，廉州湾、防城港湾呈整体下降的趋势，铁山港湾、钦州湾的整体趋势基本不变。

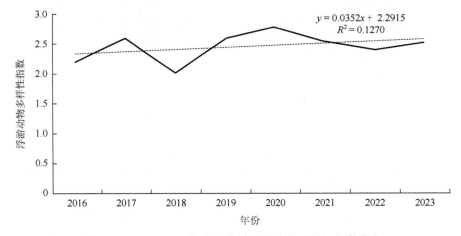

图 4-6　2016～2023 年广西海域浮游动物多样性指数变化

表 4-2　2016～2023 年广西各重点海湾浮游动物多样性指数

年份	铁山港湾	廉州湾	钦州湾	防城港湾	北仑河口-珍珠湾
2016	2.10	2.68	2.16	2.72	2.92
2017	2.94	2.57	2.53	2.51	1.53
2018	2.46	2.73	1.76	3.05	2.71
2019	2.59	1.55	3.39	2.72	3.43
2020	3.36	3.21	1.54	3.09	2.66
2021	2.55	2.55	2.00	2.70	3.16
2022	2.41	2.49	3.26	2.51	2.14
2023	2.38	2.31	1.88	2.44	2.96
平均值	2.60	2.51	2.32	2.72	2.69

2. 鱼卵和仔稚鱼

鱼卵和仔稚鱼在海洋生态系统中扮演着至关重要的角色，它们不仅是鱼类资源补充的基础，也是渔业资源持续利用的关键。因此，鱼卵和仔稚鱼在海洋生态系统中的作用不容忽视，它们是连接海洋食物链的重要环节。通过对其种类组成、数量分布及其与环境因素关系的研究，可以为渔业资源的评估和养护提供基础资料，进而促进渔业资源的可持续利用（樊紫薇等，2020）。

2023 年广西海域 29 个站位夏季调查航次中，共记录鱼卵 28 176 粒，其中水平调查采集鱼卵 27 790 粒，垂直调查采集 386 粒，隶属于 6 目 16 科 27 属 35 种；仔稚鱼 1275 尾，其中水平调查采集仔稚鱼 1239 尾，垂直调查采集仔稚鱼 36 尾，隶属于 10 目 26 科 34 属 56 种；同时出现鱼卵和仔稚鱼的物种数有 9 种，为尖吻半棱鳀（*Encrasicholina heteroloba*）、叶鲱（*Escualosa thoracata*）、隆背小沙丁鱼（*Sardinella gibbosa*）、绿背龟鲹（*Chelon subviridis*）、亚洲鱚（*Sillago asiatica*）、多鳞鱚（*Sillago sihama*）、克氏副叶鲹（*Alepes kleinii*）、沟鲹（*Atropus atropos*）和鹿斑仰口鰏（*Secutor ruconius*）。

3. 底栖生物

底栖动物种类个体较大，易于辨认，而且长期生活在底泥中，生活相对稳定，迁移能力弱且对环境变化比较敏感，因此对海洋环境状况有较好的指示作用。

2023 年广西近岸海域 56 个站位共鉴定出大型底栖生物 10 门 80 科 160 种，其中以环节动物 68 种为最多，占总种类数的 42.50%，其次为软体动物门 38 种，占总种类数的 23.75%，节肢动物门 29 种，占比为 18.13%，棘皮动物门 11 种，占比为 6.87%，其他类动物（包括刺胞动物门、纽形动物门、帚虫动物门、脊索动物门、星虫动物门和腕足动物门）共 14 种，总计占比 8.75%（图 4-7）。

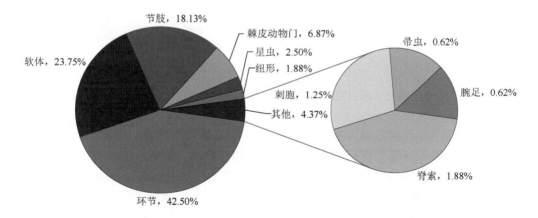

图 4-7 2023 年广西近岸海域大型底栖生物种类组成分布

2023 年广西近岸海域大型底栖生物优势种仅有冠奇异稚齿虫（*Paraprionospio*

cristata）一种，优势度指数 Y 为 0.020。其余优势度相对较高的有白氏文昌鱼（*Branchiostoma belcheri*）、豆形短眼蟹（*Xenophthalmus pinnotheroides*）等。

2023 年广西近岸海域 56 个站位中出现频率较高的种类有冠奇异稚齿虫、纽虫、欧文虫等。值得一提的是，文昌鱼属国家二级保护动物，对环境变化较为敏感，属于清洁指示种，调查发现该生物种出现频率和优势度指数均较高，说明广西近岸海域底质环境质量好且较稳定、水质优。

2023 年广西近岸海域大型底栖生物栖息密度范围为 0～433.08 个/米²，均值为 53.41 个/米²。2023 年沿海三市大型底栖生物栖息密度均值的表现为：钦州市（84.16 个/米²）＞防城港市（50.97 个/米²）＞北海市（31.54 个/米²），差异明显（图 4-8）。相较 2022 年，2023 年广西近岸海域大型底栖生物栖息密度有大幅下降，沿海三市中除钦州市略有上升外，北海市和防城港市均明显下降，其中北海市的下降幅度最大。

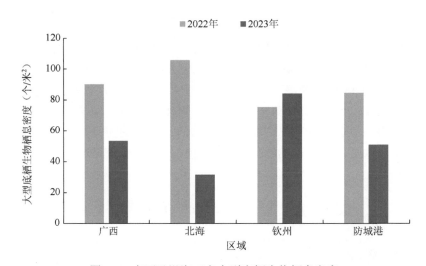

图 4-8　广西及沿海三市大型底栖生物栖息密度

从近年广西近岸海域大型底栖生物多样性监测结果来看（图 4-9），2016～2023 年广西近岸海域大型底栖生物多样性指数在 0.84～3.03，均值为 2.08。多样性指数在 2016～2019 年波动较大，并在 2018 年达到峰值。2020～2023 年多样性指数变化则趋于稳定。

（1）铁山港湾

2016～2023 年铁山港湾近岸海域大型底栖生物多样性指数在 1.09～3.27，波动较大且未表现出特定的变化规律，其中在 2020 年表现为极小值（图 4-10）；生物多样性指数均值为 2.34，整体生境质量等级评价多为"一般"。

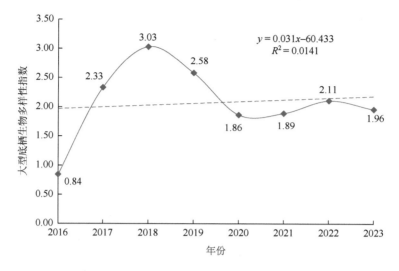

图 4-9　2016～2023 年广西近岸海域大型底栖生物多样性指数变化

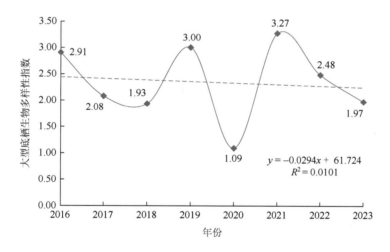

图 4-10　2016～2023 年铁山港湾大型底栖生物多样性指数变化

（2）廉州湾

2016～2023 年廉州湾近岸海域大型底栖生物多样性指数在 0.45～2.64，均值为 1.52，整体生境质量等级评价多为"差"。从时间变化来看，廉州湾大型底栖生物多样性指数在 2018 年达到峰值，随后在 2020 年降到最低水平，并在 2021～2023 年保持相对稳定（图 4-11）。

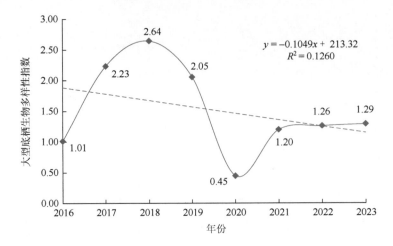

图 4-11　2016～2023 年廉州湾大型底栖生物多样性指数变化

（3）钦州湾

2016～2023 年钦州湾近岸海域大型底栖生物多样性指数在 1.00～2.48，均值为 2.00，整体生境质量等级评价多为"一般"。从时间变化来看，钦州湾大型底栖生物多样性指数整体呈上升趋势，在 2019 年达到峰值，在之后年份上下波动但相对稳定（图 4-12）。

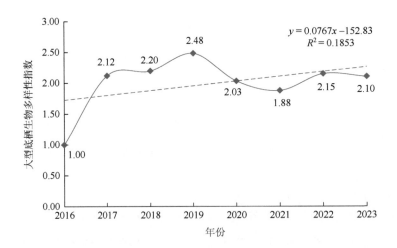

图 4-12　2016～2023 年钦州湾大型底栖生物多样性指数变化

（4）防城港湾

2016～2023 年防城港湾大型底栖生物多样性指数在 1.06～3.43，均值为 2.20，整体生境质量等级评价多为"一般"。从时间变化来看，防城港湾大型底栖生物多样性指数整体呈下降趋势（图 4-13）。

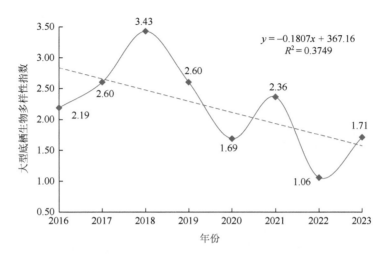

图 4-13　2016～2023 年防城港湾大型底栖生物多样性指数变化

（5）北仑河口-珍珠湾

2016～2023 年北仑河口-珍珠湾大型底栖生物多样性指数在 1.33～2.98，均值为 1.97，整体生境质量等级评价多为"差"。从时间变化来看，北仑河口-珍珠湾大型底栖生物多样性指数整体呈下降趋势，在 2018 年后达到峰值，2019～2023 年大型底栖生物多样性指数逐渐下降（图 4-14）。

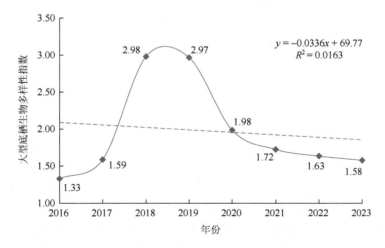

图 4-14　2016～2023 年北仑河口-珍珠湾大型底栖生物多样性指数变化

4. 潮间带生物

2023 年广西近岸海域潮间带生物种类调查共鉴定出 11 门 126 科 287 种，其中以软体动物门 142 种为最多，占种类总数的 49.5%，其次为节肢动物门 76 种、环节动物门 46 种及其他类生物（包括红藻门、多孔动物门、刺胞动物门、扁形动物门、纽形动物门、苔藓动物门、棘皮动物门和脊索动物门）共 23 种，分别占种类总数的 26.5%、16.0% 和 8.0%（图 4-15）。

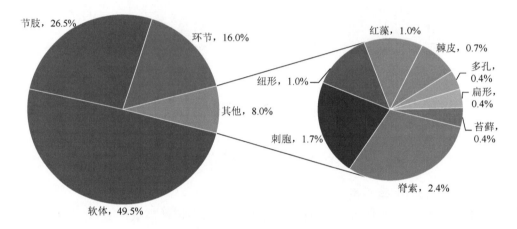

图 4-15　2023 年秋季潮间带生物种类分类统计

从优势度指数计算结果来看，2023 年广西近岸海域潮间带生物无明显优势种，优势度及出现频率相对较高的种类有麦克蝶尾虫、南海毛满月蛤和短指和尚蟹等。潮间带生物栖息密度各断面分布范围为 31.1～479.1 个/米^2，平均值为 214.1 个/米^2，北海市的断面平均值（298.5 个/米^2）最高，钦州市（99.6 个/米^2）最低。

5. 无脊椎生物资源

与历年相比，广西沿岸牡蛎的种类数和资源量明显增加。2022 年广西海域共发现固着和附着贝类 20 种，其中固着贝类 15 种、附着类贝类 5 种。香港牡蛎的总资源量最大，为 3018.7 吨，其次是熊本牡蛎野生，总资源量为 2487.1 吨；非附着底栖贝类共计采集了 206 种，文蛤分布最广泛。野生牡蛎总资源量评估分析，潮间带资源量 3782.58 吨，潮下带资源量 1577.94 吨。其中，钦州潮间带、潮下带分别有 797.15 吨、1284.383 吨；北海潮间带、潮下带分别有 1535.2 吨、14.62 吨；防城港潮间带、潮下带分别有 1450.23 吨、278.94 吨。此次调查结果与历史资料《广西北部湾沿海牡蛎的种类及其分布》（李翠等，2013）、《北部湾（广西段）潮间带大型底栖动物的调查研究》（李永强，2011）进行比较可知，2011 年调查发现 9 种牡蛎，2013 年调查发现 7 种牡蛎，牡蛎种类数均少于 2022 年调查的数量，但 2022 年调查还未采集上述调查所提到的猫爪牡蛎、齿缘牡蛎、斑顶牡蛎，且 2022 年调查的潮间带区域还采集到了新发现的品种——马拉邦牡蛎、岩牡蛎。由《北部湾（广西段）潮间带大型底栖动物的调查研究》可知 2011 年广西沿海牡蛎保有资源量达 4000 多吨，少于本次调查。

6. 滨海湿地生态系统

广西滨海湿地类型丰富，有浅海水域、潮下水生层、岩石海岸、沙石海滩、淤泥质海岸、潮间带盐水沼泽、河口水域、河口三角洲/沙洲/沙岛湿地和人工湿地等。2021 年广西滨海湿地面积为 266 646.23 公顷（含海岛），其中，浅海水域湿地面积最大，共 169 734.21 公顷，占总面积的 63.66%；其次为沙石海滩湿地，面积 42 712.91 公顷，占总面积的 16.02%；位居第三的是河口水域湿地，面积 17 054.60 公顷，占总面积的 6.40%。广西沿海各市滨海湿地类型见表 4-3。

表 4-3　广西沿海各市滨海湿地类型

湿地类型	北海市		钦州市		防城港市		广西	
	面积/公顷	占比/%	面积/公顷	占比/%	面积/公顷	占比/%	面积/公顷	占比/%
浅海水域湿地	96 657.85	64.05	34 848.05	65.25	38 228.30	61.33	169 734.21	63.66
沙石海滩湿地	27 037.95	17.92	3 355.53	6.28	12 319.42	19.76	42 712.91	16.02
河口水域湿地	5 887.30	3.90	6 864.58	12.85	4 302.73	6.90	17 054.60	6.40
人工湿地	5 972.98	3.96	3 068.66	5.75	3 153.07	5.06	12 194.71	4.57
红树林湿地	4 000.96	2.65	3 423.49	6.41	2 282.05	3.66	9 706.49	3.64
河口三角洲/沙洲/沙岛	5 189.44	3.44	701.96	1.31	1 760.84	2.83	7 652.24	2.87
淤泥质海岸湿地	3 475.09	2.30	864.41	1.62	173.49	0.28	4 512.99	1.69
潮间带盐水沼泽湿地	1 847.67	1.22	142.12	0.27	68.55	0.11	2 058.35	0.77
潮下水生层湿地	536.84	0.36	0.00	0.00	0.00	0.00	536.84	0.20
珊瑚礁湿地	239.94	0.16	0.00	0.00	0.00	0.00	239.94	0.09
岩石海岸湿地	65.03	0.04	137.13	0.26	40.78	0.07	242.94	0.09
总计	150 911.06	100.00	53 405.94	100.00	62 329.23	100.00	266 646.23	100.00

注：小计数字的和可能不等于总计数字，是因为有些数据进行过舍入修约。

广西滨海湿地藻类植物有 30 目 48 科 97 属 376 种，以硅藻门植物种类最多，其种数占总种数的 86.17%。广西近岸海域分布有 2 处海藻场，分别位于北海市涠洲岛和防城港市白龙半岛，共有大型海藻 3 门 20 属 59 种，以红藻门的物种最丰富，共有 7 属 29 种。

广西滨海湿地盐生维管植物有 36 科 63 属 77 种，占中国盐生植物种类数的 13.12%，其中引种或栽培的 5 科 5 属 5 种。种子植物区系地理成分较复杂、热带性质明显，科的分布有 4 个类型和 2 个亚型，属的分布有 7 个类型和 3 个亚型。广西滨海湿地维管植物草本较为发达，包括日本鳗草、二药藻、喜盐草等 6 种多年生海草，绢毛飘拂草、厚藤、薄果草、老鼠芳等沙生草本，茳芏、短叶茳芏、芦苇、沟叶结缕草等盐沼草本；木本以红树植物为主，盐生植物中红树植物及其伴生植物是重要组成部分，广西红树植物包括伴生种类共有 27 种。

广西滨海湿地两栖类 7 种，常见有海陆蛙；爬行类有 3 目 11 科 20 种，主要有海龟科和眼镜蛇科；底栖动物有 56 目 220 科 476 属 807 种，种类数量较多的属有蟳属（15 种）、吻沙蚕属（10 种）、织纹螺属（9 种）等；珊瑚种类有 10 科 22 属 55 种，均隶属于石珊瑚目，其中种类数量较多的属有鹿角珊瑚属（11 种）、陀螺珊瑚属（6 种）、角蜂巢珊瑚属（5 种）等；鱼类有 17 目 75 科 175 属 352 种，以鲈形目种类最多，其次是鳗鲡目和鲱形目；鸟类 17 目 59 科 163 属 350 种，其中国家一级保护动物有 6 种：黑嘴鸥、勺嘴鹬、黑鹳、黄嘴白鹭、中华秋沙鸭和白肩雕；国家二级保护动物有 50 种，世界自然保护联盟（International Union for Conservation of Nature，IUCN）濒危物种红色名录物种有 22 种，其中极危物种有 1 种（勺嘴鹬），濒危物种有 5 种，易危物种有 10 种。

近年来，随着广西滨海湿地保护修复工作力度不断增强，生态系统功能不断提升，生物多样性不断丰富。以鸟类为例，尽管广西滨海湿地面积仅为全国滨海湿地面积的 5%，但在广西滨海湿地已发现的鸟种是全国已发现鸟种的 23%。广西牢固树立生态文明理念，北部湾沿海的生态环境持续改善，候鸟迁徙通道逐渐扩大，珍稀鸟类不断增多，黑脸琵鹭、勺嘴鹬、黑嘴鸥、白琵鹭等全球珍稀水鸟，在广西沿海地区开始稳定出现，个体与数量在逐年增长。目前广西沿海是观察记录地中记录环志鸟种类和数量最高的地区，是国家一级保护动物黑脸琵鹭稳定越冬场所，也是全球极危物种勺嘴鹬主要分布区，并与俄罗斯楚科奇存在 60%的迁徙连接。全球候鸟眷恋北部湾成为广西又一特色生态现象。

7. 海洋药用生物

"蓝色药库"潜力巨大。作为我国海洋药用资源最丰富的省区之一，根据《广西海洋药用生物名录》数据库显示，广西共收集有 697 种海洋药用生物，比如白氏文昌鱼、柏氏四盘耳乌贼等数量较多的海洋生物种类。另外，广西还是我国传统中药常用配料珍珠、牡蛎、文蛤的主产地。广西大力推进海洋生物医药产学研融合。2017 年海洋生物医药产业增加值达 2 亿元。借助国家战略"蓝色经济"的发展大潮，广西海洋生物医药目前已形成了以广西中医药大学海洋药物研究院、广西海洋生物技术重点实验室、广西大学海洋学院为核心的重点研究团队与关键技术支撑。

4.1.2　海洋生态系统类型众多

广西典型海洋生态系统主要包括红树林、珊瑚礁及海草床三大海洋生态系统，分别以广西山口红树林生态系统、广西北仑河口红树林生态系统、涠洲岛珊瑚礁生态系统、北海海草床生态系统、防城港珍珠湾海草床生态系统为代表。

1. 红树林面积与保存度为全国最好水平

红树林指的是由分布在沿海潮间带和入海河口以红树科植物为主体的灌木或乔木组成的潮滩湿地木本植物群落，具有净化海水、保护渔业资源、固碳储碳、改善海岸景观等重要的生态功能，能够抵御海洋自然灾害，维护生物多样性，因此红树林有"海岸卫士""海洋绿肺"之称。

广西红树林的主要资源特点是面积较大、种类丰富且类型多样。自古以来，广西北部湾沿海一直是红树林的重要分布区，英罗港、铁山港湾、廉州湾、大风江口、茅尾海、珍珠湾、防城港湾、北仑河口等河口与海湾是红树林的主要分布区域。

广西红树林分布面积在全国排名第二，仅次于广东省（1.22 万公顷）。2001～2019 年，红树林面积经历了先减少后增加的变化过程。2001 年有 7015 公顷，2007 年降至 6743 公顷。之后各级政府部门对红树林的保护力度加大，通过红树林的自然恢复和人工修复，2011 年第二次全国湿地资源调查期间，广西红树林分布面积增长至 8780.72 公顷。2019 年广西壮族自治区第三次国土调查公报显示，红树林地 9400 公顷（14.12 万亩）。根据 2022 年度广西国土资源变更调查结果，全区红树林面积达 1.04 万公顷，已提前两年完成"十四五"提出的"保有量突破 1 万公顷"目标，总面积位居全国第二，仅次于广东。与 2019 年相比增加了近 1000 公顷，与 2011 年相比增加了 1600 余公顷。广西红树林面积动态变化见图 4-16。

广西分布有真红树植物 12 种（占全国种数 44%），半红树植物 8 种。分布较多的树种主要是白骨壤(3312.36 公顷，占 35.50%)、秋茄(2664.94 公顷，占 28.56%)和桐花树（2135.30 公顷，占 22.89%）。

广西红树林类型包括河口红树林（廉州湾、茅尾海和珍珠湾等地）、岛群红树林（钦州七十二泾）、天然红海榄林（英罗港）、城市红树林和沙生红树林（北海市金海湾）。

广西分布有真红树植物 12 种（占全国种数 44%），半红树植物 8 种。分布较多的树种主要是白骨壤(3312.36 公顷，占 35.50%)、秋茄(2664.94 公顷，占 28.56%)和桐花树（2135.30 公顷，占 22.89%）等。此外，红树林生态系统内包括众多的

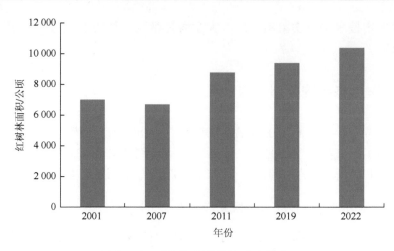

图 4-16　广西红树林面积动态变化

鸟类及丰富的海洋生物。在山口红树林保护区，已知浮游植物 96 种、浮游动物 26 种、底栖硅藻 158 种、鱼类 82 种、贝类 90 种、虾蟹 61 种等。2021 年在保护区共记录到鸟类 118 种，分别隶属 15 目 35 科。

　　2022 年广西近岸红树林生态系统评价结果表明，山口红树林生态系统生态健康指数为 84.2，整体处于健康状态；北仑河口红树林生态系统健康指数为 77.8，整体评价为健康；茅尾海红树林生态系统因缺乏往年数据，暂无法评价其健康状况。在山口红树林保护区调查发现了秋茄、桐花树、木榄、红海榄和白骨壤共 5 种红树植物，红树林平均密度约为 13 750 株/公顷，密度最高达 41 200 株/公顷；北仑河口红树林保护区红树林平均密度约为 28 540 株/公顷，密度最高为 69 200 株/公顷。茅尾海红树林保护区红树林平均密度约为 47 100 株/公顷，密度最高为 76 400 株/公顷。

　　2. 广西海草床为我国亚热带海草主要分布区

　　海草（seagrass）是生活于热带和温带海域的低潮带和潮下带之间（6～20 米浅水海域）的单子叶植物，具有根、茎、叶分化，根状茎发育良好。海草床生态系统是生物圈中最具生产力的水生生态系统之一。

　　广西海草床是我国亚热带海草主要分布区，拥有我国亚热带面积最大的喜盐草海草床。广西海草种类 4 科 5 属 8 种，分别是贝克喜盐草、小喜盐草、卵叶喜盐草、日本鳗草、川蔓藻、羽叶二药藻、二药藻和针叶藻。海草群落共有 17 种类型，卵叶喜盐草、贝克喜盐草、日本鳗草和川蔓藻是主要建群种。卵叶喜盐草常分布于中低潮带及潮下带的砂质底质中，单生群落较多见，偶尔在潮上带与贝克喜盐草可混生；日本鳗草分布范围较广，高、中、低潮区均可生长，喜与贝克喜盐草混生；贝克喜盐草则多分布于高潮区。三种海草生长底质稍有差异，贝克喜盐草、日本鳗草偏向于泥质滩涂，卵叶喜盐草则喜砂质。

广西海草在北海市、钦州市和防城港市 3 个沿海城市的海域都有分布，分布面积规模较大的海草床主要分布在北海市合浦海草床及防城港市珍珠湾海草床。合浦海草床主要分布于铁山港湾海域的北暮、沙背、下龙尾、榕根山、九合井底等区域，海草种类主要有卵叶喜盐草、贝克喜盐草和日本鳗草，以喜盐草为优势种。珍珠湾海草床位于广西防城港市交东（珍珠湾）北部交东村外海的潮间带，在海草床近海方向多表现为贝克喜盐草与日本鳗草混生，更深的潮区则只有日本鳗草生长。

2022 年春季合浦海草床的调查共发现卵叶喜盐草、贝克喜盐草和日本鳗草 3 种海草类型，海草跨铁山港湾东海岸、丹兜海定洲沙至沙田半岛中部沿海区域，分布范围较广，有草面积共约 37.5 公顷，其中榕根山贝克喜盐草 6.17 公顷，沙背卵叶喜盐草 1.4 公顷，下龙尾卵叶喜盐草 20.45 公顷，北暮卵叶喜盐草 9.48 公顷。

3. 涠洲岛珊瑚礁为我国珊瑚礁分布最北缘

珊瑚礁依靠造礁石珊瑚和其他重要的造礁生物共同构成的复杂空间三维结构，形成了无数的洞穴和孔隙，是众多海洋生物的栖息地，被誉为"海洋中的热带雨林"，有极高的初级生产力。

广西沿岸海域最大的岛屿——涠洲岛，水温年平均值为 24.6℃，适宜造礁石珊瑚生长（最适温度 24.5～29℃），是珊瑚礁群落的主要分布海域。涠洲岛珊瑚礁是中国海区珊瑚礁分布的最北缘。在全球变暖的背景下，珊瑚的生长环境受到一定程度破坏，许多珊瑚陷入白化危机，因此涠洲岛被视为南海珊瑚为适应高温迁移的潜在避难场所。2013 年国家海洋局批复同意建立广西涠洲岛珊瑚礁国家级海洋公园，总面积 2512.92 公顷，其中重点保护区 1278.08 公顷，适度利用区 1234.84 公顷。涠洲岛珊瑚礁主要分布于涠洲岛北面、东面、西南面，是广西沿海的唯一珊瑚礁群，也是广西近海海洋生态系统的重要组成部分。

广西珊瑚礁群落主要分布在北海市涠洲岛及斜阳岛周边海域，防城港市白龙尾附近海域有少量珊瑚礁分布。涠洲岛是南海北部湾海域最大的岛屿，也是火山喷发堆积中国最大、最年轻的海岛，同时也是中国热带珊瑚礁分布北缘区域。涠洲岛珊瑚礁总体沿着海岸线分布在 2～12 米水深范围内，面积为 2848 公顷，其中造礁珊瑚面积为 2130.5 公顷，柳珊瑚为 717.5 公顷，均已纳入广西涠洲岛珊瑚礁国家级海洋公园管理范围。核心礁区主要分布在涠洲岛西南部沿岸浅海、西北沿岸浅海、东北沿岸浅海一带海域，其中西北部沿岸海域最宽，分布外沿垂向岸线宽度最宽处约为 2.56 千米；东北部、东部、东南部、西南部次之；猪仔岭南侧沿岸分布着小范围的岸礁，但西部（蔗寮-大岭脚）沿岸海域仅有零星分布，在南湾

　　的西侧海岸也发现有零星分布的珊瑚。涠洲岛珊瑚以造礁石珊瑚为主，隶属 22 属共 46 种，占中国全部造礁石珊瑚种类 400 余种的 10%。其中优势属是滨珊瑚属、角蜂巢珊瑚属、盘星珊瑚属、牡丹珊瑚属；在科级的组成上，裸肋珊瑚科、滨珊瑚科、鹿角珊瑚科为优势类群。其次是柳珊瑚，软珊瑚、群体海葵的种类较少。

　　2022 年涠洲岛珊瑚礁栖息地健康指数为 15.0，为健康状况。涠洲岛海域坑仔断面共记录活硬珊瑚 7 科 19 属 25 种（表 4-4），活珊瑚覆盖度为 19.7%，其中相对覆盖度较高的有澄黄滨珊瑚、秘密角蜂巢珊瑚和粗糙刺叶珊瑚，分布长度分别占全部珊瑚的 23.3%、19.6%、12.7%，其余珊瑚种类分布比例相对较小。

表 4-4　涠洲岛坑仔近岸造礁石珊瑚群落组成

序号	科	属	种
1	滨珊瑚科 Poritidae	角孔珊瑚属 *Goniopora*	柱状角孔珊瑚 *Goniopora columna*
2	滨珊瑚科 Poritidae	滨珊瑚属 *Porites*	澄黄滨珊瑚 *Porites lutea*
3	滨珊瑚科 Poritidae	伯孔珊瑚属 *Bernardpora*	斯氏伯孔珊瑚 *Bernardpora stutchburyi*
4	裸肋珊瑚科 Merulinidae	盘星珊瑚属 *Dipsastraea*	标准盘星珊瑚 *Dipsastraea speciosa*
5	裸肋珊瑚科 Merulinidae	盘星珊瑚属 *Dipsastraea*	海洋盘星珊瑚 *Dipsastraea maritima*
6	裸肋珊瑚科 Merulinidae	盘星珊瑚属 *Dipsastraea*	大盘星珊瑚 *Dipsastraea maxima*
7	裸肋珊瑚科 Merulinidae	盘星珊瑚属 *Dipsastraea*	黄癣盘星珊瑚 *Dipsastraea favus*
8	裸肋珊瑚科 Merulinidae	角蜂巢珊瑚属 *Favites*	秘密角蜂巢珊瑚 *Favites abdita*
9	裸肋珊瑚科 Merulinidae	角蜂巢珊瑚属 *Favites*	五边角蜂巢珊瑚 *Favites pentagona*
10	裸肋珊瑚科 Merulinidae	扁脑珊瑚属 *Platygyra*	精巧扁脑珊瑚 *Platygyra daedalea*
11	裸肋珊瑚科 Merulinidae	刺孔珊瑚属 *Echinopora*	薄片刺孔珊瑚 *Echinopora lamellosa*
12	裸肋珊瑚科 Merulinidae	刺星珊瑚属 *Cyphastrea*	锯齿刺星珊瑚 *Cyphastrea serailia*
13	裸肋珊瑚科 Merulinidae	刺星珊瑚属 *Cyphastrea*	碓突刺星珊瑚 *Cyphastrea chalcidicum*
14	裸肋珊瑚科 Merulinidae	刺柄珊瑚属 *Hydnophora*	腐蚀刺柄珊瑚 *Hydnophora exesa*
15	裸肋珊瑚科 Merulinidae	裸肋珊瑚属 *Merulina*	阔裸肋珊瑚 *Merulina ampliata*
16	裸肋珊瑚科 Merulinidae	菊花珊瑚属 *Goniastrea*	梳状菊花珊瑚 *Goniastrea pectinata*
17	石芝珊瑚科 Fungiidae	石叶珊瑚属 *Lithophyllon*	波形石叶珊瑚 *Lithophyllon undulatum*
18	真叶珊瑚科 Euphylliidae	盔形珊瑚属 *Galaxea*	丛生盔形珊瑚 *Galaxea fascicularis*
19	木珊瑚科 Dendrophylliidae	陀螺珊瑚属 *Turbinaria*	盾形陀螺珊瑚 *Turbinaria peltata*
20	菌珊瑚科 Agariciidae	牡丹珊瑚属 *Pavona*	十字牡丹珊瑚 *Pavona decussata*
21	叶状珊瑚科 Lobophylliidae	刺叶珊瑚属 *Echinophyllia*	粗糙刺叶珊瑚 *Echinophyllia aspera*
22	叶状珊瑚科 Lobophylliidae	叶状珊瑚属 *Lobophyllia*	叶状珊瑚属一种 *Lobophyllia sp.*
23	叶状珊瑚科 Lobophylliidae	叶状珊瑚属 *Lobophyllia*	菌形叶状珊瑚 *Lobophyllia agaricia*
24	叶状珊瑚科 Lobophylliidae	棘星珊瑚属 *Acanthastrea*	棘星珊瑚 *Acanthastrea pachysepta*
25	未定科	小星珊瑚属 *Leptastrea*	白斑小星珊瑚 *Leptastrea pruinosa*

4.1.3　珍稀海洋动物资源优厚

广西海域海洋生物资源丰富，包括多种珍稀海洋生物。广西海域哺乳动物有 3 科 7 属 12 种。珍稀海洋动物包括 27 个物种和全部珊瑚种类（石珊瑚目所有种类均属于国家二级保护动物）。其中，国家一级保护动物有 10 种：布氏鲸、小鳁鲸、塞鲸、鳀鲸、中华白海豚、儒艮、棱皮龟、绿海龟、红海龟、玳瑁；国家二级保护动物有 15 种：中国鲎、圆尾蝎鲎、印太江豚、文昌鱼、克氏海马等。广西重点保护物种 2 种：刁海龙、马氏珠母贝。CITES 附录物种有 16 种，IUCN 濒危物种红色名录物种有 20 种，其中极危物种有 5 种，濒危物种有 9 种。

（1）布氏鲸

布氏鲸（Balaenoptera brydei）隶属于鲸目须鲸亚目须鲸科（Balaenopteridae）须鲸属（Balaenoptera），体长 14～15 米，背部呈黑灰色或蓝灰色，腹部为黄白色或白色。主要分布海域是南北太平洋、南北大西洋和印度洋（40°N 至 40°S）。可以在近海和远洋水域生活，主要栖息地是沿海和大陆架水域。

作为海洋珍稀濒危物种，布氏鲸被列入联合国《保护野生动物迁徙物种公约》（CMS）附录 II 及联合国《濒危野生动植物种国际贸易公约》（CITES）附录 I，同时也是我国《国家重点保护野生动物名录》中的国家一级保护动物。2016 年，首次在广西涠洲岛附近海域发现有大型鲸类的存在。2018 年 4 月，北海市政府举行新闻发布会时正式宣布在涠洲岛海域发现布氏鲸。布氏鲸是广西近岸海域常驻大型鲸类，涠洲岛-斜阳岛是迄今为止我国近岸海域唯一能稳定观测到大型鲸类活动的海域，彰显了广西海域海洋生态系统功能稳定和结构完整，是弥足珍贵的海洋生态名片。2017～2021 年，通过组建联合研究组、共建广西水生生物联合实验室、在涠洲岛建立鲸类研究与保护站、组建广西科学院海洋哺乳动物研究与保护创新团队等，开展了针对北部湾布氏鲸的研究和保护。

根据《2021—2022 布氏鲸研究与保护报告》，2022 年广西涠洲岛附近海域识别出布氏鲸个体 52 头，根据 2025 年报道布氏鲸识别个体已超过 70 头。研究显示广西布氏鲸的捕食行为具有高度多样性，包括前冲捕食、右冲捕食、左冲捕食、竖冲捕食、腹冲捕食、踏水捕食、合作冲刺捕食和自旋转捕食等（吴采雯，2021）。根据《2022 年北部湾典型海洋生态系统健康评价报告》，在涠洲岛西南及斜阳岛周边海域（20°40′～21°06′N，108°42′～109°17′E），通过布氏鲸背鳍照片识别的方式，共识别出布氏鲸个体 52 头，并发现涠洲岛海域布氏鲸的个体行为包括呼吸喷气、追赶鱼群、直立捕食、常规游动、下潜等，群体行为包括合作捕食、同步下潜、追逐等。

（2）中华白海豚

中华白海豚（Sousa chinensis），为中国水域印太洋驼海豚（Indo-Pacific hump-

backed dolphin）的名称，属鲸目，海豚科，白海豚属。中华白海豚体长 220～
250 厘米，体重约 235 千克。刚出生的中华白海豚体色呈深灰色，"青少年"体色
呈灰色，成年体色则呈粉红色，部分老年个体体色呈白色。中华白海豚非连续性
地分布在从东印度洋、孟加拉湾及其他东南亚沿海一直到我国长江入海口的近岸
浅水水域（张婷等，2008）。

　　中华白海豚分布在广西三娘湾-大风江口海域和合浦儒艮保护区海域。根据
《2022 年北部湾典型海洋生态系统健康评价报告》，广西中华白海豚的分布范围是
从三娘湾东面的大面墩至大风江口以东南流江口海域，面积为 206.22 千米^2，核心
分布区位于三娘湾东面，大风江口一带海域，面积为 44.10 千米^2。调查共发现
中华白海豚 94 群次，435 头次，平均群体大小为 4.63 头，识别中华白海豚个体
119 头，其中伴随母豚新生儿 17 头，中华白海豚的种群丰度季节变化显示，单位
里程发现海豚数（DPUE，dolphins/100km）介于 10.26（春季）～36.32（冬季）。
另外，广西合浦儒艮国家级自然保护区是我国中华白海豚第四大分布区，估算数
量约 150 头，目前识别个体 96 头，以青壮年个体为主。

　　2022 年，通过照相识别方法，共识别中华白海豚个体 122 头，其中，13 头为
本年度新识别个体。年龄结构显示，幼年个体（UC）占 14.18%，青少年个体（SJ）
占 31.34%，成年个体（SA/SS）占 44.03%，中老年个体（UA）占 10.45%。基于
目前已经建立的个体识别数据库，重捕率为 85.12%。根据北部湾鲸豚团队前期研
究结果，开展中华白海豚种群数量估算，认为以三娘湾-大风江口海域为主要栖息
地的中华白海豚种群大小为 389 头。

　　（3）中国鲎

　　鲎是一种比恐龙还要早出现在地球上的古老海洋生物，有"活化石"之称。
鲎能够适应极端环境，经历地球上五次重大的生态灾难，即生物大灭绝事件，却
仍旧可以不断繁衍，能延续至今，所以它对于探索生物演化进程的研究意义重大。
鲎还是地球上少数的"蓝血动物"之一，蓝色的血液蕴藏着许多具有特殊功效的
生化活性物质，目前已发现 50 余种，因此鲎是一个有待开发的医用药物的宝库。

　　鲎分中国鲎（*Tachypleus tridentatus*）、美洲鲎（*Limulus polyphemus*）、圆尾蝎
鲎（*Carcinoscorpius rotundicauda*）、南方鲎（*Tachypleus gigas*）4 个品种。广西
海域分布的鲎主要有圆尾鲎和中国鲎两种，其所占比例约为 57% 和 43%。2019 年
6 月 16 日，IUCN 鲎专家组在第四届国际鲎科学与保护研讨会上正式宣布，中国
鲎被列为濒危动物。2021 年更新的《国家重点保护野生动物名录》中，中国鲎被
列为国家二级保护动物。

　　我国是世界上少数拥有丰富鲎资源的国家之一，历史上曾经占世界鲎总量的
95% 以上（周礼雄，2020）。圆尾蝎鲎和中国鲎为我国仅有的两种鲎。广西北部湾
海域是目前我国中国鲎资源最后尚存的地方。北部湾水质优良，海滩平坦广阔，

为沙砾泥滩地,非常适合中国鲎生长繁殖,因此广西北部湾成为鲎在中国最后的避难所(冯麟茜和解亦鸿,2018)。

广西合浦儒艮国家级自然保护区,鲎密度全国最高。随着北海市将人工繁育幼鲎、增殖放流、设立沿海浅海滩涂禁渔区等综合保护手段的不断推进和落实,2022 年第一季度研究发现,得益于中国鲎幼体的数量增加,广西合浦儒艮国家级自然保护区沿岸滩涂中国鲎密度激增,单位样方最大密度最高达 53.1 只/100 米^2,跃居全国第一,相比 2021 年的 15.6 只/100 米^2,提高了 2.4 倍(张雷等,2022)。

(4)文昌鱼

文昌鱼是一种非常古老的小底栖动物,出现于距今约 2 亿年前的三叠纪晚期到白垩纪早期。文昌鱼呈白色,半透明,光滑无鳞。个体较小(只有 4～5 厘米),躯体细长,两端尖细。文昌鱼是介于无脊椎动物和脊椎动物之间的过渡型动物,是最原始的脊索动物,有时被冠以一个很有意思的名字——"无脊椎脊索动物"(invertebrate chordate),是研究脊索动物进化的稀有材料("文昌鱼资源调查"课题组,1988)。

1988 年,文昌鱼被正式列为国家二级保护动物,根据《广西壮族自治区合浦儒艮国家级自然保护区生态环境综合调查与保护研究报告(2010—2017 年)》,2010～2012 年综合考察发现儒艮保护区文昌鱼的平均密度为 5.44 尾/米^2。

(5)绿海龟

绿海龟(*Chelonia mydas*),海龟科海龟属的一种龟。亦称海龟,是各种海龟中体形较大的一种,其成龟背甲直线长度可达 90～120 厘米。绿海龟的主食是海中的海草和大型海藻,因此体内脂肪累积许多绿色色素,呈现淡绿色,也因而得名。绿海龟常在长满海藻的浅海域摄食,偶尔也吃软体动物、节肢动物或鱼类。

绿海龟对维护海洋生物多样性和生态系统平衡具有十分重要的作用,是海洋生态系统中重要的指示物种。目前绿海龟已同时被列入《濒危野生动植物种国际贸易公约》(CITES)附录I和《保护野生动物迁徙物种公约》(CMS)附录Ⅱ,并被 IUCN 濒危物种红色名录评价为受威胁物种,在我国被列为国家一级保护动物。广西合浦儒艮国家级自然保护区作为绿海龟的栖息地及产卵地之一,近 10 年来,合浦儒艮保护区工作人员参与救护活体绿海龟 10 只,保护了该区域的海洋生物多样性,维护了滨海湿地生态系统。

4.1.4　遗传多样性及濒危物种保护价值显著

广西滨海湿地和海洋生物资源较为丰富,其中蕴藏了多样珍贵的遗传基因。已知能进行开发利用的海洋生物资源有 697 种,其中海洋植物药用资源 85 种,海洋动物药用资源 224 科 348 属 612 种。除了丰富的种质资源，广西特有物种丰富度和子遗动植物丰富度也相对较高，如儒艮、中国鲎、文昌鱼等。这些物种对于研究地质演化和气候变迁、濒危机制和亲缘关系等具有重要意义。

广西海域受地理区位影响，部分生态岛屿、海湾特征在一定程度上使得物种在经历地理隔离、特征置换等过程后，形成与种源物种具有遗传差异的特有种。其中中华白海豚在广西分为三娘湾-大风江口和沙田港海域两大社区，两大社群之间中华白海豚遗传性差异与分化率高达 6.54%，且未见个体间有混群现象，展现了广西中华白海豚独特的遗传多样性及重要的生物多样性保护价值。但这些物种由于分布范围局限、种群规模较小、生境脆弱，所以灭绝风险相对较高。

4.2　广西美丽海湾生态保护措施

4.2.1　不断推进生物多样性主流化进程

一是不断完善地方性法规标准体系。制定和完善《广西壮族自治区海洋环境保护条例》，实行最严格的海洋环境保护。出台《广西壮族自治区红树林资源保护条例》《广西壮族自治区山口红树林生态自然保护区和北仑河口国家级自然保护区管理办法》《北海市涠洲岛生态环境保护条例》等，强化特色自然资源保护管理。

二是长期将自然生态保护纳入政府各项规划。2008 年国家发展改革委印发《广西北部湾经济区发展规划》，规划注重生态环境，要求加强生态建设和环境保护，增强可持续发展能力。2014 年，广西印发实施《广西生物多样性保护战略与行动计划（2013—2030 年）》，进一步增强物种保护力度。2017 年国家发展改革委、住房和城乡建设部印发《北部湾城市群发展规划》，为区域可持续发展预留绿色空间。2019 年，自治区出台《广西北部湾经济区北钦防一体化发展规划（2019—2025 年）》，对打造宜居宜业宜游蓝色生态湾区有着区域影响力和带动力。2022 年，自治区印发实施《广西壮族自治区海洋生态环境保护高质量发展"十四五"规划》，首次将生物多样性保护作为专章纳入规划。2022 年，自治区印发实施《广西壮族自治区国土空间生态修复规划（2021—2035 年）》，为实施国土空间生态修复提供了根本依据。

三是积极创新生态保护体制机制。2017 年起，自治区领导干部自然资源资产离任审计成为常态化的制度性安排；2019 年至今制定和完善自然资源资产离任审计制度，扩展领导干部自然资源资产离任审计覆盖面；对各区、市直部门及重点企业的领导班子和党政正职进行生态文明建设考核，层层压实生态环保责任。探索设立区域海洋生态补偿制度。出台《广西壮族自治区海洋生态补偿管理办法》；完善水流、林草、湿地和海洋等重点生态环境要素分类补偿，实施重点领域生态保护补偿，2022 年，广西投入 0.56 亿元用于湿地补助资金，支持广西北海滨海国家湿地公园等 6 处国家湿地公园进行湿地保护修复工作。这一举措旨在推进多元补偿机制，引导社会公众踊跃参与生态保护，并积极引入社会资本参与实施红树林保护修复和流域生态环境治理。广西的红树林保护修复和流域生态环境治理项目作为典型案例，被纳入 IUCN "基于自然的解决方案"。加强跨流域、跨海域生态环境保护联动合作，健全生态文明联动机制，协商建立海洋污染防治合作机制，共同推进跨区域重大生态环境保护工程建设，维护区域生态安全。

4.2.2　大力实施生境保护和濒危物种保育

　　一是大力推进自然保护地体系建设。目前广西沿海建立的 8 处各级各类海洋自然保护地，保护对象包括红树林、海草床、珊瑚礁及珍稀海洋生物，基本覆盖了最核心的海洋生物多样性热点区域，在保护典型自然生态系统、改善生态环境质量等方面发挥着十分重要的作用，有效维护着广西的生物多样性。近年来，广西坚持保护优先、科学利用，自然保护地体系建设取得了显著成效，形成了自然保护地建设的 "广西办法"。一是以自然生态系统和生物多样性保护为重点，强化自然保护区建设管理。二是以自然景观保护为重点，着力推进自然公园建设。广西的海洋公园在保护资源的基础上开展合理利用，为提升公众生态环境素养、传播生态文明、保护区域生态安全作出贡献。三是不断提升广西自然资源价值的国际认可度和影响力。广西海洋自然保护地保护着具有全球性突出普遍价值的自然地理地貌和景观资源，保护内容和成效得到了国际社会认可。目前，北海市山口红树林湿地、防城港市北仑河口湿地及广西北海滨海国家湿地公园共 3 处被列入国际重要湿地，成为广西在全球自然环境保护与可持续发展领域的 "世界名片"。

　　二是实施重点物种保育工程。2003 年国家林业局批复建设全国第一个红树林良种繁育基地，基地培育的白骨壤、桐花树、秋茄等红树林品种被自治区林业主管部门认定为省级林木良种。广西山口红树林生态国家级自然保护区种苗基地实施就地育苗、就地种植工程，避免了红树植物出现生态适应等方面的问题，有效提高红树林种植成活率，目前基地育有红海榄、秋茄、木榄等红树植物幼苗，共计约 120 万株。广西合浦儒艮国家级自然保护区 2017 年起开展海草繁育研究工作（图 4-17），建设有海草种质资源库及海草陆基繁育塘，培育海草种类有卵叶喜盐草、贝克喜盐草、泰来草、海菖蒲，2022 年已扩增繁育海草植株 310 万余株，并在野外陆基繁育塘内繁育海草苗种 600 多亩。广西海洋研究所自 20 世纪 80 年代就已开始中国鲎的人工育苗工作（图 4-18），这一工作主要是为了应对中国鲎资源的急剧减少和濒临枯竭的危险，把人工培育的鲎苗通过增殖放流的方式放回到鲎的自然栖息地，目前中国鲎年繁育能力达 300 万只以上。

图 4-17　广西合浦儒艮国家级自然保护区开展海草人工繁育

图 4-18　广西海洋研究所开展中国鲎人工繁育

4.2.3　扎实推进海洋生态安全体系构建

一是打造区域生态安全屏障。印发《广西壮族自治区国土空间生态修复规划（2021—2035 年）》，旨在通过一系列综合措施，推进陆域海域、山上山下、地上地下、岸上岸下、流域上下游山水林田湖草海湿地一体化保护和修复，构建"一屏两核一带六区"的国土空间生态修复格局，明确近远期国土空间生态修复的目标要求、总体布局、重点任务、重点工程及实施机制。深入实施蓝色海湾整治行动和海岸带保护修复工程，实施湾长制，建设广西美丽海湾，全面提升广西滨海湿地及海洋生态系统质量和稳定性，切实筑牢我国南方重要生态安全屏障。

二是开展外来物种入侵防治。以互花米草防治为基础探索林业有害生物长期监测防治路径，定期利用卫星遥感技术和无人机开展防治监测，防治成效纳入政府绩效考核。实施红树林生态系统修复工程，广西山口国家级红树林生态自然保护区和广西北仑河口国家级自然保护区分阶段清理保护区内无瓣海桑和拉关木，控制外来植物扩散，为红树林生长和宜林地提供更多的空间。筑立口岸检疫防线，实施出入境动植物、动植物产品和其他应检物的安全风险监控，疫情疫病和外来有害生物监测，开展出入境动植物检疫除害处理。

4.2.4　深入开展生物多样性调查评估

一是持续开展海洋生物资源状况评估。2003 年，广西生态环境监测部门开始开展广西近岸海域浮游植物、浮游动物、大型底栖生物、潮间带生物、合浦海草床等海洋生物生态的监测调查，此后连续近 20 年开展长时间序列的海洋生物调查。通过卫星遥感、地理信息技术、海上实时监测、实验室分析及统计调查等多种技术手段，对海洋生物种类及数量、滨海湿地生态质量状况、海洋生物多样性指数和生境质量等级进行全面客观评价，编制年度广西海洋生态环境质量报告和北部湾海洋生态健康评价报告，评估广西近岸海域和沿海三市海洋生物多样性状况与动态变化，全面掌握广西海洋生物资源家底。

二是全面拓展海洋生物多样性调查。2018 年以来，广西生态环境监测部门积极拓展海洋生物多样性调查工作，调查范围从北部湾近岸海域延伸到北部湾南部湾口及中越边境的近海海域，调查内容从常规的浮游生物、底栖生物、潮间带生物向鱼类、甲壳类、头足类等游泳生物及布氏鲸、中华白海豚等重要旗舰物种调查拓展，从物种多样性向红树林、珊瑚礁、海草床和河口海湾等典型海洋生态系统调查拓展，也向环境 DNA 等基因多样性调查拓展，同时为了积极响应国家"双碳"目标，逐步开展海洋碳汇监测、生态遥感监测等工作。旨在从大环境大生态的角度全面掌握北部湾海洋生物多样性特征、生态系统健康状况及演变趋势，积极为管理部门提供决策服务和技术支撑。

4.2.5　持续推进生态监测监管能力建设

一是推进自然保护地全覆盖监管。2019 年自治区生态环境厅、自治区林业局联合印发了《广西壮族自治区"绿盾 2019"自然保护区强化监督工作实施方案》，联合开展"绿盾"自然保护地监督检查专项行动，建立问题台账，跟踪整改落实情况。利用遥感影像解译，配合无人机与人工地面核查，每年两次对自然保护地的人类活动进行监测，全面排查自然保护地内人类活动情况，有效推动了自然保护地内问题排查整改和生态修复工作。

二是不断完善生态监测体系建设。广西1985年成立海洋生态环境监测部门，是全国率先开展海洋生态监测的监测机构之一，2008年建成16个广西近岸海域水质自动监测网络，也是全国最早实现海水自动监测的省份之一。2018年机构改革和职能调整后，广西海洋生态环境监测领域不断深化拓展，现已成为全国海洋生态项目开展最全的省级监测站，同时也是广西生态环境系统监测机构中唯一具备浮游生物、底栖生物、游泳生物、珍稀海兽等多元素多层次立体海洋生态监测体系的监测机构，拥有良好的基础条件和较高的科学观测研究水平。2022年，通过自治区科技厅广西野外科学观测研究站认证，获批北部湾海洋生态环境广西野外科学观测研究站，实现海洋领域野外科学观测研究平台的布局。

三是持续提升海洋生态监管水平。强化海洋生物生态监测。构建以典型海洋生态系统健康监测为基础的海洋生物多样性监测网络；完善生态系统、物种和基因三个不同层次的生物多样性调查评价；拓展海洋生态遥感监测，对重点海域岸线、滨海湿地和海水养殖等开展遥感监测，掌握红树林等海洋生态关键要素的空间动态变化。开展"智慧海洋"系统工程建设。目前，广西生态环境部门已经初步建立海洋生态数据库，建成海洋环境监测数据综合分析系统、近岸海域自动监测预警平台等海洋监测业务专用系统，以支撑实现全区生态环境"一套数""一张图"为目标，以陆海统筹、天空地海一体化的设计思路，为"数字广西""广西生态云"提供"海洋智慧"。

4.3　广西美丽海湾生态保护压力与制约因素

4.3.1　海岸带开发利用不合理不充分，治理修复存在薄弱环节

1. 海岸带开发利用不合理不充分

广西海岸线西起中越边界的北仑河口，东起与广东省接壤的英罗港，全长1628.59千米。区域面积约为2.0万千米^2，海域总面积约为13万千米^2。海岸线由海滩地貌、水体、生物、气候气象、人文等多种资源要素组成，是宝贵的自然资源。根据使用状态来进行划分，广西海岸线可被分为生态保护岸线、旅游岸线、养殖岸线、港口及临港工业岸线、生活岸线和其他岸线6类，具有岸线长且类型较丰富的优点。但是也存在岸线资源开发不充分、港口码头利用率低、养殖密度高、生态保护岸线受破坏等问题（毛蒋兴等，2019）。

（1）围填海历史遗留问题突出

对围填海的态度，我国经历了从无偿支持到全面停止的过程。20世纪70年代以前，国家和政府持续加大对围填海的投入。七八十年代，围填海对海洋生态环

境的破坏逐渐被大家意识到，政策上也变为有偿和无偿相结合。随着 1982 年《中华人民共和国海洋环境保护法》的颁布，国家对普通围填海项目的审批逐渐收紧，《中华人民共和国海域使用管理法》、《中华人民共和国海岛保护法》、《围填海计划管理办法》和《围填海管控办法》等一批法律法规文件相继发布，严格控制围填海总量。2018 年 7 月，《国务院关于加强滨海湿地保护 严格管控围填海的通知》发布，除国家重大战略项目涉及围填海的按程序报批外，全面停止新增围填海项目审批，至此，我国已基本禁止对于普通围填海项目的审批。

据有关研究表明，从 2000 年到 2013 年，广西围填海总面积为 66.75 千米²。其中，钦州市钦南区的面积最大，约有 33.53 千米²，其次是防城港市港口区，约 20.72 千米²，北海市铁山港区 8.85 千米²，其他县区的围填海面积较小。广西在 2000～2005 年这 5 年间的围填海面积最小，约有 6.79 千米²，在随后 5 年暴增为 46.18 千米²，随后逐渐下降（马万栋等，2015）。从 2009 年到 2015 年，每年初始登记的填海造地面积最少 455 公顷，2015 年达到顶峰 1377 公顷，随着政策的收紧，填海面积从 2017 年开始变为 0（图 4-19）（黄川，2022）。

图 4-19　2009～2018 年广西围填海面积

广西沿海围填海总体情况复杂，历史遗留问题较多。根据自治区海洋局开展的围填海现状调查结果，截至 2018 年 10 月 31 日，共完成北海市围填海现状调查面积 2589.68 公顷，其中列入北海市围填海历史遗留问题项目清单的面积 774.43 公顷；历史遗留问题中批而未填、填而未用的占围填海总数的约 24%，占遗留问题总面积比例达到 80%，使用效率较低，造成了资源的浪费。根据海洋部门提供的围填海项目工程报批情况表数据，钦州市及防城港市批而未填的面积占批准填海面积分别为 29%和 35%，部分项目围填海批后实施建设不及时，空置了部分海域。

（2）岸线开发利用粗放，集约程度较低

岸线利用方式粗放，岸线管理部门分割、区域分割，缺乏统一、科学的规划和管理等，是我国在岸线开发利用的规划和管理方面存在的主要问题。根据岸线划分方式及使用状态，广西北部湾海岸带可以细分为生活岸线、养殖岸线、旅游岸线、港口及临港工业岸线、生态保护岸线及其他岸线六大类。总体来看，广西北部湾沿海地区现有岸线类型较多，但总体开发利用集约程度较低，已开发利用岸线整合度较低，岸线资源浪费严重。其中，生活岸线中存在交通干线切割城镇功能的现象，导致城市临海却不亲海；养殖岸线内养殖密度大，但精深加工产品不足，未能合理利用岸线资源进行精细化生产；港口岸线内港口并未集中连片开发，部分港口及码头泊位利用效率低下；生态保护岸线主要包括由茅尾海红树林保护区等生态区域构成的岸线，大规模、高强度的开发活动不断威胁着岸线生态安全，生态功能逐渐衰退。

（3）围填海导致生态服务功能下降

20 世纪 80 年代以来，为了加速城镇化建设，广西沿海进行了较大规模的填海造陆和围垦养殖等活动，导致大面积的自然岸线、滩涂和淤泥质岸滩等重要滨海湿地消失，区内重要的红树林和海草床等特色滨海湿地生态系统也受到较大的破坏，局部区域因围填海工程破坏至无法发挥正常的生态功能。沿海滩涂和河口是各种鱼类产卵洄游、迁徙鸟类栖息觅食、珍稀动植物生长的重要栖息地，围填海活动对沿海滩涂和河口生态系统造成了严重的负面影响，包括生物多样性的减少、生态服务功能的下降、生态系统结构的改变及珍稀动植物栖息地的破坏。

①造成水文动力与水下地形变化。

无节制无规划的围填海会严重破坏自然海岸线，难以充分利用空间，造成浪费的同时带来诸多环境问题。围填海会破坏自然海岸线，使得岸线形态趋于规则、平直，目前广西自然海岸线保有率已不足 40%。围填海会缩减海湾面积，改变海水潮流的流向、流速，使得水体交换速率降低、自净能力减弱，加剧海洋环境污染。如钦州湾保税港区的围填工程使得金鼓江的入海口变小，超通量降低（庄军莲等，2014）。围填工程在实施过程中，经常采取将近海分布的海岛用人工堤坝相连或围垦的方式，如茅尾海、珍珠港湾中的部分海岛，严重破坏海岛对海洋生态环境保护的基本功能。

②造成潮滩湿地面积减损与生态功能下降。

大规模围填海会破坏海岸带湿地生态系统，使得物种生境丧失或者斑块化，导致许多物种失去栖息地、产卵地，从而降低物种多样性和生态系统的稳定性（苏涛等，2018），极大削弱海岸带湿地生态系统的自我调节能力。广西北部湾沿海滩涂经济作物产量降为原来的 60%～90%，近海渔业资源量明显减少（梁维平和黄志平，2003）。

③近岸海洋生物资源的减损与群落破坏。

影响底栖生物群落的多样性和密度。首先，围填海施工期间占用部分潮间带区域，挖掘、填埋等活动直接毁坏了当地底栖生物的栖息场所，除少数运动能力比较强的底栖生物能够逃避危险存活外，绝大多数底栖种类会被覆盖、掩埋而死亡，导致该区域内底栖种类永久性破坏。其次，开挖、疏浚会导致局部海域悬浮物扩散、沉积，海水透明度下降，浓度过高的悬浮物会对底栖生物的正常生命活动、种类组成等造成间接的影响。最后，围填海施工结束之后持续的生产经营活动会使得周边海域生境发生较大的变化，最终导致底栖生物数量减少，群落结构改变，生物多样性降低。围填海对海洋生物多样性影响主要包括以下两点。

一是影响渔业资源量。鱼类的产卵场大多分布在近岸各内湾，多淡水注入、盐度相对较低、浮游动植物比较丰富的区域。围填海的包括疏浚、开挖锚地及炸礁等建设，使水草、礁石等黏性卵的天然附着基受到严重破坏，影响下一代鱼类补充群体的数量，并最终影响渔业资源量。当水体中悬浮物浓度增加到大于 10mg/L 时，会影响鱼类的生长发育。水体中过高的悬浮物浓度，容易堵塞鱼类等游泳生物的鳃部，影响游泳动物的滤水、呼吸等功能，严重的甚至会窒息而死。围填海建设的堤坝、拱桥等还会阻断洄游性鱼类的洄游通道，改变其洄游习性（黄小燕等，2013）。

二是降低浮游生物的存活率。围填海活动过程中海水中大量的悬浮微粒浮起引起海水的透明度下降，阻碍浮游植物光合作用的进行，影响其细胞分裂，从而使水体中浮游植物的生物量减少。浮游植物的减少影响了浮游动物的摄食率，使得浮游动物的密度和物种多样性降低。但这种影响并不是持久性的，随着施工结束，悬浮物浓度下降，受影响海域的浮游动植物生物量基本能恢复到先前水平（苏涛等，2018）。

2. 海岸带治理修复存在薄弱环节

生态修复应该开展面向多重成本的生态修复成本时空评估，需持续性的跟踪评价。生态保护与修复是进行多指标综合决策、判别生态保护与修复优先级别的必要条件，但如何科学确定成本一直都是生态保护与修复布局的难点。总体而言，生态保护与修复涉及直接成本、机会成本及外部成本等多方面成本要素。直接成本指包括土地平整、地貌重塑、土壤重构、植被重建等一系列工程中的劳动力、机械设备、原材料等的投入。由于生态保护与修复往往需要动态的连续投入，在时间序列上不同年份的折现率会对成本造成影响。机会成本的核算一般体现在生态保护修复补偿上，在国际上通常称为生态系统服务付费。它以生态保护和可持续发展为目标，参考生态系统服务价值及区域发展的潜在收益，以财政、税收及市场等为主要方式，调节利益关系。外部成本的测算主要包括实施生态保护与修复工程对附近区域生产生活的影响，但目前外部成本的影响范围界定、评价依然困难（王晨旭等，2021）。

如今各地对生态环境保护高度重视，生态修复、生态建设工程日益增多，取得显著成效。但是，受传统思维影响和部分行业制约，部分地方在生态保护修复中存在违背自然规律的情况，不按自然地带性规律因地制宜施策，重人工修复、轻自然恢复，重前期建设、轻后期管护，影响生态保护修复效果，给长远生态健康埋下隐患。比如，生态修复涉及多个部门，各自出台的技术标准部门，有些标准内容重复，有的关键环节标准缺失。有的地方以生态修复等为名"围海造景"，打着生态保护的名义破坏生态；有的工程前期科学性论证不足，实施过程中做表面文章，项目验收"以指标论完工""管种不管活"。

（1）生态修复缺乏统筹规划

海岸带修复缺乏系统性和整体性的统筹规划。在不同海岸带区域的修复工程中，采取的环境整治、景观建设等手段非常相似，横向借鉴其他城市修复方法、照搬陆域做法等现象屡见不鲜，如种植单一物种树木、进行海域清淤等简单且不彻底的修复方式。这种做法忽视了海岸带生态系统的复杂性和多样性，使得最终修复结果"千岸一面"。海岸带整治修复的对象具有复杂性，功能属性不同，修复工程也应相地之宜，根据具体情况提出相适应的综合整治方案。然而，部分修复项目的实施只关注局部岸线，缺乏对整体环境的统筹规划，未能统筹好发展、住建、水利、农业、市政和林业等部门意见，一味照搬前人的修复方案，这不仅会带来施工过程中的利益冲突、延误工期等问题，也使得整治效果大打折扣，对生态系统造成了新的压力（李英华和何斌源，2017）。

（2）生态修复手段单一

海岸带生态的修复通常有3种情况：海岸带受损程度可逆，排除压力和干扰后，在自然条件下可慢慢恢复；受损超过了本身所能承受的负荷，发生的损害已经不能单单依靠自身系统恢复至初始状态，这种情况下就需要人为施加修复措施帮助海岸带修复；受损程度已经基本将原来海岸带生态系统破坏，本身系统的恢复能力完全丧失，这种情况下人为的辅助措施也不能帮助其恢复，只能重建。因此，海岸带的修复通常也被分为自然恢复、人工促进修复和生态重建3种模式（陈彬等，2019）。2010～2015年，国家财政下款广西约4.43亿元，用于支持21个海洋生态修复项目，其中海岸带整治修复项目有9个，大都采用生态重建的修复方式。

（3）诊断、评价和监测缺失

在开展海岸带修复之前，需要对该区域生态系统受损因素和程度进行诊断，从而选择合适的修复方式。完成过程中和修复完成以后，需要对海岸带的景观、人文、理化和生物指标进行持续监测，持续掌握修复的成效，从而及时调整修复措施，但是广西海岸带修复在这方面趋于薄弱。除此之外，修复工程结束后需要对修复结果进行评价，现有评价体系主要局限在清理的岸线长度、清退的养殖面积、建成的景观广场面积等评价指标上，而很少能把生态系统的服务能力提升或承载能力提升作为评价指标，显然缺乏对生态系统结构和功能提升本身进行全面评估的体系。

（4）生态修复与经济发展目标结合不够紧密

习近平总书记强调："让良好生态成为乡村振兴的支撑点。"因地制宜，探索生产发展、生活富裕、生态良好的绿色之路。为全面落实习近平总书记在视察广西"4·27"的重要讲话精神和对广西工作系列重要指示要求，中国共产党广西壮族自治区第十二次代表大会部署要求，坚决贯彻新发展理念和高质量发展要求，坚持以人民为中心的发展思想，坚持共同富裕方向，坚持绿水青山就是金山银山理念，坚持稳中求进工作总基调，将巩固拓展生态脱贫成果放在突出位置，继续保持现有帮扶政策、资金支持、帮扶力量总体稳定，加强生态保护修复，加快生态产业提质增效，为实现巩固拓展生态脱贫成果同乡村振兴有效衔接、建设新时代中国特色社会主义壮美广西作出新的更大贡献。

目前，广西对于农业和林草种业的脱贫推广实施已初具成效，但是在海岸生态保护修复与经济发展方面，广西地方生态保护修复的目标和时序安排与经济社会发展目标结合不够紧密，与乡村振兴、三产融合发展、宜居环境建设等方面也亟待协同。诸如存在生态修复过程中还会与当地居民创收的途径和来源有冲突的问题，开发海洋产业、海洋药物、绿色粮仓等技术不成熟，产业链不够完善，还未带来巨大的经济效益的问题。将来可以通过加快法治建设，有效协调各方面的关系和利益冲突；另外，通过积极拓展资金来源，开展生态产品价值核算研究，完善碳汇市场交易制度，吸引社会资本参与生态保护修复等手段不断巩固生态脱贫成果与乡村振兴的有效衔接。以广西北海市"蓝色海湾"整治行动为例，引入社会资本参与实施生态修复。成功采用政府与社会资本合作（PPP）模式开展综合治理和生态修复。项目综合性强，难度高，突出生态功能，具有示范性。

4.3.2　互花米草入侵形势严峻，清理整治难度较大

1. 互花米草入侵形势严峻

生物安全是国家安全体系的重要组成部分，外来入侵物种是生物安全危险因

子的主要来源。据调查发现，广西北部湾经济区共有外来入侵植物 87 种，其中有 67 种来源于美洲。87 种外来入侵植物中，危害状况严重的有 15 种，这些植物生长迅速，繁殖能力强，分布范围广，容易形成单优群落而排挤其他植物。危害中等的有 30 种，危害较轻的有 41 种。据调查，广西北部湾经济区入侵危害最严重的植物有 8 种，包括桉树、白花鬼针草、飞机草、凤眼莲、互花米草、假臭草、空心莲子草和南美蟛蜞菊。外来入侵种在广西海岸呈现种类多、分布广和危害重等特征，并且存在调查研究工作缺乏、防控意识和措施薄弱等问题（林建勇等，2021）。

互花米草是当前广西沿海影响最严重的入侵物种。根据调查发现，互花米草已自东向西扩散至钦州湾潮间带红树林外缘，存在继续向西入侵的趋势。在互花米草分布面积最大的丹兜海，互花米草除了占据红树林宜林滩涂，还入侵至稀疏的红树林内部；而在铁山港湾、北海东海岸和廉州湾，互花米草已呈入侵红树林之势。互花米草不仅压缩了红树林恢复的空间，还直接危害红树林的生态健康，并对大型底栖动物群落多样性产生严重影响。

互花米草主要分布在北海市近岸滩涂，钦州市极少，防城港市未发现有分布。根据广西壮族自治区海洋环境监测中心站《2016 年和 2021 年广西滨海湿地遥感解译报告》，与 2016 年相比，2021 年广西滨海湿地潮间盐水沼泽湿地面积明显增加，实地核查中发现互花米草是沼泽湿地的最主要类型，约占沼泽湿地的三分之二，由此估算 2021 年广西沿海互花米草分布总面积已达到 1300 公顷左右，部分互花米草斑块甚至入侵至红树林内，分布范围已扩散至大风江西侧钦州湾海域，红树林、海草床和土著盐沼植被等海洋生态系统已经受到互花米草的严重威胁。2003～2021 年广西沿海互花米草扩散面积变化见图 4-20。

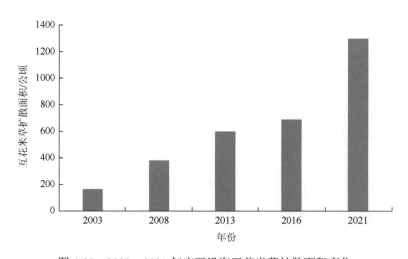

图 4-20　2003～2021 年广西沿海互花米草扩散面积变化

根据《广西红树林资源保护规划（2020—2030 年）》，2002 年以来，钦州、北海等地引入耐淹、速生、抗风、较耐寒的外来红树植物无瓣海桑用于造林，到 2013 年已形成 189.36 公顷的规模。近年来，无瓣海桑在各引种区都已经出现自然扩散的情况。2009 年，北海市引进种植适应能力和扩散能力比无瓣海桑更强的外来红树植物拉关木。虽然无瓣海桑和拉关木尚未被定性为入侵物种，但两种外来植物均表现出明显的入侵性，不仅抑制本土红树植物的生长，还可能导致生物多样性降低，对本土红树林生态系统具有潜在威胁。

2. 互花米草治理难度较大

互花米草是当前广西沿海影响最严重的入侵物种。自 1979 年在广西山口海域引种以来，2003 年已发展到 167 公顷，2008 年发展到 381.9 公顷，2013 年达到 602.3 公顷。根据文献报道，2016 年互花米草呈现出由东向西扩散的趋势，已广泛分布于大风江以东的潮间带，总面积达 686.5 公顷（陶艳成等，2017），是引种初期（0.94 公顷）的 730 倍。互花米草清理整治难度较大，主要存在以下两个方面的原因。

一是互花米草治理效果不佳。目前互花米草防控方法主要有化学防治、生物防治、生物替代、物理防治及综合防治等措施。北海滨海湿地公园用成本最低的覆盖遮荫法（刈割 + 遮荫）治理互花米草效果较好，但治理后如不采取措施及时种上红树林，互花米草会很快占领已治理的区域，治理效果容易反弹。山口国家级红树林生态自然保护区受互花米草侵害最严重，采用最多的是刈割 + 翻根方法治理互花米草，但这种治理方法成本高，后期造林难度大，治理效果并不是很显著。

二是互花米草治理经费短缺经费。近些年互花米草受到社会的广泛关注，是新闻媒体报道的焦点和环保督察关注的重点领域。但是社会关注度跟保护资金投入不成正比。保护区、湿地公园只能通过申请项目获得外来物种防控资金；保护区外的互花米草由辖区管理，辖区政府拿不出更多的经费用于互花米草监测治理。互花米草刈割 + 翻根的治理花费大，达到 12 万元/公顷，这还不包括后期植被恢复费用。防控治理经费短缺，互花米草扩散规模难以得到及时有效控制。

4.3.3　海洋生态系统遭受破坏，生态修复存在困难

广西拥有红树林、珊瑚礁和海草床三大典型海洋生态系统，拥有丰富的生物资源量，生态价值极高。然而随着广西经济社会发展的加快，广西北部湾承受了越来越大的压力，三大典型生态系统受到了气候变化和人类活动各个方面的干扰。

1. 典型海洋生态系统遭受破坏

（1）红树林生态系统

据研究表明，以全球变暖为主要特征的气候变化过程中，异常年份出现的冬季低温寒冻天气可能导致红树林叶片枯黄、降低其结果率。气候变化背景下的升温、干旱以及 CO_2 浓度增加将对红树植物根的结构、苗的发育和光合作用造成负面影响，若伴有湿度持续偏大（80%以上），则为红树病虫害繁衍创造有利条件（黄雪松等，2021）。

与过去相比，当前围垦、毁林养殖已经不是破坏红树林资源的主要因素，对红树林直接的、大规模的破坏已经很少发生。但因沿海开发建设、围填海、近岸养殖等人为活动影响间接导致红树林生境遭破坏甚至导致红树林死亡事件偶有发生。近年来，工程建设占用红树林及非法采砂已逐渐成为红树林面积缩减的主要因素。根据《广西红树林资源保护规划（2020—2030 年）》，2011～2019 年，各种工程建设项目占用红树林 168.1 公顷，非法采砂等违法破坏红树林 21.2 公顷。2019 年，由于围填海作业引起潮水流向改变、流速下降，加之外源性高岭土和悬浮物的淤积，红树植物受低氧胁迫、光合作用受阻，合浦县白沙镇榄根村附近 17.84 公顷红树林退化、死亡。

（2）海草床生态系统

近 10 年来，广西沿海的海水养殖业迅速发展，虾、鱼塘养殖成为海水养殖的主要形式，潮间带海草床附近大面积出现虾塘，养殖尾水的排放也对海草床的生境造成了巨大影响。海草床内沙虫、螺、虾等生物资源丰富，这吸引了大量渔民来海草床从事挖贝与耙螺等渔业活动。加上渔民缺乏生态环境保护意识，往往在从事渔业活动的过程中破坏了海草床赖以生存的底质。高压水枪打沙虫、播撒农药养殖螺苗等现象时有发生，这都严重破坏了海草床生态系统（黄小平等，2006）。

根据广西壮族自治区海洋环境监测中心站 2015～2020 年的监测调查数据，北海合浦海草床面积近年来变化幅度较大，海草床面积最大值出现在 2016 年，为 99.4 公顷；2018 年和 2019 年海草床面积较小；2020 年海草床面积恢复到 70.6 公顷。珍珠湾海草床面积 2015～2020 年整体呈现逐渐增加的趋势（表4-5）。

表 4-5　2015～2020 年广西广西海草床面积变化情况　　（单位：公顷）

年份	北海合浦海草床面积	珍珠湾海草床面积
2015	25.0	—
2016	99.4	28.3

年份	北海合浦海草床面积	珍珠湾海草床面积
2017	58.5	35.2
2018	11.9	34.1
2019	10.2	73.9
2020	70.6	52.8

注：2015～2020 年北海合浦海草床数据及 2020 年珍珠湾海草床数据来源于广西壮族自治区海洋环境监测中心站；2016～2019 年珍珠湾海草床数据来源于广西海洋部门。

北海合浦海草床有 3 种海草，分别为卵叶喜盐草、贝克喜盐草及日本鳗草，其中贝克喜盐草和日本鳗草为混生状态。从 2015 年起海草种类开始呈现单一化趋势，日本鳗草加速退化，仅零星分布于榕根山海草床，面积不足 1 米²。目前北海合浦海草床海草主要以喜盐草为主。据相关研究表明，不同类型海草床之间大型底栖动物生物量显示出明显的日本鳗草海草床＞混生海草床＞喜盐草海草床的分布状况（张景平等，2011）。随着日本鳗草的衰退及海草床面积的整体萎缩，那些依赖海草床生境的底栖生物也面临着栖息地丧失、种类和生物量下降及生物多样性降低的危险。

（3）珊瑚礁生态系统

涠洲岛珊瑚以造礁石珊瑚为主，共 10 科 23 属 42 种，与同纬度的徐闻造礁石珊瑚相当，也有相似的优势种，展现出独特且典型的北缘珊瑚礁生态系统（表 4-6）。研究表明，珊瑚礁群落演替过程中初级群落以滨珊瑚为优势种，中级群落中的优势种是菌珊瑚科的十字牡丹珊瑚，顶级群落优势种是鹿角珊瑚。根据相关文献记载，在早于 2008 年的时候，鹿角珊瑚是涠洲岛沿岸珊瑚的优势种。但在近年来的监测中，涠洲岛珊瑚群落以十字牡丹珊瑚和滨珊瑚等中级群落和初级群落为绝对优势种，顶级群落中的鹿角珊瑚因种类和数量减少，不再是优势种。涠洲岛的局部珊瑚礁群落呈退化趋势，块状珊瑚逐渐取代枝状珊瑚，成为涠洲岛造礁石珊瑚群落中的优势种（周浩郎和黎广钊，2014）。

表 4-6　涠洲岛珊瑚礁监测断面优势种类

调查断面	2015 年	2016 年	2017 年	2018 年	2019 年	2020 年
牛角坑断面	牡丹珊瑚属和刺孔珊瑚属	牡丹珊瑚属和刺孔珊瑚属	十字牡丹珊瑚	十字牡丹珊瑚	十字牡丹珊瑚	十字牡丹珊瑚
竹蔗寮断面	滨珊瑚	滨珊瑚	滨珊瑚	滨珊瑚	滨珊瑚	滨珊瑚和角蜂巢珊瑚
坑仔断面	—	—	—	角孔珊瑚	角蜂巢珊瑚	滨珊瑚和角蜂巢珊瑚

　　根据广西壮族自治区年度海洋环境质量公报，2016～2020年，涠洲岛珊瑚礁竹蔗寮、牛角坑及坑仔三个监测断面平均硬珊瑚补充量呈现逐年下降的趋势，2020年平均硬珊瑚补充量为 0 个/米^2（图4-21）。2020年夏季平均水温持续偏高，珊瑚白化情况严重，其中竹蔗寮断面白化率高达 76.2%，直接导致珊瑚繁殖和再生能力（补充量减少）降低。除此之外，珊瑚病害发生率也较高，其中竹蔗寮断面达到了 8.8%。病害的侵蚀同样不利于珊瑚的生长繁殖。

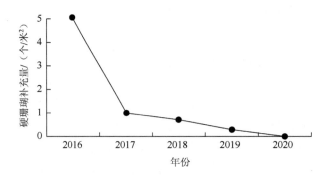

图 4-21　　2016～2020 年涠洲岛硬珊瑚补充量变化情况

　　造礁珊瑚生长的最适温度是 25～30℃，高于 36℃难以生存，气候变化被认为是导致广西珊瑚礁退化的主要驱动力之一。气候变暖一方面使得珊瑚钙化速率下降，减缓珊瑚骨骼的生长速度，另一方面过高的水温可能导致珊瑚白化并大量死亡。研究表明，近30年广西涠洲岛珊瑚礁区海水温度呈现波动上升趋势，涠洲岛附近海表面的月均水温在 7、8 月份越来越接近珊瑚的最适温度的上限，涠洲岛珊瑚礁的白化现象时有报道（王文欢，2017）。

2. 海洋生态系统修复存在困难

（1）红树林修复存在的困难

　　广西既是我国红树林的重要分布省区，也是红树林保护工作开展较早的省区，广西红树林保护工作取得了显著成效。据报道，2019 年广西红树林总面积达9330.34 公顷，占全国红树林总面积的 32.7%，位居全国第二。广西红树林的保护与修复工作的开展大多是经过各级政府和相关生态环境保护部门发布的保护修复政策、标准和技术指南来实现，明确内容涉及红树林自然保护地的建立、红树林保护规章和管理办法的颁布实施、红树林违法违规行为的打击等，形成政府主导、科研先行、公众参与、国际合作的多元保护路径。在取得成绩的同时，广西红树林保护工作仍然面临着以下问题与困难：对红树林保护的重要性认识不足；红树林保护管理能力与保护修复工作的需要不能很好适应和匹配，存在红树林执法和保护修复工作步伐不一致的现状；在人类活动影响下，适宜红树林生长繁殖的滩涂在减少；人工种植红树林的成本越来越高，但是成效甚微；科学技术支撑不足，造林成效大打折扣等。未来，广西红树林保护工作应牢固树立新发展理念；尊重科学，提高红树林保护修复工作中的科技支撑；发挥人民群众的作用和主观能动性，鼓励群众参与红树林保护与监督，在红树林沿岸全面建立起群众巡护监管网络；建立健全红树林生态补偿机制，达成可持续发展的红树林生态经济目标；加强红树林知识科普宣传与国际合作（张珊，2021）。

红树林生态修复面临多重困难。一是红树林宜林滩涂日益稀缺。红树林的生长和分布受地形地貌、潮位、海水盐度、海浪、气候等多方面因素限制，尤其对高程有严格要求。理论上，平均海面以上的滩涂才是红树林的宜林潮滩，实践证明，在低高程滩涂造林很难获得成功。由于忽视了海岸冲淤、水深、波浪、敌害生物等不利因素，大幅度高估了红树林宜林滩涂面积。广西已经实施人工造林多年，立地条件好的区域基本上都已经造完。2002 年以来，广西年均人工营造红树林的面积和保存率趋于下降，说明人工造林越来越难，最主要的原因是可营造红树林的宜林滩涂越来越少。当前规划的宜林滩涂大多属于低高程或为互花米草覆盖的困难滩涂，红树林恢复空间已经十分有限。

二是造林资金投入严重不足。目前国家还未就红树林保护提供专项资金支持，红树林造林从海防林建设获得资金支持，也只有每亩 500 元，而红树林工程造林代价较高。根据本书调研，参考广西已经成功种植的经验，恢复条件极好的造林地需要 4000～5000 元/亩，困难较大地方超过 20 000 元/亩。根据自然资源部、国家林业和草原局联合印发的《红树林保护修复专项行动计划（2020—2025 年）》（自然资发〔2020〕135 号），中央财政投入仅用于造林、养殖池塘整地、退化红树林修复、保护地建设、监测与成效评估、种苗基地建设等费用，而养殖塘的腾退费用及退养群众的生计解决，都需要地方政府负责。经估算，广西针对宜林养殖塘腾退费用和补偿费用大致需 122 033 万元，考虑到广西中西部后发展欠发达的现状，显然无力支撑如此高昂的补偿费用。

三是红树林恢复技术水平薄弱。尽管在多年的造林实践中，红树林育苗技术、造林技术和宜林地的选择等植被恢复模式的研究取得了一定成效，红树林生态修复在条件较好的立地造林经验已经较丰富，但仍缺乏系统的红树林生态修复研究，红树林退化特征和驱动力等红树林生态机理研究几乎为空白，大面积人工恢复推广示范鲜有成功案例，科技成果支撑薄弱加大了红树林恢复重建的难度和成功率，制约了广西红树林保护修复工作的有效开展。

（2）海草床修复存在的困难

人类活动对海草床生态系统干扰较大。目前，海草床生境面临的主要影响因素是围填海、航道疏浚、抽砂洗砂等海洋工程产生的悬浮泥沙。悬浮泥沙增加海水的浊度，严重影响海水透光率，从而影响海草光合作用，使海草退化。随着悬浮泥沙的推移和沉淀，覆盖海草栖息环境，并导致海草生长底质发生改变，影响海草的分布生长。这些因素都限制海草床内海草的自然恢复。根据广西壮族自治区海洋环境监测中心站《2015 年度海草资源现状调查报告》，2015 年北海合浦海草床其中的沙背海草床受附近填海作业和挖砂作业的持续影响，中潮区附近变为沙质，低潮区附近则堆积大量淤泥，底质的改变对沙背海草生长影响很大，而且持续影响时间较长。在海草床上挖螺、挖沙虫、底拖网作业等渔业生产活动的频率和强度较高，对滩涂翻动的深度和范围较大。据统计，北海合浦海草床每天挖贝、挖沙虫和耙螺的渔民就近 1000 人，能把整个海滩翻 15 厘米左右，人为的翻动使草体折断甚至使海草被连根挖起，直接对海草产生毁灭性破坏；此外，种子翻出易被海水冲走，也不利于海草的生长繁殖。因此，潮间带滩涂上生产作业影响对潮间带环境及海草床的扰动较大，是海草退化的主要原因。

海草培育修复技术和保护管理难度大。目前海草恢复方法主要包括移植法、种子种植法及组织培养法。其中通过采集种子直接种植或者通过组织培养的方法手段对技术装备的要求比较高，但是目前只针对极少数种类的海草进行了尝试，并未对大多数海草开展试验，因此该方法的应用范围很小，应用前景渺茫。移植法的特点是成活率高且成活速度较快，还能在短时间内形成一定的覆盖度。然而，广西海草种类由于存在草源稀少、覆盖度低、现存面积小、分布范围窄、海草采集难度大等问题，所以至今为止大规模的海草修复工程难以开展。决定海草成功移植恢复的关键因素还需不断进行探索。我国对海草床的保护更是乏善可陈。纵观《中华人民共和国渔业法》《中华人民共和国海域使用管理法》《中华人民共和国海洋环境保护法》和各级海洋功能区划，基本上没有关于海草床的保护内容。其中，《中华人民共和国海洋环境保护法》中虽然要求保护重要渔业水域，但并未把海草床提到与红树林、珊瑚礁同等重要的位置。根据《广西海洋生态红线划定方案》，目前将海草床作为生态敏感区、脆弱区和关键渔业生物栖息地，被划定为严禁渔业、采砂和海洋工程建设的生态红线区，但广西目前尚未建立以海草床为明确保护目标的保护区。因为存在保护制度不够健全、管理不够严格、保护对象不是十分明确的问题，所以海草床的生态状况并没有明显变好的趋势。

（3）珊瑚礁修复存在的困难

水温异常升高增加珊瑚礁修复难度。近年来，涠洲岛海水日平均温度快速上升，与全球气候变暖呈准同步变化趋势，导致涠洲岛珊瑚白化现象突出。2020 年 7～9 月因平均水温持续偏高而出现大面积珊瑚白化，直接威胁着珊瑚生存并导致珊瑚礁生态系统恶化，是涠洲岛珊瑚礁生态系统退化的主要原因，也降低了珊瑚礁修复中种苗的成活率，影响修复效果。

不规范的旅游观光活动制约修复。一是旅游潜水人数逐年增多。随着涠洲岛旅游开发与日俱增，人类活动对珊瑚礁环境系统（水质、生态、地貌）的影响巨大。据北海市涠洲岛管委会提供数据统计，2019 年上岛游客数量与 2015 年相比翻了一番（图 4-22）。与此同时，参与珊瑚礁潜水观光活动的人数也日益增多，而且时间集中在每年 5～9 月的旅游旺季。频繁的船舶航运、停靠及游客下潜活动带来的物理损伤（踩踏、抛锚、水下工程等）给珊瑚礁造成了不利影响。二是未划定明确的潜水观光区域。竹蔗寮、坑仔珊瑚礁常规调查断面分别位于涠洲岛南湾口两侧的西南面和东南面沿岸，均属于广西涠洲岛珊瑚礁国家级海洋公园功能区划中的珊瑚礁资源适度利用区，区域沿岸居民密集，渔业、客运生产活动比较频繁。据调查，虽然牛角坑调查断面位于珊瑚礁重点保护区，但其附近的珊瑚礁海域仍是一些潜水公司开展观光活动的定点水域。人为的不利影响抑制了珊瑚礁的自然补充生长，这也是导致珊瑚礁硬珊瑚补充量相对较低的原因之一。

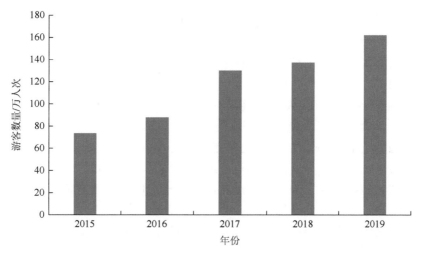

图 4-22　2015～2019 年涠洲岛游客数量

数据来源：涠洲岛管委会

4.3.4　珍稀海洋动物遭受威胁，动物保护力度不足

1. 珍稀海洋动物遭受威胁

北部湾水产丰富，珍稀海洋生物繁多，包括儒艮、中华白海豚、布氏鲸、印太江豚、海龟、玳瑁、中国鲎和文昌鱼等。然而，由于人类活动的影响，水产养殖、过度捕捞、人为伤害、栖息地破坏和海洋污染等问题对珍稀海洋生物的生长繁殖造成了很大的威胁。

（1）儒艮

据调查，1978～1994 年儒艮出没次数 43 头次，因炸鱼或搁浅死亡的有 13 头。1997～2001 年，共发现儒艮 32 头次，其中死亡 3 头。自 21 世纪以来，在广西近岸海域基本未发现儒艮的踪迹（邓超冰和廉雪琼，2003）。

（2）鲸豚类

海兽搁浅和死亡事件时有发生。目前海兽搁浅救助工作由农业农村部渔业渔政管理局主导，广西合浦儒艮保护区负责协助配合。2015 年发生中华白海豚和印太江豚等海兽搁浅死亡事件 5 起；2016 年发生布氏鲸搁浅死亡事件 1 起；2017 年发生海兽搁浅死亡事件 10 起，其中印太江豚 7 起，中华白海豚 1 起；2018 年发生海兽死亡事件 22 起，其中印太江豚 20 起，中华白海豚 1 起，布氏鲸 1 起。2019 年发生海兽搁浅死亡事件 10 起，其中印太江豚 8 起、布氏鲸 2 起、中华白海豚 1 起（以上仅统计儒艮保护区参与救助的海兽事件，数据来源于儒艮保护区海洋珍稀濒危野生动物救护工作报告）。

人类活动的影响是导致海兽搁浅死亡的主要原因之一。根据儒艮保护区年度珍稀海洋动物救护报告，导致保护区及广西近岸海域鲸豚及珍稀海洋生物搁浅及死亡的影响因素如下：①鲸豚活动栖息的周边海域渔民的非法作业是导致鲸豚死亡的主要因素，特别是电鱼作业和高速快艇冲撞等，导致鲸豚皮肤大片受损或肢体部位折断从而死亡；②人类直接丢弃在海里的塑料制品、渔网具，使鲸豚遭海洋垃圾、绳索、渔网缠绕溺亡，或误食海洋塑料垃圾等，导致其生病或死亡；③死亡的鲸豚类很多是新生幼崽，可能是外部环境影响导致新生幼崽和母兽分开，从而使其成活几率大幅降低；④涠洲岛附近海域不文明观鲸行为，如贸然乘船追逐鲸鱼、堵截鲸群迫使它们改变游动路线，会造成鲸鱼的呼吸障碍，甚至船桨会打伤鲸鱼，导致鲸鱼受到身体伤害；⑤目前广西沿海还没有完善的大型动物急救装备，鲸豚受到惊吓而搁浅后，单靠人力来救活搁浅的鲸豚难度非常高。

（3）中国鲎

广西海域中国鲎数量在过去数十年间，呈指数下滑。中国鲎的数量从 20 世纪 90 年代以前的 60 万～70 万对，骤降为 2010 年左右的约 30 万对。根据广西壮族自治区海洋研究所开展的调查估测，2019 年广西海域中国鲎数量已锐减至约 4 万对。根据《广西壮族自治区合浦儒艮国家级自然保护区生态环境监测调查报告》，儒艮保护区与广西生物多样性保护协会开展联合调查，发现保护区内幼鲎密度从 2017 年的 0.48 只/100 米^2 下降至 2018 年的 0.23 只/100 米^2，种群数量呈下降趋势。人类的过度捕捞是导致鲎种群危机的主要原因之一，此外，电鱼和底拖网的非法捕捞现象仍存在。广西沿海渔民对中国鲎的保护意识较差，多数渔民有食鲎的习惯，在沿海的餐馆也常见到有中国鲎出售，人类捕杀是中国鲎资源最大的威胁。经调查发现，中国鲎的成体鲎较少，绝大多数为亚成体。大量的亚成体被渔民捕获后因经济价值和食用价值不高而随意丢弃或暴晒死亡，是中国鲨种群数量衰减的重要原因之一。

2. 海洋动物保护力度不足

2019 年，基于渔民问卷调查和海上实地考察，首次证实北部湾涠洲岛水域分布着一个比较稳定的布氏鲸群体。通过连续的调查，拍摄到捕食活动，推测涠洲岛海域可能是一个重要的布氏鲸摄食场。近两年，被布氏鲸吸引来到涠洲岛观鲸的游客越来越多，乘坐摩托艇、渔船出海观鲸的现象屡禁不止。这除了是由于公众的安全意识、保护意识不够强，也是相关观鲸规范、条款缺失的结果。在国外部分地区，观鲸旅游业已有了长足的发展，对观鲸的船只、出海安全要求、行驶靠近规则、使用何种工具观鲸等，都有着较为完善的规章制度。在保障游客的生命安全的同时，也规范着大家的观鲸行为，保护鲸鱼赖以生存的栖息地。目前游客对于观鲸的热情比较热烈，但国内对于观鲸规范方面的工作还比较缺乏，相关规章制度的建立问题亟待解决（何瑞琳等，2023）。

"十四五"期间，随着广西"向海经济"快速发展，向海大通道大产业大开放格局加速形成。作为我国西部最便捷的出海口，广西近岸海域往来船舶更加密集，在一定程度上会对这片海域的海洋动物造成潜在威胁。当前面临的主要问题是对这些珍稀海洋动物调查研究还不够全面深入及救护保护能力不足。因此，当务之急是合理规划珍稀海洋动物保护区；规范近岸海域捕捞作业，改善渔业作业方式；有针对性地展开全面的、持续性的珍稀海洋动物资源调查工作。

一是缺乏科学文明观鲸豚规范。在互联网时代，大型珍稀海洋哺乳生物容易成为"网红"，吸引来自四面八方的游客"一睹芳容"，广西的涠洲岛三娘湾就分别靠布氏鲸和中华白海豚建立起旅游热点，给当地带来了巨大的经济效益。慕名而来的游客越来越多，文明观鲸豚的技术规范却没有同步跟进，对于出海观赏涉及的船舶资质、海上安全、每天接纳的游客数量、海洋环境保护、鲸豚类习性的基本知识及船的行驶靠近原则等内容，目前国内缺乏相关的规范标准。这使得不文明观赏的行为时有发生：出海不穿救生衣，坐摩托艇或无资质的渔船观赏，过于密集的游客和船只，随意往海上扔垃圾，过快的行驶速度或者过近的距离对鲸豚类的正常活动产生惊扰，等等。不文明的观赏行为不仅存在严重的安全隐患，容易引起生态环境问题，更可能对鲸豚类的栖息地造成破坏，使得它们产生害怕、躲避甚至愤怒等应激反应，不利于观赏旅游的可持续发展。

二是珍稀动物救助能力亟待提高。2015～2019 年，广西发生中华白海豚、印太江豚或布氏鲸等海洋哺乳动物的搁浅死亡事件共 48 起，成功救助的情况偏少，这与珍稀海洋动物的救助能力较低分不开。一是群众报告的体系建立得还不完善，群众发现了搁浅事件不知道通知哪个部门，从而延误救助的时机；二是群众基本救助知识匮乏，从发现到专业人员到现场之前不知道如何帮助搁浅生物，错过救助的最佳时机；三是救助责任落实并不完善，消防部门、渔业部门、保护区和科研院校各负责什么内容、担任什么角色，在有的地区并不明确；四是珍稀海兽的配套救助平台太少，目前在广西仅广西合浦儒艮国家级自然保护区一家建设了救助船只、救助池和救助队伍等一套救助平台，现阶段广西的救助能力难以应对1800千米海岸线的搁浅事件。

三是群众保护意识不足。渔民和游客等群众对于珍稀海洋生物的保护意识严重不足。群众大都不认识哪些生物是国家保护野生动物，遇到搁浅鲸豚类漠不关心，甚至拍照发朋友圈也不为其寻求帮助，延误救助的时机；群众对于保护动物的基本习性和救助知识十分匮乏，遇到了不知道如何救助，也不知道向谁求助；群众野生动物保护的法律意识淡薄，捕捞、食用国家保护野生动物的违法情况也偶有发生，群众对珍稀海洋动物的保护意识还有待进一步宣传、培训。

4.3.5　监测评价体系尚未完善，生态保护监管不力

1. 海洋监测评价技术体系不完善

海洋生态监测与评价需要用规范化的监测技术标准作为指导依据才能开展科学、统一、高效的监测工作，但当前生态环境系统采用的海洋生态监测体系仍不健全，主要表现在监测技术指标体系不完善、监测数据相对不足等方面。目前生态环境系统仍沿用海洋部门行业制定的相关海洋生态监测技术规程和监测规范，在监测目的上与生态环境行业不完全一致，而且标准编制距今近20年，缺少现代化的监测技术及新增的生物多样性（如外来入侵物种、珍稀濒危海洋动物）、应对气候变化等监测内容。此外，监测技术指标体系中还缺乏生态风险监测、生态系统功能监测及生态系统服务价值评估等指标，监测工作评价依据还存在"一刀切"的情况，不能完全适应新形势下生态环境系统监测评价的技术要求。例如，目前对于河口海湾、红树林、海草床和珊瑚礁等近岸海域生态系统健康评价所依据的标准是《近岸海洋生态健康评价指南》（HY/T 087—2005），但其中对于生态系统健康评价的指标仅仅包含生态的内容，对于社会经济和人类健康这2个方面的指标还未纳入。这势必使得评价结果完全侧重于自然生态的属性，对于生态系统满足人类社会的功能方面没有考虑，因此，近岸海域生态系统健康评价的规范还需要进一步完善。

2. 海洋生态环境管理存在不足

生态保护监督力度有待加强。一是政府层面的督察机制有待完善。目前自然

资源和生态环境保护领域相关部门对于生态保护监督方面的职责还不够清晰，不同管理模式内在存在矛盾，督察规范依据不够完备。督察制度运行过程中存在力量分散、职权重叠、督察问责成效受限等问题。不仅是在广西，在全国均存在上述问题。因此，整合分散的督察队伍，形成"中央–省"两级督察体系，制定《自然资源与生态环境保护督察工作规定》，提升督察问责的效力是提升生态保护监督力度的有效途径。二是群众层面的监督意识有待加强。目前许多群众不明白保护生态环境的重要性，不知道自己有着对生态环境破坏行为进行监督的义务和权利，也不了解如何采取法律手段、上报哪个部门来进行监督，因此，对于群众在生态保护监督方面的宣传和培训工作应加大力度。

3. 生态保护相关法律有待完善

一是生态环境损害的惩罚存在走公法路径和私法路径的争论。公法路径是指由政府部门采取强制措施保障破坏责任者对生态环境进行恢复，私法路径则是通过民事诉讼赔偿获得赔偿金，由政府或其他组织利用赔偿金进行修复。二是生态环境损害的界定困难。民法上的损害一般指人身损害和财产损害，不包括"生态环境损害"，而破坏生态环境的行为达到何种程度可定义为损害，是否像人身损害和财产损害一样界定为不同的等级，这是急需解决的法律问题。三是对于生态破坏的惩罚力度偏低、手段单一、惩罚金额难以明确，这些都是司法实践中面临的需要解决的具体问题，完善相关法律法规才有利于对不法分子产生威慑，提升生态环境管理的能力（戴茂华，2021）。

4. 生态监测监管能力有待提高

对于生态环境的监管离不开生态监测，但广西的生态监管监测能力有待提高。一是海洋生态监测装备及高新技术应用滞后。目前广西各级海洋环境监测机构尚未配备专业监测船舶，绝大部分监测任务须租用民船开展，制约监测工作向广、向精、向深发展。新型特征污染物、持久性有机污染物、微塑料等环境健康危害因素监测，以及遥感技术、无人机、无人船等的大尺度监测能力有待提高。海洋环境自动监测网络有待完善，自动监测站点不足，目前在各重点海湾内只布设 1 个自动站，个别重点海湾（如珍珠湾等）仍为空白；监测项目偏少，营养盐指标不足，缺少油类等应急监测指标；设备老旧缺乏更新维护，因更新维护经费缺口大。海洋生态监测网络信息化能力薄弱，信息系统建设落后于海洋环境保护管理的需要，未能整合海洋自动监测站、河口自动站及直排海污染源在线监测的数据，实现基于水动力模型、耦合河流、陆源污染源的海洋生态环境的监控和预警。沿海各市环境监管能力依然薄弱，执法队伍建设水平还较低下，海洋环境监管监视系统不完善，不能有效支撑监管的需要。监测人员存在专业技术素养良莠不齐、海洋生态调查专业人才储备不足等问题。

二是海洋环境应急监测能力亟待加强。海洋应急监测硬件能力不足，缺乏执行近海监测任务的专业应急监测船，缺乏基于北斗、无人机、船舶、车辆、其他监管系统的海天一体化监管应急平台。沿海三市监测中心未配备专用环境应急监测车，环境应急物资储备不足，配套便携式应急监测仪器设备数量不足，应急监测能力不强。海洋环境应急预案体系不完善，综合性的海洋生态环境应急预案尚未印发实施，综合性海洋生态监控预警体系有待建立，预警数据信息化较弱，部门联动机制不够完善。

参 考 文 献

"文昌鱼资源调查"课题组，1988. 中国南部沿海文昌鱼形态的研究[J]. 福建水产，3：1-6.

陈彬，俞炜炜，陈光程，等，2019. 滨海湿地生态修复若干问题探讨[J]. 应用海洋学学报，38（4）：464-473.

戴茂华，2021. 民法典规范下生态破坏责任制度的适用与完善[J]. 环境保护，13：46-51.

邓超冰，廉雪琼，2004. 广西北部湾珍稀海洋哺乳动物的保护及管理[J]. 广西科学院学报，2：123-126.

樊紫薇，蒋日进，李哲，等，2020. 中街山列岛海域鱼卵、仔稚鱼群落结构特征及其与环境因子的关系[J]. 生态学报，40（13）：4392-4403.

冯麟茜，解亦鸿，2018. 鲎在广西北部湾[N/OL].（2018-04-03）[2024-12-20]. http://env.people.com.cn/n1/2018/0403/c1010-29903699.html.

何瑞琳，陈默，张瑶瑶，等，2023. 北部湾涠洲岛海域栖息布氏鲸种群的物种鉴定[J]. 水生生物学报，47（4）：666-673.

黄川，2022. 基于史密斯模型的广西围填海管控政策分析[J]. 中国资源综合利用，40（2）：80-84.

黄晖，马斌儒，练健生，等，2009. 广西涠洲岛海域珊瑚礁现状及其保护策略研究[J]. 热带地理，29（4）：307-312，318.

黄小平，黄良民，李颖虹，等，2006. 华南沿海主要海草床及其生境威胁[J]. 科学通报，S3：114-119.

黄小燕，陈茂青，陈奕，2013. 滩涂围垦冲淤变化及对生态环境的影响：以舟山钓梁围垦工程为例[J]. 水利水电技术，44（10）：30-33.

黄雪松，陈燕丽，莫伟华，等，2021. 近 60 年广西北部湾红树林生态区气候变化及其影响因素[J]. 生态学报，41（12）：5026-5033.

黎树式，林俊良，黄鹄，等，2019. 广西海滩侵蚀原因与修复[J]. 北海大学学报，34（12）：30-37.

李翠，王海艳，刘春芳，等，2014. 广西北部湾沿海牡蛎的种类及其分布[J]. 海洋与湖沼，44（5）：1318-1324.

李英华，何斌源，2017. 广西海域海岛海岸带整治修复工程管理研究[J]. 环境科学与管理，42（9）：53-57.

李永强，2013. 北部湾（广西段）潮间带大型底栖动物的调查研究[D]. 青岛：青岛理工大学.

梁维平，黄志平，2003. 广西红树林资源现状及保护发展对策[J]. 林业调查规划，28（4）：59-62.

廖愚，吕业坚，2016. 广西发展渔业循环经济的对策建议[J]. 中国渔业经济，34（3）：78-83.

林建勇，潘良浩，刘道芳，等，2021. 广西外来入侵植物新记录属：合欢草属[J]. 福建林业科技，48（2）：79-82.

马万栋，吴传庆，殷守敬，等，2015. 广西 2000—2013 年岸线变化及驱动力分析[J]. 广西师范大学（自然科学版），33（3）：54-60.

毛蒋兴，覃晶，陈春炳，等，2019. 广西北部湾海岸带开发利用与生态格局构建[J]. 规划师，35（7）：33-40.

农业农村部渔业渔政管理局，全国水产技术推广总站，中国水产学会，2020. 2020 中国渔业统计年鉴[M]. 北京：中国农业出版社.

苏涛，牛超，詹诚，等，2018. 广西围填海进程及其对近海生态和生物资源的影响分析[J]. 广西科学院学报，
　　34（3）：228-234.

粟启仲，雷学铁，刘国强，等，2022. 广西北部湾近岸海域近 20 年赤潮灾害特征分析[J]. 广西科学，29（3）：552-557.

陶艳成，潘良浩，范航清，等，2017. 广西海岸潮间带互花米草遥感监测[J]. 广西科学，24（5）：483-489.

王晨旭，刘炎序，于超月，等，2021. 国土空间生态修复布局研究进展[J]. 地理科学进展，40（11）：1925-1941.

王文欢，2017. 近 30 年来北部湾涠洲岛造礁石珊瑚群落演变及影响因素[D]. 南宁：广西大学.

温玉娟，徐轶肖，黎慧玲，等，2022. 广西北部湾近岸海域营养盐与富营养化状态研究[J]. 广西科学，29（3）：541-551.

吴采雯，2021. 广西布氏鲸的种群动态及捕食策略研究[D]. 南京：南京师范大学.

杨静，张仁铎，赵庄明，等，2015. 近 25 年广西北部湾海域营养盐时空分布特征[J]. 生态环境学报，24（9）：1493-1498.

杨玲，2019. 海洋强国战略背景下我国南海地区海洋渔业转型发展研究：以北海市侨港镇、地角镇为例[D]. 桂林：
　　广西师范大学.

叶属峰，2005. 大型工程对长江河口近岸海域生态系统的影响及机理研究[D]. 上海：上海交通大学.

詹慧玲，饶小珍，2021. 赤潮的危害、成因和防治研究进展[J]. 生物学教学，46（7）：66-68.

张景平，黄小平，江志坚，2011. 广西合浦不同类型海草床中大型底栖动物的差异性研究[C]//2011 International
　　Conference on Ecological Protection of Lakes-Wetlands-Watershed and Application of 3S Technology（EPLWW3S
　　2011）会议论文集：60-65.

张雷，蒋欣妍，徐萍钰，2022. 广西保护区中国鲎密度激增　居全国第一[EB/OL].（2022-07-06）[2022-07-06].
　　http://www.gx.chinanews.com.cn/kjwt/2022-07-06/detail-ihazyifh4120697.shtml.

张珊，2021. 广西红树林保护历程回顾与展望[J]. 广西科学院学报，37（3）：161-170.

张婷，祝茜，刘莹莹，等，2008. 中华白海豚的研究概况[J]. 河北渔业，9：4.

周浩郎，黎广钊，2014. 涠洲岛珊瑚礁健康评估[J]. 广西科学院学报，30（4）：238-247.

周礼雄，2020. 中国水产科学研究院南海水产研究所副研究员颉晓勇　鲎成濒危物种　保护迫在眉睫[J]. 海洋与渔
　　业，（5）：44-45.

庄军莲，许铭本，王一兵，等，2014. 钦州湾潮间带生物群落对环境变化的影响分析[J]. 广西科学，21（4）：381-388.

第5章 美丽海湾生态环境保护的
新要求和差距

习近平总书记指出："建设海洋强国是中国特色社会主义事业的重要组成部分"，"要高度重视海洋生态文明建设"，"让我国海洋生态环境有一个明显改观"。深刻认识协同推进生态文明建设和海洋强国建设、打造绿色可持续海洋生态环境的重要意义，切实把加强海洋生态环境保护的责任扛在肩上、抓在手上、落到实处。本章重点阐述了国家在海洋生态环境保护方面的新要求和目标，详细对比和剖析了广西美丽海湾生态环境保护工作尚存在的差距。

5.1 美丽海湾生态环境保护的新要求和目标

5.1.1 海洋生态环境保护要求和目标

1. 国家对海洋生态环境保护的要求和目标

《"十四五"海洋生态环境保护规划》提出：2035 年，沿海地区绿色生产生活方式广泛形成，海洋生态环境根本好转，美丽海洋建设目标基本实现。海洋环境质量短板全面补齐，海洋生态系统质量和稳定性明显提升，海洋生物多样性得到有效保护；80%以上的大中型海湾基本建成"水清滩净、鱼鸥翔集、人海和谐"的美丽海湾，人民群众对优美海洋生态环境的需要得到满足；海洋生态环境治理体系和治理能力基本实现现代化。全国"十四五"海洋生态环境保护主要指标详见表 5-1。

表 5-1 全国"十四五"海洋生态环境保护主要指标

序号	指标	2020 年	2025 年
1	近岸海域水质优良（一、二类）比例	77.4%	79%左右
2	国控河流入海断面劣Ⅴ类水质比例	0.5%	基本消除
3	自然岸线保有率	35%	>35%
4	整治修复岸线长度	—	≥400 千米
5	整治修复滨海湿地面积	—	≥2 万公顷
6	推进美丽海湾建设数量	—	50 个左右

生态环境部部长黄润秋提出，要深入践行海洋命运共同体理念，积极参与全球海洋生态环境治理，在应对全球气候变化、海洋生物多样性保护、海洋塑料污染治理等领域增强中国经验、中国智慧的全球分享，让蓝色星球永葆清澄底色，为子孙后代留下碧海蓝天（生态环境部，2022）。

2. 广西对海洋生态环境保护的要求和目标

《广西壮族自治区海洋生态环境保护高质量发展"十四五"规划》提出，到 2025 年，广西重点海湾生态环境质量持续改善，海洋生态退化趋势得到遏制，典型海洋生态系统健康，自然保护区生态服务功能稳定性提升，海洋环境风险得到有效防控，近岸海域环境综合监管、预警监测和应急能力显著增强，公众对亲海空间满意度提升。广西"十四五"海洋生态环境保护指标详见表 5-2。

表 5-2　广西"十四五"海洋生态环境保护指标

序号		指标	2020 年	2025 年
1	海洋环境质量	全区近岸海域优良（一、二类）水质比例	90.9%	93.0%
2		河流入海国控断面劣 V 类水质比例	0	0
3	海洋生态保护修复	大陆自然岸线保有率	37.31%	≥35%
4		整治修复岸线长度	—	20 千米
5		红树林滨海湿地生态修复面积	—	3500 公顷
6		营造红树林面积	—	1000 公顷
7	亲海环境品质	整治亲海岸滩长度	—	10 千米
8		基本建成美丽海湾数量	—	3 个

注：表格数据来源于《广西壮族自治区海洋生态环境保护高质量发展"十四五"规划》。

5.1.2　生态环境监测要求和目标

国家《"十四五"生态环境监测规划》提出：到 2025 年，政府主导、部门协同、企业履责、社会参与、公众监督的"大监测"格局更加成熟定型，高质量监测网络更加完善，以排污许可制为核心的固定污染源监测监管体系基本形成，与生态环境保护相适应的监测评价制度不断健全，监测数据真实、准确、全面得到有效保证，新技术融合应用能力显著增强，生态环境监测现代化建设取得新成效。

展望 2035 年，科学独立权威高效的生态环境监测体系全面建成，统一生态环境监测评估制度健全完善，生态环境监测网络高质量综合布局，风险预警能力显著增强；与生态文明相适应的生态环境监测现代化基本实现，监测管理与业务技术水平迈入国际先进行列，为生态环境根本好转和美丽中国建设目标基本实现提供有力支撑。

《生态环境监测规划纲要（2020—2035年）》提出，要全面深化我国生态环境监测改革创新，全面推进环境质量监测、污染源监测和生态状况监测，系统提升生态环境监测现代化能力。到2025年，以环境质量监测为核心，统筹推进污染源监测与生态状况监测；到2030年，环境质量监测与污染源监督监测并重，生态状况监测得到加强；到2035年，环境质量、污染源与生态状况监测有机融合。

5.1.3 入河入海排污口监督管理要求和目标

1. 国家对入河入海排污口监督管理的要求和目标

以习近平新时代中国特色社会主义思想为指导，全面贯彻党的十九大和十九届历次全会精神，深入贯彻习近平生态文明思想，按照党中央、国务院决策部署，坚持精准治污、科学治污、依法治污，以改善生态环境质量为核心，深化排污口设置和管理改革，建立健全责任明晰、设置合理、管理规范的长效监督管理机制，有效管控入河入海污染物排放，不断提升环境治理能力和水平，为建设美丽中国作出积极贡献。

水陆统筹，以水定岸。统筹岸上和水里、陆地和海洋，根据受纳水体生态环境功能，确定排污口设置和管理要求，倒逼岸上污染治理，实现"受纳水体—排污口—排污通道—排污单位"全过程监督管理。

明晰责任，严格监督。明确每个排污口责任主体，确保事有人管、责有人负。落实地方人民政府属地管理责任，生态环境部门统一行使排污口污染排放监督管理和行政执法职责，水利等相关部门按职责分工协作。

统一要求，差别管理。国家有关部门制定排污口监督管理规定及技术规范，指导督促各地排查整治现有排污口，规范审批新增排污口，加强日常管理。地方结合实际制定方案，实行差别化管理。

突出重点，分步实施。以长江、黄河、渤海等相关流域、海域为重点，明确阶段性目标任务，率先推进长江入河排污口监测、溯源、整治，建立完善管理机制，将管理范围逐步扩展到全国各地。

2023年底前，完成长江、黄河、淮河、海河、珠江、松辽、太湖流域（以下简称七个流域）干流及重要支流、重点湖泊、重点海湾排污口排查；推进长江、黄河干流及重要支流和渤海海域排污口整治。2025年底前，完成七个流域、近岸海域范围内所有排污口排查；基本完成七个流域干流及重要支流、重点湖泊、重点海湾排污口整治；建成法规体系比较完备、技术体系比较科学、管理体系比较高效的排污口监督管理制度体系（国务院办公厅，2022）。

2. 广西对入河入海排污口监督管理的要求和目标

《广西入河入海排污口监督管理工作方案（2022—2025 年）》提出，2025 年 6 月底前，基本完成辖区内所有国家地表水考核断面所在河流、近岸海域范围内所有排污口排查。2025 年底前，基本完成珠江流域、长江流域和入海河流的重点干支流，铁山港湾、大风江口、银滩岸段、钦州湾-钦州段和防城港东西湾已查明的排污口整治；建成技术体系科学、管理体系高效的排污口监督管理制度体系。

《广西壮族自治区海洋生态环境保护高质量发展"十四五"规划》提出：2023 年底前，完成茅尾海、铁山港湾等重点海域入海排污口排查；2025 年底前，完成重点海域入海排污口整治，基本建立入海排污口分类整治与监管体系。

5.1.4　生态保护和修复的相关要求

1. 国家对海洋生态保护和修复的要求

《"十四五"海洋生态环境保护规划》明确要求北部湾加强红树林、珊瑚礁、海草床等典型海洋生态系统的保护修复。重点推动入海河口、海湾、滨海湿地与红树林、珊瑚礁、海草床等典型生态系统保护修复和海岸线、砂质岸滩等的整治修复。强化海洋生态保护修复项目跟踪监测，掌握修复区域生态和减灾功能提升情况。沿海各省（区、市）完善重大生态修复工程论证、实施、管护、监测机制，确保海洋生态保护修复工程科学有效。推进人工岸线生态化建设。根据海岸带区域现状、生态禀赋、海洋灾害等自然条件，基于灾害防御能力不降低、生态功能有提升、经济合理可行的原则，综合判定人工岸线生态化建设区域。对在海洋灾害易发多发的滨海湿地区建设的海堤，因地制宜开展海堤生态化建设，促进生态减灾协同增效。

《全国重要生态系统保护和修复重大工程总体规划（2021—2035 年）》明确要求开展北部湾滨海湿地生态系统保护和修复：加强重点海湾环境综合治理，推动北仑河口、山口、雷州半岛西部等地区红树林生态系统保护和修复，开展徐闻、涠洲岛珊瑚礁以及北海、防城港等地海草床保护和修复，建设海岸防护林，推进互花米草防治。

《全国湿地保护规划（2022—2030 年）》要求以滨海湿地生态系统结构恢复和服务功能提升为主攻方向，全面保护自然岸线和沿海滩涂，严控陆源污染物直排入海，综合开展退围还滩、退塘还林、外来入侵物种防治、水鸟生态廊道建设，修复滨海湿地生物栖息地，提升滨海湿地生态系统质量。实施保护修复工程。落实湿地修复制度，采取近自然措施，重点在"三区四带"生态功能严重退化的湿地开展综合整治和系统修复，优先在 30 个重点区域实施湿地保护修复项目。充分考虑湿地资源禀赋条件和承载能力，采取泥炭沼泽湿地保护、野生动植物生境修复、植被恢复、红树林生态修复等措施，修复退化湿地，提高湿地生态系统功能。其中，在重点保护区域开展北部湾典型湿地保护修复项目，在广西北仑河口、广西山口红树林等湿地开展保护基础设施建设和红树林生态修复。

2. 广西对海洋生态保护和修复的要求

《广西壮族自治区国民经济和社会发展第十四个五年规划和 2035 年远景目标纲要》要求加强生态保护和修复。加大湿地保护和修复力度，严格围填海管控，对红树林、入海河流、珊瑚礁、海草床等滨海湿地和内陆重要湿地实行最严格的保护措施。实施草原生态修复。推进海洋生态系统保护，加强海岸带生态系统结构恢复和服务功能提升。重点开展广西北部湾典型滨海湿地生态系统保护和修复：全面保护北部湾自然岸线，落实红树林保护修复专项行动计划，开展涠洲岛珊瑚礁以及北海、防城港等地海草床保护和修复，建设海岸防护林，推进互花米草防治。

《广西壮族自治区国土空间规划（2021—2035 年）》要求保护系统完整的生态空间，持续推进生态修复和国土综合整治，实施"蓝色海湾"整治行动，修复受损海洋生态系统。加强海岸带整治修复，建立覆盖全面、结构完整的大纵深生态保护海岸带。开展海岛整治修复，维护海岛生态健康。

《广西壮族自治区海洋生态环境保护高质量发展"十四五"规划》提出保护修复并举，提升海洋生态系统质量和稳定性，重点针对北部湾区加强红树林、海草床、珊瑚礁等典型海洋生态系统的保护修复。要求海洋生态保护修复取得实效。海洋生态退化趋势得到遏制，受损、退化的重要海洋生态系统得到保护修复，海洋生物多样性得到有效保护，海洋生态安全屏障和适应气候变化韧性不断增强，海洋生态系统质量和稳定性稳步提升。恢复修复典型海洋生态系统。充分利用海洋生态系统调查监测结果，加强生态修复前期论证和适宜性评价，准确识别和诊断生态问题，合理确定生态修复的目标任务。坚持陆海统筹、河海兼顾，以提升生态系统质量和稳定性为导向，协调推进红树林保护修复、海岸带保护修复工程等。强化海洋生态保护修复项目跟踪监测，掌握修复区域生态和减灾功能提升情况。完善重大生态修复工程论证、实施、管护、监测机制，确保海洋生态保护修复工程科学有效。

到 2025 年,广西大陆自然岸线保有率不低于 35%;整治修复岸线长度 20 千米;红树林滨海湿地生态修复面积 3500 公顷,营造红树林面积 1000 公顷。

5.2　广西美丽海湾生态环境保护尚存在的差距

5.2.1　海洋生态环境保护具体差距

广西近岸海域水质基本保持稳定,水质状况均为"优",2010～2020 年优良水质面积比例变化范围为 88.8%～97.1%,海水水质优良率位居在全国前列,海洋生物多样性得到有效保护,海洋生态系统质量和稳定性稳步提升,亲海环境质量有所改善,但离国家和地方《"十四五"海洋生态环境保护规划》要求仍有一定差距。

1. 局部海域海水水质不稳定

局部海域水质改善不明显,主要表现为茅尾海水质差的局面未得到根本改变,"十四五"期间,铁山港湾、廉州湾、茅尾海、大风江口、钦州港等海域水质均存在超标现象,完成国家考核目标、2025 年广西近岸海域优良水质比例不低于 93.0%目标要求压力大,近岸海域环境质量持续稳定改善任重而道远。

2. 部分入海河流未能稳定达标,存在劣Ⅴ类水质风险

"十四五"期间,广西河流入海国控断面连续两年全面消除劣Ⅴ类水质。但白沙河高速公路桥、西门江断面年均水质均为Ⅳ类,白沙河、西门江、南康江 3 条河流水质仍不稳定,全年分别超管理目标要求 8 次、7 次和 6 次,甚至部分月份水质下降至Ⅴ类。尤其是西门江、白沙河等流域范围存在大量畜禽养殖场,部分养殖场、绝大部分小散户养殖场仍然采用传统养殖方式,大量采用冲水清粪清栏,粪污含水率高,增加了粪污收集、储存、运输和加工的难度,资源化利用率不高,未利用的粪污容易通过降雨地表径流进入水体,造成污染。另外,受气候、降水变化等影响,河流流量的年变化较大,径流量的年内分配不均匀,枯水期水量奇缺,水生态流量不足等,均给水质稳定达标带来挑战,并存在劣Ⅴ类水质风险。

3. 海洋生态保护压力依然很大

随着经济社会的发展,沿海开发建设与生态系统保护矛盾逐渐凸显,人为活动对滨海和海洋生态系统造成威胁日益加大,局部海域海洋生物多样性和栖息地质量退化、海洋生态系统健康受损。2020 年广西近岸海域生物生境质量总体不佳,浮游植物、浮游动物和潮间带生物生境质量"一般",大型底栖生物生境质量"差",

相比"十三五"期间，生境质量均有不同程度下降，浮游动植物、潮间带生物的生物多样性有所降低。近 10 年来，典型滨海湿地大型底栖生物呈现生物群落种群结构逐步单一化、丰富度下降趋势。2021 年合浦海草床分布面积为 48.3 公顷，较 2020 年（70.6 公顷）减少了 22.3 公顷。受涠洲岛海水日平均温度快速上升、台风暴雨等自然环境条件变化及人为活动影响，2021 年涠洲岛珊瑚礁生态系统整体为亚健康状态，其健康评价指数为 72.5，较 2020 年下降了 6.1%。同时，第二轮中央生态环境保护督察均指出红树林破坏等多个海洋生态问题，2017 年以来多起违规施工行为直接造成红树林受损，造成红树林直接死亡 239.85 亩、退化 671.51 亩、受损 257.67 亩，广西北海铁山港东港区榄根作业区违规施工致红树林大面积受损被列入典型案例。广西海洋生态保护形势依然严峻。

4. 局部海区公众亲海体验差

广西沿海地区世代傍海而居，以海水养殖、捕捞为生，旅游业兴盛，除银滩、白浪滩等重点区域有专人清扫，岸滩垃圾密度小，游客亲海临海体验感好外，局部区域如零散分布的小海滩、小码头、养殖区附近的红树林、延伸入海的网红公路等因无人管理，垃圾密度较大，局部海域如防城港西湾、珍珠湾、三娘湾等海上养殖区海漂垃圾密度相对较大，公众临海亲海体验感差，环境状况与人民群众期盼还存在不少差距。

5.2.2　生态环境监测具体差距

广西是全国为数不多设立海洋生态环境监测机构的省（区）之一，在海洋生态调查监测上走在全国前列，初步建立了生态系统、物种和基因三个不同层次的海洋生物多样性调查评价体系；在海洋自动监测上走在全国前列，完善油类、营养盐监测能力，进一步提升预警预报能力，推动广西初步形成海洋环境质量、生态质量及污染源等陆海统筹"大海洋"监测能力，但对标国家《"十四五"生态环境监测规划》和海洋生态环境监测能力现代化的需求，仍存在较大差距。

1. 海洋生态环境监测船舶、先进仪器设备等严重缺乏

监测船舶是海洋生态环境监测和应急处置工作的重要保障，设计配备有海水、沉积物、生物等不同采样装置和实验室条件。随着广西海洋生态环境常规监测范围不断从近岸向近海延伸、海洋突发环境事件潜在风险呈现多样化，广西因缺乏海洋生态监测船，严重制约其开展作业范围广、采样时间长、专业化水平高的全海域海洋生态环境监测和实现快速的突发事件应急响应，急需打造海洋监测船舶，推动广西海洋监测高质量发展和海洋生态环境高水平保护。同时，实验室和现场

仪器设备不够先进，智慧化手段不高，海洋自动监测网络设备老化，部分站点仍缺乏对近岸主要污染物氮磷的监测能力，距离"天空地海"一体化海洋监测装备保障能力建设要求还有很大差距。

2. 海洋生物多样性监测评估体系不够全面

广西海洋生物多样性丰富，但监测评估体系还不够全面，海洋生态环境野外定点观测不足，对于湿地水鸟、渔业资源等基础研究不足，在重要海湾河口、自然保护地、滨海湿地海域流域缺少长时间、系统性持续开展的自动野外定点监测，无法实现对重点海湾生态环境质量、人为开发活动等精细化监视监测和智慧化监管，且对布氏鲸、中华白海豚、中华鲎等珍稀物种覆盖不足，未具备环境 DNA、海洋生物图像识别等现代感知技术。

3. 新兴生态环境问题技术储备、新技术融合应用能力尚显不足

广西开展了海洋垃圾、微塑料、持久性有机污染物等新污染物监测，但在持久性有机污染物排放和释放、海水酸化、海水缺氧、应对气候变化等新兴海洋生态环境问题上仍有待进一步深入研究。大数据、遥感、人工智能、物联网等技术在海洋生态环境监测领域实践与应用还不够丰富，海洋生态环境监测信息化、智慧化较弱，多元监测数据未能有效集成，监测数据利用水平不高、应用深度不足，无法支撑陆域、海域污染精准管控，新技术应用于海洋环境管理的污染追因溯源与预警预测方面支撑有限。

4. 监测人才队伍建设有待加强

广西属沿海边疆地区，与发达沿海省份相比，薪资待遇偏低，人才政策吸引力不够，海洋监测队伍不稳定，干部流失多、高层次人才缺乏，海洋监测紧缺急需人才存在引进难、留住难等问题，极大影响了广西海洋生态监测工作高质量完成和开拓性发展。

5.2.3　入河入海排污口监督管理具体差距

广西沿海三市各级人民政府按照国家和自治区关于入海入河入海排污口监督管理的实施意见和工作方案的部署统一要求，有序推进入海排污口排查整治工作，取得一定成效，但与国家和地方要求仍存在以下差距。

1. 排污口涉及面广，实施整治难度大

广西入海排污口类型多样，涉及城镇、农村、码头等多种类型，涉及生产、

生活等方面，布局分散，有些涉及群众切身利益，整治工作难度大。同时，国家层面和自治区层面的入河入海排污口监督管理工作的实施意见和工作方案等并未明确其他排口中规模以下水产养殖、规模以下畜禽养殖、农用灌溉等类型排口整治措施及相关排放标准，部分排污口整治工作未能推进。

2. 排污口排放通道复杂，精准溯源工作难度大

排污口排查区域涉及城市建成区、码头、城乡接合部等，污水大多通过管、涵等隐蔽工程输送，同一个排口可能会有很多污染源，污水混排，界定排污口责任主体困难，溯源难度大，尤其是地下管线埋设较早、管网分布档案不完善的区域。现场排查环境复杂，自然岸线水域周边植被茂盛、杂草较多，排口隐蔽，监测采样难度大，建成区段岸线多为生产岸线，水位较深，现场排查和采样监测难度较大。

3. 海水养殖排口数量巨大，处理设施建设滞后

沿海的传统池塘养殖行业发展粗放，养殖不规范，尾水排放口设置混乱，数量巨大且排口形式多变，现场排查和采样监测难度较大，如南流江入海口附近部分养殖塘采用打井抽取地下海水养殖的形式，这部分养殖塘使用水泵抽水的方式将养殖废水排出，无固定排口，现场排查时，界定排口困难，且共用一个总排口的连片养殖塘数量众多，养殖面积难以测量，填写溯源信息时存在困难。绝大部分养殖塘未建设环保设施，水产养殖尾水直排现象还较普遍，集中排放时会直接影响近岸海域环境。由于涉及民生和历史遗留问题，养殖尾水治理工作推进也较为困难。

4. 入海排污口整治任务进展缓慢

由于入海排污口整治所需资金极大，尤其城镇生活污水散排口、农村生活污水散排口等涉及配套管网建设，需投入大量资金整治工作才可能有推进成效。另外，部分行业主管部门对排污口分类整治工作不支持，拒绝认领相应行业类别的排污口，部门间存在推诿扯皮。治理资金投入不足、各部门未完全形成合力等原因导致入海排污口整治任务总体进展缓慢。

5. 部分工业企业排口、市政排口未能稳定达标

2021年，广西对纳入生态环境部管理的114个入海排污口及新增2个排污口开展监督性监测，有废水外排的41个排污口实施139次监测中，有136次废水监测结果达标，达标比例为97.8%，与2020年相比上升14.9个百分点。但有3个排污口出现超标现象，分别为广西盛隆冶金有限公司、大海粮油工业有限公司2个

工业企业排污口和天堂滩 1 个市政排污口，超标因子主要为五日生化需氧量、化学需氧量、悬浮物和色度。

参 考 文 献

广西壮族自治区农业农村厅，2022. 广西壮族自治区 2021—2025 年渔业发展支持政策总体实施方案[EB/OL]. （2022-07-14）[2024-12-20]. http://nynct.gxzf.gov.cn/xxgk/jcxxgk/wjzl/gntf/t12808910.shtml.

广西壮族自治区发展和改革委员会，2021. 广西生态文明强区建设"十四五"规划[EB/OL]. （2021-12-31） [2024-12-20]. http://fgw.gxzf.gov.cn/zfxxgkzl/fdzdgknr/ghjh/zxgh/t12002304.shtml.

广西壮族自治区海洋局，2021. 广西海洋经济发展"十四五"规划[EB/OL]. （2021-09-09）[2024-12-20]. http://hyj. gxzf.gov.cn/zwgk_66846/xxgk/fdzdgknr/fzgh/ghjh/t10069060.shtml.

广西壮族自治区海洋局，2021. 广西向海经济发展战略规划（2021—2035 年）[EB/OL]. （2021-11-15）[2024-12-20]. http://hyj.gxzf.gov.cn/zwgk_66846/xxgk/fdzdgknr/fzgh/ghjh/t11106078.shtml.

广西壮族自治区农业农村厅，2022. 广西"十四五"大水面生态渔业高质量发展规划[EB/OL]. （2022-07-08） [2024-12-20]. http://nynct.gxzf.gov.cn/xxgk/jcxxgk/wjzl/gntf/t12785603.shtml.

广西壮族自治区人民政府办公厅，2021. 广西北部湾经济区高质量发展"十四五"规划[EB/OL]. （2021-12-31） [2024-12-20]. http://www.gxzf.gov.cn/html/zfwj/zzqrmzfbgtwj_34828/2021ngzbwj_34845/t11144852.shtml.

广西壮族自治区人民政府办公厅，2021. 广西生态环境保护"十四五"规划[EB/OL]. （2021-12-31）[2024-12-20]. http://www.gxzf.gov.cn/zfwj/zxwj/t11147440.shtml.

国务院办公厅，2022. 国务院办公厅关于加强入河入海排污口监督管理工作的实施意见[EB/OL]. （2022-01-29） [2024-12-20]. https://www.gov.cn/zhengce/content/2022-03/02/content_5676459.htm.

姜波，刘慧，刘玲玲，等，2022. 保护海洋生态　推动绿色发展[N].人民日报，2022-08-15（16）.

农业农村部，生态环境部，自然资源部，等，2019. 关于加快推进水产养殖业绿色发展的若干意见[EB/OL]. （2019-01-11）[2024-12-20]. https://www.gov.cn/zhengce/zhengceku/2019-10/22/content_5443445.htm.

青岛市海洋发展局，2019. 青岛：创新渔业绿色发展模式　实施多元融合产出翻倍[J]. 中国水产，12：26-27.

生态环境部，2022. 全国海洋生态环境保护工作会议召开[N/OL]. （2022-09-02）[2024-12-20]. https://www.mee.gov. cn/ywdt/hjywnews/202209/t20220902_992989.shtml.

第6章 海水养殖绿色发展的要求和差距

我国海水养殖业发展迅速，自 20 世纪 60 年代以来，一直位列世界海水养殖业产量第一位。广西是渔业大省，海水养殖在拉动沿海经济发展、保障优质蛋白供给、增加渔民收入方面发挥了重要作用。践行新发展理念，发展现代高效生态养殖，加快形成经济高效、产品安全、资源节约、环境友好的现代养殖产业绿色低碳发展新格局，不仅有利于促进海水养殖业健康可持续发展，也是推进我国海洋生态文明建设的迫切需要和客观需求。本章重点分析了国家对海水养殖绿色发展的要求和任务，研判了广西海水养殖绿色发展的现状及存在的差距，为后续的海水养殖绿色发展提供方向。

6.1 国家对海水养殖绿色发展的总体要求

1. 水产养殖绿色发展目标

2019 年 1 月，经国务院同意，农业农村部会同生态环境部等 10 部委联合印发的《关于加快推进水产养殖业绿色发展的若干意见》（农渔发〔2019〕1 号），提出水产养殖绿色发展的主要目标为："到 2022 年，水产养殖业绿色发展取得明显进展，生产空间布局得到优化，转型升级目标基本实现，人民群众对优质水产品的需求基本满足，优美养殖水域生态环境基本形成，水产养殖主产区实现尾水达标排放；国家级水产种质资源保护区达到 550 个以上，国家级水产健康养殖示范场达到 7000 个以上，健康养殖示范县达到 50 个以上，健康养殖示范面积达到 65%以上，产地水产品抽检合格率保持在 98%以上。到 2035 年，水产养殖布局更趋科学合理，养殖生产制度和监管体系健全，养殖尾水全面达标排放，产品优质、产地优美、装备一流、技术先进的养殖生产现代化基本实现。"

2. 养殖模式及养殖技术要求

2021 年 8 月，《"十四五"全国农业绿色发展规划》在农业产地环境保护治理工程中提出"新创建一批国家级水产健康养殖和生态养殖示范区，集成推广循环水养殖、稻渔综合种养、大水面生态渔业等健康养殖模式"。2021 年 11 月，国务院印发《"十四五"推进农业农村现代化规划》，要求"加快渔业转型升级。完善重要养殖水域滩涂保护制度，严格落实养殖水域滩涂规划和水域滩涂养殖证核发制度，保持可养水域面积总体稳定，到 2025 年水产品年产量达到 6900 万吨。推进水产绿色健康养殖，稳步发展稻渔综合种养、大水面生态渔业和盐碱水养殖。优化近海绿色养殖布局，支持深远海养殖业发展，加快远洋渔业基地建设。加强渔港建设和管理，建设渔港经济区。"

2021 年 12 月，农业农村部印发《"十四五"全国渔业发展规划》，提出"发展生态健康养殖模式"，"开展国家级水产健康养殖和生态养殖示范区创建，加快发展池塘标准化养殖、工厂化循环水养殖、稻渔综合种养、大水面增殖等生态健康养殖模式。推广疫苗免疫、生态防控措施，推进水产养殖用兽药减量。推动配合饲料替代野生幼杂鱼，严格限制冰鲜杂鱼等直接投喂。提高养殖设施和装备水平，大力实施池塘标准化改造，完善循环水和尾水处理设施。鼓励深远海大型养殖、自动饲喂、环境调控、产品收集、疫病防治等设施装备研发和推广应用，提高水产养殖规模化、集约化、机械化、智能化、标准化水平，提高单位水体产出率、资源利用率、劳动生产率。发挥水产养殖生态修复功能，有序发展滩涂和浅海贝藻类增养殖，构建立体生态养殖系统，增加渔业碳汇潜力"。

从 2020 年开始，农业农村部每年组织开展实施水产绿色健康养殖技术推广"五大行动"，主要围绕 5 个方面开展技术推广，一是生态健康养殖模式推广行动，积极推广工厂化循环水养殖、池塘工程化循环水养殖、深水抗风浪网箱养殖、多营养层级综合养殖、稻渔综合种养等生态健康养殖技术模式。二是养殖尾水治理模式推广行动，推广池塘底排污、集中连片池塘养殖"三池两坝"、人工湿地、"流水槽 +"、工厂化循环水处理等水产养殖尾水治理技术模式，并综合物理、化学、生物等技术集成熟化和改进提升。三是开展水产养殖用药减量行动。推广疫苗免疫和生态防控技术的应用，开展水产养殖动物病原菌耐药性方面的监测。分品种构建水产养殖用药减量技术模式，实现骨干基地兽药用量和抗生素类使用量同比下降。加强开展水产养殖规范用药科普下乡宣传活动。四是配合饲料替代幼杂鱼行动。逐步改变使用幼杂鱼养殖肉食性品种的传统投饵方式，针对花鲈、大黄鱼、青蟹、大口黑鲈、鲆鲽类、梭子蟹等幼杂鱼使用量较高的养殖品种，优化饲料配方，改进生产加工工艺，提高配合饲料替代率。骨干基地养殖大口黑鲈、鲆鲽类等配合饲料替代率达到 100%；大黄鱼、石斑鱼、花鲈等配合饲料替代率≥90%；鳜、青蟹、梭子蟹等配合饲料替代率≥70%。五是水产种业质量提升行动。各地根据《第一次全国水产养殖种质资源普查实施方案（2021—2023 年）》部署要求，开展水产种质资源基本情况普查，摸清水产种苗繁育主体状况。以鱼、虾、蟹、贝、藻、参等为重点，持续推进水产原良种生产体系建设，推动南美白对虾、虾夷扇贝等重要养殖品种的联合育种，探索建立商业化育种体系。

"五大行动"自 2020 年实施以来，各省在水产养殖绿色发展方面取得了显著的成效，全国共创建了 984 个骨干基地，492 万亩示范面积，96 个示范推广水产新品种。骨干基地不仅实现了生态健康养殖模式的全覆盖，而且实现养殖尾水循环综合利用或达标排放；在水产养殖用兽药方面，总使用量同比下降 7%；在配合饲料的替代率方面，平均替代率达到 77%。

3. 养殖投入品及养殖证规范管理要求

为保障水产品的质量安全，促进水产养殖业的健康发展，农业农村部于 2021 年 1 月印发《农业农村部关于加强水产养殖用投入品监管的通知》，在水产养殖用兽药、饲料和饲料添加剂等投入品管理及相关违法行为整治、水产养殖用投入品使用白名单制度试行、普法宣传教育提升等方面明确了要求。并于 2021 年 5 月印发《实施水产养殖用投入品使用白名单制度工作规范（试行）》，明确了水产养殖投入品使用白名单，将国务院农业农村主管部门批准的水产养殖用兽药、饲料和饲料添加剂，及其制定的《饲料原料目录》和《饲料添加剂品种目录》所列物质纳入水产养殖用投入品白名单，实施动态管理。引导水产养殖者规范使用水产养殖投入品，稳步提升水产养殖质量安全水平。

2020 年 4 月，《农业农村部关于进一步加快推进水域滩涂养殖发证登记工作的通知》要求加快推进水域滩涂养殖发证登记，加大发证登记工作力度，"确保 2020 年底，全面完成省、市、县三级养殖水域滩涂规划编制发布，实现规划全覆盖，全面完成已颁布规划的县（区、市）的水域滩涂养殖发证登记，做到应发尽发；到 2022 年底，全面完成全国水域滩涂养殖发证登记，实现发证登记全覆盖"。

4. 政策支持

2021 年 5 月，为进一步推动渔业高质量发展，优化渔业产业结构，实现渔业转型升级，提高渔业现代化水平，构建渔业发展新格局，财政部联合农业农村部印发《关于实施渔业发展支持政策推动渔业高质量发展的通知》，继续实施渔业发展相关支持政策。具体支持包含以下两大方面。

在渔业发展补助资金方面，主要支持纳入国家规划的重点项目以及促进渔业安全生产等设施设备更新改造等。包括支持建设国家级海洋牧场、支持建设现代渔业装备设施、支持建设渔业基础公共设施、支持渔业绿色循环发展和支持渔业资源调查养护和国际履约能力提升。

在其他一般性转移支付方面，主要支持地方政府统筹推动本地区渔业高质量发展。一是对遵守渔业资源养护规定的近海渔船发放渔业资源养护补贴。二是由地方统筹用于渔业发展和管理的其他支出。主要用于近海渔民减船转产、水产养殖业绿色发展、渔政执法船艇码头等装备配备及运维、渔业信息化、水产品加工流通、近海渔船及船上设施更新改造、渔业资源养护等方面。其中，切实保障渔民减船转产补助资金需求,降低捕捞强度,保护海洋渔业资源。

2022 年 1 月,生态环境部和农业农村部联合印发《关于加强海水养殖生态环境监管的意见》,提出三方面重点监管要求,一是强化海水养殖环评管理和布局优化,严格海水养殖相关规划环评价审查,以及建设项目的环评审批或备案管理。优化海水养殖空间布局,严格养殖水域、滩涂用途管制,对禁养区依法禁止开展海水养殖活动,对养殖区和限制养殖区强化污染防控。加强养殖执法检查力度,依法查处无水域滩涂养殖证从事养殖生产等违法行为。二是实施养殖排污口排查整治,摸清海水养殖排污口底数,查清排污口数量、分布、排放去向等关键信息,建立信息台账。沿海地市制定实施海水养殖排污口分类整治方案,稳步推进整治工作。三是加强监测监管和执法检查,制定出台海水养殖尾水排放相关地方标准,要求沿海各省(区、市)于 2023 年底前完成标准出台。健全海水养殖尾水监测体系,2022 年底前在部分地区试点开展工厂化养殖尾水监测,2025 年底前初步形成主要工厂化养殖尾水的监测能力,推动工厂化养殖尾水进行自行监测。逐步加强对养殖投入品、有毒有害物质等的检测分析。实施分类监管,明确对池塘养殖清塘废水和淤泥、养殖区塑料垃圾等问题的生态环境监管措施,加大对集中连片养殖活动对岸线及生态环境影响的监视监管力度。推动在线监测、大数据监管等技术应用。加强执法检查,依法处理处罚海水养殖排污口未经依法备案或违规排污行为。

2022 年 1 月,生态环境部等 6 部门印发《"十四五"海洋生态环境保护规划》,要求加强海水养殖污染防治,严格海水养殖环评准入机制,推动海水养殖环保设施建设与清洁生产。加快制定养殖尾水排放地方标准,加强海水养殖污染生态环境监测监管,并加强养殖投入品管理,开展海水养殖用药的监督抽查。优化近海养殖布局,推动海水养殖由近海向深远海发展,推广生态健康养殖模式。落实养殖水域滩涂管控要求,依法禁止在禁养区开展海水养殖活动。

6.2　广西对海水养殖绿色发展的总体要求

1. 水产养殖绿色发展的行业要求

（1）水产养殖绿色发展目标

广西贯彻落实国家《关于加快推进水产养殖业绿色发展的若干意见》的要求,自治区人民政府于 2019 年 6 月印发《关于加快推进广西水产养殖业绿色发展的实施意见》,提出广西的目标任务为"到 2022 年,水产养殖业绿色发展空间布局明显优化,绿色低碳生产方式稳步推进,产业结构调整合理,养殖主产区基本实现尾水达标排放,优质安全水产品供给持续保障,产业综合效益不断提高;农业农村部水产健康养殖示范场保持在 200 个以上,渔业健康养殖示范县达 2 个以上,稻渔综合种养面积达 150 万亩以上，健康养殖示范面积达 65%以上，产地水产品抽检合格率保持在 98%以上。到 2035 年，水产养殖业绿色发展空间布局科学合理，养殖生产制度和监管体系健全，养殖尾水全面达标排放，优质安全水产品供给保障有力，产业综合效益稳定提高，基本实现养殖生产现代化，实现养殖强区的目标"。并明确了 14 个方面的重点工作，包含严格落实渔业基本经营制度，科学设置养殖发展布局，大力发展水产生态健康养殖，大力发展现代水产种业，实施养殖设施装备建设改造，推进养殖尾水治理，抓好养殖废弃物治理，强化养殖疫病防控，强化水产品质量安全监管，推进一、二、三产业融合发展等。

（2）养殖模式及养殖技术要求

广西积极贯彻落实《农业农村部办公厅关于实施水产绿色健康养殖技术推广"五大行动"的通知》要求，自 2020 年起每年制定广西水产绿色健康养殖技术推广"五大行动"实施方案，积极推动适合广西实际的水产养殖技术集成、模式创新，培育符合时代要求的现代水产养殖典型和样板，全力推进广西"五大行动"工作提质增效。围绕"五大行动"，广西重点做好以下五个方面的技术推广，并明确相关责任单位：①在生态健康养殖模式推广行动方面，集成和创新农业农村部重大引领性技术"陆基高位圆池循环水养殖技术"，因地制宜大力推广工厂化循环水养殖、陆基高位圆池养殖、集装箱式养殖及其他新型陆基设施化养殖、池塘工程化循环水养殖、多营养层级综合养殖、深水抗风浪网箱养殖、深远海智能化大型设施化养殖等生态健康养殖模式。重点总结提炼生态效益显著的"广西设施渔业十大模式"，遴选水产生态健康养殖主推技术。②在养殖尾水治理模式推广行动方面，结合国家渔业绿色循环发展、广西渔业高质量发展等扶持政策，指导骨干基地开展陆基设施化、池塘底排污、集中连片池塘、人工湿地、环保型网箱养殖等养殖尾水处理技术集成熟化和改进提升；聚焦养殖尾水处理集中连片化、生态化、智能化发展，创新集成和推广符合本地实际的养殖尾水治理新模式，实现养殖尾水资源化综合利用或达标排放。2022 年建设 30 个尾水治理模式示范基地，其中对 25 个尾水处理基地实施例行抽样监测、对 5 个尾水处理示范基地进行远程监控。③在水产养殖用药减量行动方面，指导养殖者依法依规使用投入品，加大水产养殖用药明白纸宣传推介。加强疫病监测与预警预报，推广疫苗免疫和生态防控技术应用，加强水产养殖规范用药科普宣传下乡活动，推广"鱼病远诊网"使用。强化减量用药技术指导，2022 年建立 10 个以水产养殖用药减量行动为主的示范基地。④在配合饲料替代幼杂鱼行动方面，加大推广应用配合饲料的宣传力度，跟踪指导配合饲料替代幼杂鱼养殖示范应用，指导企业和基地优化改进配合饲料替代幼杂鱼养殖技术。骨干基地养殖大口黑鲈、鲶鱼、乌鳢等配合饲料替代率达到 100%。建立 10 个以配合饲料替代幼杂鱼行动为主的示范基地。⑤在水产种业质量提升行动方面，开展水产养殖种质资源系统调查，广西 10 个特色水产品种种质检测及活体资源收集保存工作。推进南美白对虾、香港牡蛎等育种，探索联合省外育种企业与本地苗种企业建立商业化繁育体系。

2019 年，自治区农业农村厅印发《广西水产养殖尾水生态处理设施建设要点（试行）》，对海水池塘养殖尾水生态处理设施和陆基集约化设施养殖尾水生态处理给出了指导建设要点。陆基集约化设施养殖包括池塘工程化循环水养殖（跑道养殖）、集装箱循环水养殖、工厂化循环水养殖、庭院养殖等。

（3）养殖投入品及养殖证规范管理要求

为加强广西水产养殖投入品管理，保障水产品质量安全，加快推进水产养殖业绿色发展，根据《农业农村部关于加强水产养殖用投入品监管的通知》（农渔发〔2021〕1 号）有关规定，结合广西实际，自治区农业农村厅制定了《2021—2023 年广西水产养殖用投入品专项整治工作实施方案》。方案明确了做好法律普及和政策宣传工作、强化水产养殖用投入品生产管理、加强对水产养殖投入品经营环节监督检查、规范水产养殖用投入品使用行为、加大相关违法行为打击查处力度共 5 个方面的工作任务。

根据《农业农村部关于进一步加快推进水域滩涂养殖发证登记工作的通知》（农渔发〔2020〕6 号），自治区农业农村厅印发《关于加强养殖使用权制度建设推进水域滩涂养殖发证登记工作的通知》，在全区范围内推进水域滩涂养殖发证登记工作。2022 年 4 月，全区累计海水养殖发证 675 本，发证面积 16 853.75 公顷。沿海三市实现水域滩涂养殖发证全覆盖。

（4）政策支持

为贯彻落实《财政部、农业农村部关于实施渔业发展支持政策推动渔业高质量发展的通知》（财农〔2021〕41 号）等文件精神，结合广西实际，2022 年自治区农业农村厅联合财政厅印发《广西壮族自治区 2021—2025 年渔业发展支持政策总体实施方案》。支持重点为：一是渔业发展补助资金主要支持纳入国家规划的重点项目以及促进渔业安全生产等设施设备更新改造等方面，包括国家级海洋牧场建设、现代渔业装备设施、渔业基础公共设施、渔业绿色循环发展等；二是其他一般性转移支付资金主要支持统筹推动全区渔业高质量发展，包括海洋渔业资源养护、近海捕捞渔民减船转产、近海和远洋渔船及船上设施设备更新改造、水产养殖业绿色发展、渔港基础和渔政执法装备建设、渔业渔政管理信息化建设、渔业安全生产监管、水产品加工流通、水产良种工程、渔业资源调查评估、海洋牧场建设与增殖放流、渔业统计管理等内容。

2. 水产养殖绿色发展的生态环境保护要求

2022 年 2 月，自治区生态环境厅等 7 部门印发《广西壮族自治区海洋生态环境保护高质量发展"十四五"规划》，提出"加强海水养殖污染防治。优化海水养殖空间布局，推进海水养殖产业结构调整。清理违法违规占用海域和岸滩湿地等养殖活动。严格执行海水养殖环评准入和落实机制，依法依规做好海水养殖新改扩建项目环评审批和相关规划的环评审查，推动海水养殖环保设施建设与清洁生产。积极推进清洁化、生态化水产养殖方式，推广人工鱼礁、深水抗风浪网箱养殖、近岸海域增殖放流等标准化健康养殖模式，鼓励发展深远海设施渔业，全面推广生态健康养殖技术。加强养殖投入品管理，开展海水养殖用药的监督抽查，依法规范、限制使用抗生素等化学药品，减少兽用抗菌药使用量。规范海水养殖尾水排放，加大海水养殖污染的生态环境监管力度，加快制定广西养殖尾水排放地方标准，推进养殖尾水监督性监测和企业自行监测"。

自治区生态环境厅每年制定广西近岸海域污染防治行动计划，将海水养殖污染防治工作部署其中，明确工作要求及各地各部门责任，持续开展养殖尾水治理生态示范工程建设和水产养殖固体废弃物整治，推动水产养殖尾水达标排放；严格海水养殖环评项目审批、备案和现有项目摸排，按照禁养区、限养区管控要求，清理整治海水养殖活动。

"十四五"以来，广西全面推进水产养殖绿色发展，深入实施水产绿色健康养殖技术五大行动，截至 2024 年上半年，累计创建 60 个国家级骨干基地、35 个自治区级骨干基地，并实现养殖尾水监测全覆盖。创建 10 个国家级水产健康养殖和生态养殖示范区。建设了 4 个国家级海洋牧场示范区，建造及投放人工鱼礁礁体 43.84 万空立方米，涉及海域总面积约 16 779 公顷，人工鱼礁透水构筑物用海面积约 6320 公顷；在海洋牧场示范区及周边海域共放流各类海洋水生生物苗种 24.95 亿单位。设施渔业发展取得显著成效，累计建成陆基循环水养殖圆池 2.13 万个，规模位列全国第一，桁架类大型养殖平台实现零的突破，建成重力式深水网箱标准箱 4190 口。

6.3　广西海水养殖绿色发展尚存在的差距

对标国家对水产养殖绿色发展的目标与要求，结合广西地方实际，在海水养殖绿色发展方面尚存在的差距主要有以下几点。

1. 生态健康养殖模式覆盖率较低

广西海水养殖产量以贝类养殖产量最高，占比 69.9%，其次是虾类，占比 22.1%，鱼类占比为 6.5%。贝类养殖目前基本为海上的单养模式，结合贝藻鱼类多营养层级的生态综合养殖模式几乎没有；虾类养殖主要为岸基的池塘养殖，目前池塘养殖约有部分采取高位池、棚式养殖方式进行集约化的养殖模式，但仍有达 80%以上的比例采取传统池塘养殖的模式，工厂化养殖产量比例不足 1%，位于全国倒数第一。且池塘养殖方式中单养占比达 50%以上，鱼虾混养、立体养殖模式较少，广西的生态健康养殖模式的覆盖率仍急需提高。

2. 养殖尾水治理率较低

与实现养殖主产区养殖尾水达标排放的目标仍有较大差距。目前广西尚未出台海水养殖尾水排放标准，养殖尾水治理力度不够，养殖主体的治理意识薄弱，环境监管执法缺乏行之有效的依据，全区养殖尾水的治理率仅 9%，大部分养殖尾水未经有效处理直接外排，对周边的生态环境造成不良影响，需加强养殖尾水污染整治工作。

3. 渔业生态环境保护形势严峻

渔业资源保护有待加强。全区渔业资源状况虽有恢复性迹象，但长期过度捕捞、环境污染、渔业生境受损，使得渔业资源衰退势头未能得到根本性遏制，资源基础依然脆弱、修复手段不多、养护效果不明显等问题依然存在。以渔业资源监测评估为基础的捕捞业产出管理制度亟待完善。再者捕捞渔民转产转业难度大，全区捕捞渔民转产转业仍存在不少问题，如渔民群众转产转业的渠道不多，改革力度有待加强。

4. 设施渔业发展基础比较薄弱

养殖池塘老化严重，沿海地区岸基海水养殖大部分仍以传统养殖池塘为主，抗疾病、恶劣天气影响能力较差。设施渔业发展存在用地、用水、用电难的问题，部分地区未落实农业用水用电优惠政策。重力式深水网箱建设门槛较高，企业前期需要投入较多资金，风险保障机制不完善，养殖用海存在"招拍挂"滞后问题。

5. 水产原良种体系建设滞后

种业体系不够健全，良种覆盖率偏低，水产苗种尤其是优质苗种自给能力不足，罗非鱼、卵形鲳鲹和对虾等苗种来自广东、海南等省。同时水生动物病害防治、水产品质量安全监测、养殖技术推广等服务和保障体系建设仍然不健全。

第7章 优质亲海空间的要求和差距

建设美丽海湾是美丽中国建设在海洋领域的集中体现和实践载体,"十四五"以来,美丽海湾建设在全国各地逐步得以实施,广西也相继出台了各项举措对亲海空间生态环境进行治理,取得一定成效,但与国家要求还是存在一定差距。本章分析了国家和广西层面对亲海空间的品质要求,结合广西目前的亲海空间环境现状,从亲海空间品质和治理制度两个层面分析了目前还存在的差距,以期为后续的海洋垃圾治理指明方向。

7.1 国家对优质亲海空间的要求

1. 国家对优质亲海空间的品质要求

近年来,国家在推进海洋生态环境治理体系和治理能力现代化,打造宜居宜业宜游的滨海生态空间,公众亲海临海的获得感和幸福感不断提升。为充分拓展公众亲海空间,持续提升公众亲海品质,加快推进美丽海湾建设,国家出台了《"十四五"海洋生态环境保护规划》(以下简称《海洋保护规划》),对优质亲海空间品质提出了具体要求。

《海洋保护规划》以习近平新时代中国特色社会主义思想为指导,深入贯彻习近平生态文明思想,对"十四五"期间海洋生态环境保护工作作出了规划和部署,更加注重公众临海亲海需求。研究提出了"十四五"期间的主要指标和2035年的远景目标,其中包括"80%以上的大中型海湾基本建成'水清滩净、鱼鸥翔集、人海和谐'的美丽海湾,人民群众对优美海洋生态环境的需要得到满足"。

亲海空间具体目标指标为"美丽海湾建设稳步推进。亲海环境质量和优质生态产品供给明显改善,公众临海亲海的获得感和幸福感显著增强,推进50个左右海湾综合治理和美丽海湾建设"。

2. 国家对优质亲海空间的治理要求

(1)《"十四五"海洋生态环境保护规划》

《海洋保护规划》除了对亲海空间品质提出要求,还提出了一系列针对环境保护和治理的要求。《海洋保护规划》第9条内容对加强海上污染分类整治做出了明确规定,要求实施船舶污染防治,进一步提升船舶污染物接收设施的运营和管理水平，推进陆上环卫制度的有效衔接，落实港口船舶污染物联合监管机制。实施渔港和渔船污染综合治理，配齐渔港垃圾收集和转运基础设备设施，及时收集、清理、转运并处置渔港及到港渔船产生的垃圾，探索渔具标识和实名制，加强废旧渔网渔具、养殖网箱回收研究。2025 年底前，沿海中心渔港全部落实"一港一策"的污染防治措施。

《海洋保护规划》第 10 条内容对推进海洋塑料垃圾治理提出了要求，要求开展海洋塑料垃圾和微塑料监测调查。推动沿海市县建立海洋塑料垃圾清理工作长效机制，保持重点滨海区域无明显塑料垃圾。增加海滩等活动场所垃圾收集设施投放，提高垃圾清运频次。组织开展海洋塑料垃圾及微塑料污染机理、监测、防治技术等相关研究。

《海洋保护规划》第 20 条对提升公众亲海环境质量也提出了要求，要求以沿海大中城市毗邻海湾海滩为重点，加强亲海环境整治，因地制宜拓展生态化亲海岸滩岸线。实施岸滩和海漂垃圾常态化监管，推进海湾水体和岸滩环境质量改善。加强海水浴场环境质量监测预报和信息发布，加大海洋环保宣传力度，不断提升公众临海亲海的获得感和幸福感。

（2）《"十四五"塑料污染治理行动方案》

2021 年，国家发展改革委、生态环境部印发《"十四五"塑料污染治理行动方案》（发改环资〔2021〕1298 号，以下简称《方案》）。《方案》贯彻落实国家对于塑料污染治理的相关决策部署，力争在加强塑料污染全链条治理、推动"十四五"白色污染治理方面取得更大成效。

《方案》强调，"十四五"期间，塑料污染治理工作要进一步完善塑料污染全链条治理体系，聚焦重要区域、重点环节、关键领域，压实各方责任，采取各种措施，从塑料生产和使用源头减量，积极研发推广塑料替代制品，推进塑料制品全生命周期管理，规范其回收利用方式，提高塑料垃圾末端处置能力。着力开展专项行动对塑料垃圾进行清理整治，推动白色污染治理取得明显成效。到 2025 年，塑料污染治理机制运行更加有效，塑料制品生产、流通、消费、回收利用、末端处置全生命周期治理成效更加显著，白色污染得到有效遏制。

（3）《中华人民共和国固体废物污染环境防治法》

随着国民经济的发展，固体废物的产生量不断增加，而固体废物的处理方式、处理能力等方面仍存在一定的问题。为了有效地防治固体废物污染，保护环境，促进可持续发展，2020 年，我国出台了新修订的《中华人民共和国固体废物污染环境防治法》（以下简称《固废法》）。

新《固废法》共计八章七十五条，对固体废物的管理、监督、处罚等方面做出了详细规定。新法强化了对固体废物的分类管理，使得固体废物的回收利用率得到提高，同时也减少了固体废物的排放量。同时，新法还对固体废物的排放、处置等行为做出了严格的规定，对违法行为给予了相应的处罚。新《固废法》的出台，具有重要的现实意义和未来意义。在现实意义上，新法规定了固体废物管理的具体措施，有利于规范固体废物的处置行为，保护环境、维护生态平衡；在未来意义上，新法为我国的可持续发展提供了重要的法律保障，为建设美丽中国提供了坚实的法律基础。

新《固废法》第十九条要求"收集、贮存、运输、利用、处置固体废物的单位和其他生产经营者，应当加强对相关设施、设备和场所的管理和维护，保证其正常运行和使用"；第二十条要求"产生、收集、贮存、运输、利用、处置固体废物的单位和其他生产经营者，应当采取防扬散、防流失、防渗漏或者其他防止污染环境的措施，不得擅自倾倒、堆放、丢弃、遗撒固体废物"。

（4）《关于开展"湾长制"试点工作的指导意见》

2017年9月，国家海洋局印发了《关于开展"湾长制"试点工作的指导意见》，明确试点地区加快建立分工明确、层次明晰、统筹协调的管理运行机制，逐级设立湾长，构建专门议事和协调运行机制，做好与河长制的衔接；加快制定职责任务清单，切实落实好管控陆海污染物排放、强化海洋空间资源管控和景观整治、加强海洋生态保护与修复等任务；加快构建监督考评体系，建立健全考核性监测制度和考核督查制度，逐步构建社会监督机制。

（5）《关于加快推进水产养殖业绿色发展的若干意见》

近年来，我国水产养殖产业发展稳中有进，水产品作为优质动物蛋白源，深受人民群众喜爱，其消费需求刚性增长，促进了养殖业的技术优化和产量的逐年提高，但也不同程度地存在布局不合理、局部区域养殖密度过大、养殖方式落后等问题。特别是近海浮筏式、吊笼式养殖，使用大量泡沫浮球，其废弃后随意丢弃，给近海海域带来大量白色污染。为加快推进水产养殖业绿色发展，促进产业转型升级，农业农村部联合九部委提出《关于加快推进水产养殖业绿色发展的若干意见》。强调要加强养殖废弃物治理。推进贝壳、网衣、浮球等养殖生产副产物及废弃物集中收置和资源化利用。整治近海筏式、吊笼养殖用泡沫浮球，推广新材料环保浮球，着力治理白色污染。加强网箱网围拆除后的废弃物综合整治，尽快恢复水域自然生态环境。

7.2　广西对优质亲海空间的要求

1. 广西对优质亲海空间的品质要求

为有效落实《"十四五"海洋生态环境保护规划》，2022年2月24日，广西壮族自治区生态环境厅等7部门联合印发了《广西壮族自治区海洋生态环境保护高质量发展"十四五"规划》，提出一系列目标指标和任务措施，其中针对亲海空间品质提出了具体的指标要求，要求亲海环境品质明显改善，到 2025 年，亲海环境质量和优质生态产品供给明显改善，公众临海亲海的获得感和幸福感显著增强，美丽海湾保护与建设示范引领作用有效发挥。北钦防三市共整治修复亲海岸滩 10 千米，基本建成美丽海湾 3 个。

2. 广西对优质亲海空间的治理要求

（1）《广西壮族自治区海洋生态环境保护高质量发展"十四五"规划》

《广西壮族自治区海洋生态环境保护高质量发展"十四五"规划》（以下简称《规划》）在对亲海空间品质提出要求的同时，还明确要求推进海洋塑料垃圾治理，严格塑料生产、销售和使用等源头防控，开展海洋塑料垃圾和微塑料监测调查，探索实施海洋塑料垃圾有偿回收机制。实施重点区域塑料垃圾专项清理，推动沿海各市县建立海洋塑料垃圾清理长效工作机制，确保重点海域无明显塑料垃圾。在北海市银滩和侨港、钦州市三娘湾以及防城港市金滩和白浪滩海域开展海洋塑料垃圾污染排查和微塑料专项调查。增加亲海场所垃圾收集设施，提高垃圾清运频次。组织开展海洋塑料垃圾及微塑料污染防治监测等相关研究。

《规划》还提出完善海湾生态环境综合监管机制，以海湾为基础管理单元，以突出问题为导向，优化构建陆海统筹、整体保护、系统治理的海洋生态环境分区管治格局，细化海湾生态环境保护监管责任分工，常态化开展海湾生态环境巡查监管，推进形成"问题发现和报告—任务交办和督促落实—公众参与和社会监督"综合监管机制。2022 年底前，形成以湾长制为核心的海湾生态环境综合监管格局。

《规划》还针对各项任务提出了滨海城市亲海岸滩"净滩净海"重点工程，包括北海市南澫渔港、侨港渔港环境综合治理，完善环保基础设施工程；北海涠洲岛加强海洋垃圾治理整治、亲海空间管理和生态友好型公共服务设施建设。完善钦州市犀丽湾基础设施建设，提升公众亲海体验感。

《规划》要求强化宣传引导，实施全民行动积极发挥新闻舆论的引导和监督作用，持续深入开展海洋生态环境宣传教育活动，传播海洋生态文明理念。鼓励公众参与海洋生态环境保护决策，充分听取公众对重大决策和建设项目的意见，不断增强社会公众投身海洋环保的责任意识和参与意识。充分发挥环保举报热线和网络平台作用，逐步完善民主监督和举报制度，切实提升全社会的海洋环境守法意识，推动形成海洋生态环境治理的全民行动体系。

（2）《广西壮族自治区进一步加强塑料污染治理工作实施方案》

2020 年 5 月 27 日，广西壮族自治区发展和改革委员会、广西壮族自治区生态环境厅联合印发《广西壮族自治区进一步加强塑料污染治理工作实施方案》，方案实施的目标是"到 2020 年,率先在部分地区、部分领域禁止、限制部分塑料制品的生产、销售和使用。到 2022 年,全区一次性塑料制品消费量明显减少,替代产品得到推广,塑料废弃物资源化能源化利用比例大幅提升;在塑料污染问题突出领域和电商、快递、外卖等新兴领域,推动形成塑料减量和绿色物流模式。到 2025 年,全区塑料制品生产、流通、消费和回收处置等环节的管理制度基本建立,多元共治体系基本形成,替代产品开发应用水平进一步提升,城市塑料垃圾填埋量大幅降低,塑料污染得到有效控制"。

7.3　广西优质亲海空间尚存在的差距

1. 亲海空间品质差距

近年来,广西沿海也采取了一系列措施提高亲海空间品质,但距离国家及广西的要求还存在一定差距,具体如下。

（1）美丽海湾建设未达到要求

近年来,广西以湾长制为抓手,多措并举建设美丽海湾。强化系统谋划,出台实施《广西美丽海湾保护与建设实施方案》,统筹北海银滩、涠洲岛、防城港西湾、北仑河口-珍珠湾及钦州三娘湾 5 个美丽海湾建设,明确任务书、时间表、路线图,并纳入湾长制工作统筹推进。截至 2025 年 4 月,北海银滩和涠洲岛入选全国美丽海湾优秀案例。防城港西湾、北仑河口-珍珠湾及钦州三娘湾尚未达到美丽海湾建设要求,需加强对岸滩的整治。

（2）局部海区垃圾密度仍较大,公众亲海体验差

根据本书对广西沿海三市海洋垃圾调查结果,沿海重点景区如北海银滩有专门的保洁队伍负责每日清扫垃圾,岸滩垃圾密度很小,游客亲海临海体验感好,但是局部区域如零散分布的小海滩、小码头、养殖区附近的红树林、延伸入海的网红公路等区域因无人管理,垃圾密度较大,局部海域如防城港西湾和珍珠湾海漂垃圾密度相对较大,公众临海亲海体验感差。

2. 亲海空间治理差距

（1）立法机制欠缺

尽管国家已制定多项针对海洋环境污染防治的法律法规,如《中华人民共和国海洋环境保护法》《中华人民共和国固体废物污染环境防治法》等,但目前尚未有专门针对海洋垃圾治理的独立法案。海洋塑料垃圾管理涉及环保、海洋、农业、住建等多个部门,虽然近年来通过修订相关法律和政策,在一定程度上强化了海洋垃圾污染防治的管理要求,但在国家层面上仍缺乏统一、完善的政策安排和制

度体系。因此，进一步完善相关立法工作，构建专门的海洋垃圾治理法律框架和协同机制，仍是当前海洋环境保护的重要任务。

（2）广西海上环卫制度尚未全面实施

广西已发布《广西海上环卫制度》，沿海三市通过海上环卫行动和海岸线清洁专项整治工作，取得了一定成效。然而，海洋垃圾来源多样且形成机制复杂，目前广西仍未构建起覆盖全域完整的岸线和近海垃圾收集分类、打捞、运输、处理体系。在未开发岸线和管理难以覆盖的区域，仍存在岸滩垃圾残留问题，成为环卫制度全岸线覆盖的制约因素。广西需要进一步完善海上环卫机制，建立陆海统筹的垃圾治理长效机制，以实现海洋垃圾的有效防控和清理。

（3）部门间沟通不畅，区域联防联治有待完善

海洋垃圾管理与处置是一项复杂且庞大的任务，涉及环保、海洋与渔业、水利、海事等多个部门。各部门管理目标不同，相关法律法规存在差异，加上体制不畅和职能交叉，导致海洋垃圾治理面临多头管理、权责不明、投入不足等问题。同时，目前缺乏顶层设计和长效机制，各部门信息、措施和研究成果难以共享，无法实现海陆统筹和部门联动，难以形成防治合力。

（4）国际合作治理海洋塑料污染还需加强

广西海域与越南、菲律宾等国毗邻，由于海水的流动性，海洋垃圾会跨国界传播，这不仅影响区域生态环境，还对沿海国家的经济和形象造成负面影响。目前，广西在海洋垃圾治理方面已经开展了一些国际合作。但与海南相比，广西在国际交流与合作方面仍有提升空间。海南在海洋垃圾治理的国际合作中表现更为积极，例如，通过参与国际会议、开展合作项目等方式，与其他国家和地区共同探讨海洋垃圾治理的解决方案。因此，广西需要进一步加强与周边国家的国际合作，共同应对海洋垃圾问题。

（5）渔具标识和实名制尚未建立

渔民或垂钓者遗弃、丢失或抛弃的渔具在海洋中漂浮，会对鱼类、鲸豚、海豹和海龟造成诸多毁灭性影响，弃留渔具还会改变海底和海洋环境，船只的螺旋桨也可能被其缠绕，从而造成航行困难，在最坏的情况下则会导致船只倾覆和人员死亡。各类渔具还会被冲到海滩上成为垃圾，影响公众亲海临海体验。而渔具标识能够确定其所有者，鼓励对渔具进行负责任的管理，能有效预防各类渔具的随意丢弃。目前，广西尚未实施渔具标识和实名制管理，未来是可以探索开展的方向。

（6）海洋生态环境治理的全民行动体系尚未形成

近年来，在生态环境部的指导支持下，广西积极动员和引导环保社会组织和公众，秉承志愿服务精神参与生态环境保护。2018年起，广西参与"美丽中国，我是行动者"主题实践活动，三名个人和一个单位获2022年"'美丽中国，我是行动者'提升公民生态文明意识行动计划"先进典型。

2021 年 2 月，生态环境部、中央宣传部等六部门联合印发《"美丽中国，我是行动者"提升公民生态文明意识行动计划（2021—2025 年）》，将"志愿服务行动"作为"十四五"时期十大专项行动之一。2021 年 6 月，生态环境部联合中央文明办印发《关于推动生态环境志愿服务发展的指导意见》，进一步明确了生态环境志愿服务工作主要内容和重点任务。广西按照计划和指导意见积极发展海洋生态环境志愿服务队伍，利用广播、电视、新闻媒体及志愿者云平台招募志愿者，经过多年探索和实践，生态环境志愿服务队伍日益壮大，项目类型日益丰富，数量持续增长。

但要构建一个系统有效的环境治理全民行动体系，仍有很多工作要做。一个系统有效、能够良性运作的全民行动体系，要同时满足公众信息可获取、公众参与表达机制健全、环境权益责任明确以及有相应的制度和文化保障等。广西还需继续完善相关机制，探索建立起海洋生态环境治理的全民行动体系。

（7）塑料制品全生命周期管理制度尚未建立

塑料污染的产生源于当前"生产—利用—丢弃"的传统线性塑料经济模式。实施塑料污染物全生命周期管理能够避免或者减少每一阶段所产生的污染物。全生命周期管理的关键在于从线性经济转向循环经济，形成"资源—产品—再生资源"的模式。在生产加工环节，应坚持"减量化"和"再使用"的原则。一方面，要促进源头减量生产。如通过出台使用名录来限制或禁止一次性塑料制品生产、禁止使用塑料微珠等原生微塑料制品、对包装物征收塑料制品税等；另一方面，要通过创新再生化、资源化技术研发实现可重复利用产品。在回收利用环节，应坚持"再循环"的原则。建立涵盖垃圾分类回收、集中处理等塑料废品回收利用机制，尽可能地将塑料废物作为一种资源投入再生利用或循环利用之中。在排放处置环节，应坚持"污染最小化"原则。一方面，规定相关企业在塑料垃圾排放方面的标准或限额，减少垃圾直接填埋量，禁止垃圾越境转移，并对违规排放行为进行处罚。另一方面，通过研发微塑料清除技术、生物降解技术，从根源上消除微塑料污染。

塑料污染是全球性问题，治理塑料污染需要全球共同努力，需要从塑料制品全生命周期着手开展治理，需要国际社会持之以恒的行动。目前国外已开始探索开展塑料制品全生命周期管理，我国对相关制度的建设还处于起步阶段，广西也制定了相关政策，未来还需要努力探索开展相关制度建设。

参 考 文 献

霍传林，倪刚，尤建军，等，2022. 陆海统筹背景下的流域海域生态环境监管实践 助力海洋生态文明建设[J]. 环境与可持续发展，47（3）：12-15.

孙金龙，2020. 深入学习贯彻习近平新时代中国特色社会主义思想中华民族永续发展的千年大计：深入学习贯彻习近平生态文明思想[N]. 人民日报，2020-06-30（9）.

第8章 美丽海湾建设对海洋生态环境的新要求

8.1 美丽海湾的背景和概念

海湾是深入陆地形成明显水曲的海域，是受海、陆双重影响的特殊自然体。海湾中分布着河口、湿地、潮间带等自然生境类型，多样化的生境提供了多种生物共存的环境基础。从环境禀赋来看，海湾资源环境条件优越、人口产业聚集度高，既是各类海洋生物繁衍生息的重要生态空间，也是各类人为开发活动的主要承载体（许妍等，2021）。湾区经济社会发展与自然生态环境联系紧密，是沿海地区践行"绿水青山就是金山银山"理念，协同推进经济高质量发展和生态环境高水平保护的战略要地。与此同时，海湾是近岸海域半封闭的水体，环境承载能力较弱，保护与开发的矛盾最为集中，生态环境问题突出，是制约我国海洋生态环境持续改善的关键区域（李方，2021）。因此，海湾在海洋生态环境保护的总体布局中占据着至关重要的地位。美丽海湾保护与建设对于推动海洋生态环境持续改善、根本好转具有重要意义。

海洋生态环境保护是生态文明建设的重要组成部分，开展美丽海湾建设是贯彻落实习近平生态文明思想的必然要求，是建设美丽中国的重要举措。党的十九大报告将"建设美丽中国"作为社会主义现代化强国目标的重要组成部分，将"提供更多优质生态产品以满足人民日益增长的优美生态环境需要"纳入民生范畴，与"五位一体"总体布局对应起来，使其成为全面建设社会主义现代化国家新征程的重大战略任务。美丽海湾是美丽海洋的具体单元，也是实现美丽中国的亮丽底色（许妍等，2021）。美丽海湾作为美丽中国的重要组成部分，美丽海湾保护与建设是未来一段时期海洋生态环境保护的重点工作（李方，2021）。《中华人民共和国国民经济和社会发展第十四个五年规划和2035年远景目标纲要》要求"打造可持续海洋生态环境""加快推进重点海域综合治理，构建流域-河口-近岸海域污染防治联动机制，推进美丽海湾保护与建设"；《中共中央 国务院关于深入打好污染防治攻坚战的意见》也明确提出建成一批具有全国示范价值的美丽河湖、美丽海湾。生态环境部与发展改革委、自然资源部、交通运输部、农业农村部、中国海警局联合印发的《"十四五"海洋生态环境保护规划》明确了"十四五"乃至更长一段时期，美丽海湾保护与建设将作为一条主题主线，贯穿重点海域综合治理、陆海协同治理等海洋生态环境保护工作始终。到 2035 年，我国海洋环境质量短板全面补齐，海洋生态环境实现根本好转，80%以上的重点海湾基本建成美丽海湾，不断满足人民群众对优美海洋生态环境的需要，美丽海洋建设目标基本实现。因此，从"十四五"时期开始，就要统筹谋划我国美丽海湾保护与建设总体部署，梯次推进美丽海湾保护与建设。

8.2 美丽海湾总体要求

作为美丽中国的重要组成部分，美丽海湾原则上应符合以下三个条件。

（1）海湾环境质量良好

湾内各类入海污染源排放得到有效控制，海水水质优良或稳定达到水质改善目标要求，海岸、海滩长期保持洁净，海滩垃圾、海漂垃圾得到有效管控，稳定实现"水清滩净"。

（2）海湾生态系统健康

海湾自然岸线、滨海湿地、典型海洋生态系统和海洋生物多样性得到有效保护，滨海植被覆盖率高，海湾生态系统结构稳定，生态服务功能得到恢复，稳定实现"鱼鸥翔集"。

（3）亲海环境品质优良

海湾生态景观优美，社会公众亲海空间充足，海水浴场和滨海旅游度假区等生态环境品质优良，综合治理能力较强，长效机制健全，能够持续满足人民群众观景、休闲、赶海、戏水等亲海需求，稳定实现"人海和谐"。

因此，美丽海湾可定义为环境优美、水清滩净，生态健康、鱼鸥翔集，实现人与海和谐共生，可持续提供优质生态产品、创造物质和精神财富，满足人民日益增长的优美生态环境需要和美好生活向往的海湾。其中"水清滩净，生态健康、鱼鸥翔集，实现人与海和谐共生，可持续提供优质生态产品、创造物质和精神财富"是物质基础，"满足人民日益增长的优美生态环境需要和美好生活的向往"是人民群众的感知和认识，两者统一，则为美丽海湾（李方，2021）。美丽海湾保护与建设为统领，扎实推动海湾生态环境质量改善，根本目的就是要不断满足公众对美好海洋生态环境的期盼。

8.3 美丽海湾具体指标体系要求

8.3.1 海湾环境质量良好，稳定实现"水清滩净"

1. 入海污染源得到有效控制

推进入海河流断面水质持续改善。建立沿海、流域、海域协同一体的综合治理体系。巩固深化入海河流整治成效，以改善近岸重点海湾和主要河口区水质为目标，加强钦江、南流江、白沙河和南康江等入海河流的综合整治。针对水质较差或波动较大的茅尾海、钦州港、大风江口和铁山港湾等重点海湾，开展环湾城市化区截污纳管建设、污水处理厂提质增效等工程，在河口区因地制宜建设人工湿地净化和生态扩容工程，探索农业面源污染治理，推进河流入海断面水质持续改善，进一步削减入海河流总氮总磷等的排海量。"十四五"期间，河流入海国控断面持续消除劣 V 类水质且稳定达到国家考核目标要求；2025 年钦江、茅岭江、大风江等国控入海断面总氮浓度低于 2020 年水平。

强化陆域污水收集处理。做好污水管网的排查工作，进一步完善城镇污水处理厂配套管网建设，推进沿海三市深海排放管网建设。强化工业集聚区配套或依托的污水集中处理设施的管理和配套管网建设，做好工业废水预处理后的水质监控，以满足相应污水集中处理厂的进水水质要求，确保处理设施稳定运行、达标排放。探索污水处理厂工艺改造和监管，对排口位于环境容量小、敏感海域的污水处理厂，鼓励优化升级污水处理工艺，使其尾水排放基本达到《地表水环境质量标准》Ⅳ类标准。2025 年前完成北海市工业园污水处理厂集中至大冠沙污水处理厂深海排放建设工程，以及合浦县龙港新区东港产业园和钦州市北部湾华侨投资区污水处理设施建设，沿海城区、县区污水处理厂尾水排放全面达到《城镇污水处理厂污染物排放标准》（GB18918—2002）一级 A 标准。

全面开展入海排污口排查整治。深化北钦防三市陆源入海污染治理责任，按照"有口皆查、应查尽查"要求，持续开展入海排污口排查、监测、溯源、治理工作，全面摸清广西入海排污口的分布情况、污染物排放量、浓度等特征和排污口责任主体，形成广西入海排污口动态台账并通过数据共享集成实现实时监测监管。以广西近岸海域为监查重点，建立健全"近岸水体-入海排污口-排污管线-污染源"全链条治理体系，系统开展广西入海排污口综合整治，落实广西入海排污口整治销号制度。加强和规范入海排污口设置的备案管理，建立健全入海排污口的分类监管体系。2023 年底前，完成茅尾海、铁山港湾等重点海域入海排污口排查；2025 年底前，完成重点海域入海排污口整治，基本建立入海排污口分类整治与监管体系。

该建设体系指标包括"入海河流断面水质达标率"、"国控入海流总氮治理情况"和"入海排污口达标排放率" 3 个指标。入海河流和入海排污口是陆源污染防治最重要的"闸口"，两项指标也在一定程度上表征了陆源污染对海洋生态环境质量的影响。因此，基于入海河流综合治理和入海排污口查测溯治的总体要求，设置了入海河流和入海排污口达标排放等两项指标，并明确了入海河流评估范围为国控和省控入海河流断面、入海排污口评估范围包括直排海污染源和排查出来的其他全部入海排污口。

（1）入海河流断面水质达标率

指入海河流断面中水质达标的断面占比，评估对象包括国控和省控入海河流断面。计算方法：入海河流断面水质达标率（%）＝水质达标的入海河流断面的数量÷海湾入海河流断面的总数量×100%。

达标率 100%，或无入海河流，赋分 5 分；80%≤达标率＜100%，赋分 2 分；60%≤达标率＜80%，赋分 1 分；达标率＜60%，赋分 0 分。

（2）国控入海河流总氮治理情况（附加分）

入海河流总氮治理是推动近岸海域水质改善的重要举措，也是污染防治攻坚战的重点攻坚任务。

与 2020 年相比，总氮平均浓度下降或稳定，赋分 3 分；与 2020 年相比，总氮平均浓度上升，赋分 0 分。

（3）入海排污口达标排放率

指按照不同类型排污口的排放标准，海湾内入海排污口中实现达标排放的比例，评估对象包括直排海污染源和排查出来的其他全部入海排污口。

达标率 100%，或无入海排污口，赋分 5 分；80%≤达标率＜100%，赋分 2 分；60%≤达标率＜80%，赋分 1 分；达标率＜60%，赋分 0 分。

2. 海水水质稳定达到目标要求

重点海湾水环境污染和岸滩、海漂垃圾污染得到有效解决，近岸海域环境质量得到改善。2025 年，广西近岸海域优良水质比例不低于 93.0%；河流入海国控断面全面消除劣 V 类水质。

该项建设目标要求以海湾水质优良比例表征海水环境质量状况，把海湾水质监测结果以及考核目标相结合表征海湾本身的水质状况。该级指标下设 2 个二级指标，分别是"现状水质优良比例"和"现状水质优良比例较 2018～2020 年平均值的增加值"，用于表征海水水质现状及改善情况。目标要求：海湾水质优良比例与 2020 年相比保持稳定或持续改善。具体指标及赋值如下。

（1）现状水质优良比例

水质优良比例≥85%且近年来保持相对稳定，赋分 10 分；

65%≤水质优良比例＜85%，赋分 8 分；55%≤水质优良比例＜65%，赋分 6 分；45%≤水质优良比例＜55%，赋分 4 分；35%≤水质优良比例＜45%，赋分 2 分；25%≤水质优良比例＜35%，赋分 1 分；水质优良比例＜25%，赋分 0 分。

（2）现状水质优良比例较 2018～2020 年平均值的增加值（附加分）

增加 20%以上，赋分 3 分；增加 5%（不含）～20%，赋分 2 分；增加 0%～5%，赋分 1 分；减少，赋分 0 分。

3. 海洋垃圾得到有效管控

实施港口船舶污染综合整治。进一步提升船舶污染物接收设施的运营和管理水平，推进与城市公共转运及处置设施的有效衔接，落实港口船舶污染物接收、转运、处置联合监管机制，加强国际船舶压舱水的接收和处理设施建设。推进北部湾港口岸电设施建设和使用。

实施渔港和渔船污染综合整治。鼓励配置完善渔港垃圾收集和转运设施，及时收集、清理、转运并处置渔港及到港渔船产生的垃圾和废弃渔网渔具。2025 年底前，北钦防三市中心渔港全部落实"一港一策"的污染防治措施。

推进海洋塑料垃圾治理。严格塑料生产、销售和使用等源头防控，开展海洋塑料垃圾和微塑料监测调查，探索实施海洋塑料垃圾有偿回收机制。实施海湾、河口、岸滩等区域塑料垃圾专项清理，推动沿海市、县建立海洋塑料垃圾清理工作长效机制，保持重点滨海区域无明显塑料垃圾。结合广西海洋生态环境监测工作，在北海市银滩和侨港、钦州市三娘湾以及防城港市金滩和白浪滩海域开展海洋塑料垃圾污染排查和微塑料专项调查。增加亲海场所垃圾收集设施，提高垃圾清运频次。组织开展海洋塑料垃圾及微塑料污染机理、监测、防治技术等相关研究。2023 年底前，北钦防三市基本建立海上环卫制度。

用"海湾洁净状况"来表征海湾岸滩的洁净程度，指海岸、海滩长期保持洁净，海滩垃圾、海漂垃圾得到有效管控，与社会公众对海湾环境质量的直观感受结合起来。具体指标有"海湾内垃圾盖度"与"完成专项清漂行动情况"，用于反映海湾洁净现状及海湾清洁整理力度和机制，具体指标及赋值如下。

（1）海湾内垃圾盖度

垃圾盖度≤0.5%，赋分 10 分；0.5%＜垃圾盖度≤5%，赋分 1~9 分；垃圾盖度＞5%，赋分 0 分；

（2）完成专项清漂行动情况（附加分）

圆满完成专项清漂行动并建立长效机制，赋分 3 分。目标要求：海滩垃圾密度小于 5 个/100 米^2。

8.3.2　海湾生态系统健康，稳定实现"鱼鸥翔集"

1. 海湾自然岸线得到有效保护

加强海洋生态系统保护。严守海洋生态保护红线，贯彻落实海洋生态保护红线管控措施。加强红树林、海草床、珊瑚礁、重点河口、海湾、海岛等生态系统保护，维护和提升海洋生态系统质量和稳定性。严格保护自然岸线，清理整治非法占用自然岸线、滩涂湿地等行为，2025 年，广西自然岸线保有率不低于 35%。建立实施海岸建筑退缩线制度，加强海岸带自然资源开发利用变化监测。严格围填海管控，除国家重大项目外，依法禁止围填海，加快推进围填海历史遗留问题处理。

推进人工岸线生态化。加强人工岸线生态化区域建设，遵循生态优先、保护为主原则，推进受损岸段整治修复，促进生态减灾协同增效。北钦防三市受损岸段实施生态化改造、海岸带生态减灾修复工程。依法整治或拆除不符合生态保护要求、不利于灾害防范的沿岸建设工程。

加快海岛生态修复。科学实施海岛生态系统保护与修复，加强北海市涠洲岛等重点海岛资源环境承载能力监测与评估，规范海岛开发利用方式及强度，保护珊瑚礁。整治修复砂质岸线，开展海岛植被修复，恢复海岛地形地貌和生态系统，改善湿地生态环境，提升海岛生态功能和品质。

滨海湿地和岸线保护情况用于表征海洋生态系统状况。滨海湿地和岸线保护情况指标下设"滨海湿地面积较 2020 年变化情况"、"自然岸线长度较 2020 年变化情况"及"海洋生态保护修复成效"3 个指标，具体指标及赋值如下。

（1）滨海湿地面积较 2020 年变化情况

滨海湿地面积是海湾提供重要生态系统服务功能的指征。面积的增长率反映出海湾滨海湿地的保护和修复状况。滨海湿地面积利用遥感手段及野外核查、资料收集等方式获取。

增长率＞5%，赋分 3 分；0＜增长率≤5%，赋分 1 分；增长率≤0，赋分 0 分。

（2）自然岸线长度较 2020 年变化情况

自然岸线是指海岸自然结构和生态功能未受到人类活动与人工构筑物明显影响的海岸线，是海湾保持自然生态功能的指征。自然岸线长度利用遥感手段及野外核查、资料收集等方式获取。

增长率＞5%，赋分 3 分；0＜增长率≤5%，赋分 1 分；增长率≤0，赋分 0 分。

目标要求：重要滨海湿地、自然岸线等纳入海洋生态保护红线范畴，且重要滨海湿地面积和自然岸线长度不减少、功能不降低、性质不改变；典型海洋生态系统无"不健康"等级，且健康状况保持稳定或持续改善。

（3）海洋生态保护修复成效

海湾内各类海洋保护区得到有效保护，海洋生态保护修复类重点任务进展顺利，常态化组织开展海洋生态监管，且近三年来湾内未发现或被举报查实海洋生态破坏问题。赋分 5 分；海湾内亲海空间充足、环境品质优良，环境整治类重点任务进展顺利，无全国生态环境投诉举报平台举报查实或遥感巡查发现的亲海空间环境问题。赋分 5 分；海洋生态环境治理成效十分显著，有效解决公众反映的突出问题，得到公众高度认可。赋分 5 分。

2. 典型海洋生态系统结构稳定

保护修复典型海洋生态系统。协调推进红树林、海草床和珊瑚礁等海洋生态系统保护修复，促进海洋生态功能恢复和提升。完善重大生态修复工程论证、实施、管护、监测机制。加强生态修复前期论证和适宜性评价，制定生态修复目标任务。强化海洋生态保护修复项目跟踪监测，掌握修复区域生态和减灾功能提升情况。

加强典型海洋生态系统常态化监测监控。加强典型海洋生态系统的长期观测积累。持续完善广西海洋生态系统监测监控网络，采用遥感监测、现场调查、野外长期监控等技术手段，深化拓展海湾、河口、红树林、海草床和珊瑚礁等典型海洋生态系统健康状况监测评估。推动广西近岸海域蓝碳生态系统碳汇调查监测。探索开展重点海域海洋生态系统质量和稳定性评估，诊断识别人为活动、气候变化等对海洋生态系统的影响。

加大海洋自然保护地和生态保护红线监管力度。加强海洋自然保护地和海洋生态保护红线监管。持续开展"绿盾"自然保护地强化监督行动，积极推进海洋自然保护地生态环境监测，定期开展国家级海洋自然保护地生态环境保护成效评估。建立完善海洋生态保护红线监管平台，加大对海洋生态保护红线的常态化监管和监控预警，提升海洋生态保护红线管理信息化水平。2025 年底前，完成国家级海洋自然保护地的专项监督检查，广西海洋生态保护红线区全部纳入国家和全区生态保护红线监管平台。

加强海洋生态修复监管和成效评估。按照国家要求贯彻落实海洋生态修复监管和成效评估制度。加强对海洋生态修复工程项目的分类监管和成效评估，扎实推进中央生态环境保护督察查处的海洋生态破坏区整治修复，严格查处以生态修复之名行生态破坏之实的项目和行为。2025 年底前，广西海洋生态修复监管和成效评估制度基本建立并实施。

该建设体系的具体指标为"典型海洋生态系统健康状况"，赋值如下：

典型海洋生态系统健康主要是指河口、海湾、海岛、红树林、海草床和珊瑚礁等典型海洋生态系统利用《近岸海洋生态健康评价指南》（HY/T 087—2005）评价结果进行打分。评价内容具体分为水环境、沉积物环境、生物残毒、栖息地、生物群落等方面，各方面具有不同的权重。

3. 海洋生物多样性显著提高

加强海洋生物多样性保护。开展中华白海豚、布氏鲸、中国鲎、重要海洋贝类等重点生物物种生态状况及遗传资源调查。推进广西近岸海域生物多样性的长期监测监控，建立健全海洋生物多样性监测评估网络体系。统筹衔接陆海生态保护红线区、各类海洋自然保护地等，恢复适宜海洋生物迁徙、物种流通的生态廊道，有效保护候鸟迁徙路线和栖息地。加强渔业资源调查监测，及时掌握资源变动情况，推进实施海洋渔业资源总量管理制度，加大产卵场、索饵场和洄游通道的保护力度。大力推进海洋牧场示范区建设，促进北部湾海域海洋生态环境的保护和渔业资源的恢复。强化互花米草入侵严重区域的管控和综合治理。2025 年底前，完成广西海洋生物多样性本底调查，并建立海洋生物多样性监测网络。

该建设体系具体指标及赋值如下。

（1）海洋生物保护状况

该指标通过主要保护物种的种群数量或分布面积与历史数据相比，外来入侵物种的种群数量和分布面积与历史相比，反映出海洋生物多样性保护状况。充分考虑了社会公众对海湾内特征性海洋生物、典型海洋生境等的关注度和体验感。其中重点生物种群数量或分布面积以地面调查数据结合遥感、模型模拟获取，外来入侵物种主要是根据国家颁布的外来入侵物种名录。

（2）重点生物种群数量或分布面积与 2020 年相比

列入《国家重点保护野生动物名录》、IUCN 濒危物种红色名录等珍稀、濒危海洋生物保护养护情况；海湾本地关键物种（含重要海洋渔业经济生物）保护养护以及恢复情况。

增长率＞3%，赋分 7 分；−3%＜增长率≤3%，赋分 3 分；增长率≤−3%，赋分 0 分。

（3）外来入侵物种的种群数量和分布面积与 2020 年相比

列入国家重点管理外来物种名录等外来物种入侵及控制情况。

无外来入侵物种或比 2020 年减少 10%以上，赋分 3 分；减少 0%～10%，赋分 1 分；增加，赋分 0 分。

目标要求：珍稀、濒危生物或本地关键物种及种群数量稳定；外来入侵物种分布范围得到控制。

8.3.3　亲海环境品质优良，稳定实现"人海和谐"

1. 社会公众亲海空间充足

充分挖掘适宜亲海空间，因地制宜拓展亲水岸滩岸线。实施亲海区域环境综合整治，开展砂质岸滩和亲水岸线整治与修复，清退非法、不合理的人工构筑物等，恢复海滩自然风貌。在公众亲海区域严格落实海岸建筑退缩线制度，禁止在退缩线内新建、改建、扩建建筑物及构筑物，切实保障亲海岸线的公共开放性和可达性。依托已有海水浴场、滨海湿地公园、红树林、珊瑚礁等具有广西特色的自然景观和保护区，合理开发适宜亲海空间，拓展亲海旅游空间。

2. 亲海空间环境品质优良

加强岸滩和海漂垃圾治理。推进临海区海洋垃圾常态化治理。加强滨海旅游度假区岸滩、海面漂浮垃圾治理，打造"无废"海滩。加大海洋环保宣传力度，组织开展游客、市民、志愿者团队等广泛参与净滩净海公益活动，形成政府、企业、公众共同参与海洋垃圾治理的合力。2025 年底前，亲海区域内的岸滩垃圾、海漂垃圾等得到有效管控，无明显可见垃圾，亲海空间质量提升。

加强砂质岸滩和亲海岸线环境整治与修复，因地制宜拓展生态化亲海岸滩岸线。全面排查整治海水浴场、滨海旅游度假区周边入海污染源。完善海岸配套公共设施建设，解决临海难亲海、亲海质量低等老百姓反映强烈的突出问题，构建城海相融的亲海风景体系。加强海水浴场环境质量监测和信息发布，加大海洋环保宣传力度，不断提升公众临海亲海的获得感和幸福感。

该建设体系指标属于以"人海和谐"为特征的公众亲海环境品质指标，指海湾生态景观优美，社会公众亲海空间充足，包括"海水浴场环境适宜性"和"滨海旅游度假区环境适宜性"两个二级指标，具体指标及赋值如下。

（1）海水浴场环境适宜性

该指标由水温以及水质状况（悬浮物、粪大肠菌群、石油类、色嗅味）等内容综合评价。

适宜，赋分 5 分；基本适宜，赋分 3 分；不适宜，赋分 0 分。

（2）滨海旅游度假区环境适宜性

滨海旅游度假区环境适宜性是指滨海旅游度假区等生态环境品质优良，综合治理能力较强，长效机制健全，能够持续满足人民群众观景、休闲、赶海、戏水等亲海需求。

适宜，赋分 5 分；基本适宜，赋分 3 分；不适宜，赋分 0 分。

目标要求：年度海水浴场环境优良天数比例大于 90%，滨海旅游度假区环境状况适宜开展亲海活动。

3. 建立海洋生态保护长效机制

以沿海三市政府为主体，将美丽海湾保护与建设纳入沿海地方全域美丽建设的总体布局。到"十四五"末期将银滩岸段、涠洲岛、钦州湾-钦州段、西湾和珍珠湾基本建成第一批美丽海湾，并将银滩岸段、钦州湾-钦州段和西湾建成为全国第一批美丽海湾典范。建立健全广西美丽海湾规划、建设、监管、评估、宣传等管理制度。开展美丽海湾保护与建设关键技术体系研究，加强面向 2035 年的美丽海湾保护与建设中长期战略和实施路径研究。建立美丽海湾评估考核和奖励激励机制，实施周期性动态评估，鼓励以美丽海湾为载体，申报实践创新基地和生态文明建设示范市县。积极探索海洋生态环境保护投融资制度，充分调动市场化力量参与美丽海湾保护与建设，促进形成地方和社会多方协同的长效投入机制。

该建设体系包括"治理成效是否显著""治理成效及措施是否可持续、具有可推广价值"两个指标，具体指标及赋值如下。

（1）治理成效是否显著

治理措施合理可行，产生问题的症结得到根本性解决，赋分 5 分；制定实施相关法规、规划、方案、计划，形成长效治理机制，赋分 5 分；治理与监管并重，通过出台相关法律、制度、政策文件等，形成长效监管机制，赋分 5 分。

（2）治理成效及措施是否可持续、具有可推广价值

经验模式得到有关部门肯定、被媒体进行正面宣传报道，取得显著示范效益，赋分 5 分；形成可借鉴可复制可推广的模式经验，获得省内推广，对全国或其他类似地区具有较大示范和推广价值，赋分 5 分。

参 考 文 献

李方，2021. 建设人海和谐的美丽海湾[J]. 环境经济，9：60-63.

许妍，马明辉，梁斌，2021. 扎实推进美丽海湾保护与建设的几点思考[J]. 中华环境，8：29-32.

第9章 构建广西湾长制
增强区域环境协同保护

湾长制是加快建立健全陆海统筹、河海兼顾、上下联动、协同共治的治理新模式，通常以最小行政单元为划分基础，通过构建长效管理机制，逐级压实地方党委政府海洋生态环境保护主体责任，不断改善海洋生态环境质量、维护海洋生态安全。为了进一步做好海洋生态环境保护工作，广西应该在全国试点工作的基础上，进一步探索海洋环境治理新模式的建立，以推进海洋生态环境问题的系统解决。

9.1 探索构建广西湾长制制度体系

1. 借鉴国内海洋环境保护新思路

（1）国内海洋环境保护工作背景

习近平总书记指出海洋是高质量发展战略要地。海洋生态环境既是海洋可持续发展的重要根基，也是确保国家生态安全的关键领域，还是维护海洋权益的重要途径和关键抓手。习近平总书记明确要求，各地区各部门要切实贯彻新发展理念，树立"绿水青山就是金山银山"的强烈意识。要持续推动生态文明建设的深入发展，加快生态文明体制的全面改革，尽快构建稳固的生态文明制度体系；要将生态文明建设纳入规范化、法治化的轨道，确保各项改革措施的合法性与权威性；要集中力量解决生态环境领域存在的突出问题，增强人民群众对生态文明建设成果的获得感与幸福感。

当前中国海洋生态环境整体形势依然十分严峻，尤其是部分重点海湾受陆源污染排放和开发利用等因素影响，生态环境问题不断凸显，治理修复难度较大，这些问题已经成为中央领导高度重视、社会各界深度关切的重点难点。近年来，中共中央办公厅、国务院办公厅印发《党政领导干部生态环境损害责任追究办法》《关于全面推行河长制的意见》等重要文件，旨在加强党政领导干部的生态环境和资源保护职责，为探索建立海洋环境治理新模式、系统解决海洋生态环境问题提供了明确方向。

（2）湾长制概念的提出和国内应用情况

湾长制是以小微海湾划分的有行政主体的单元作为治理对象，由沿海地区各级党政领导担任海湾湾长，对其辖区内海湾生态环境治理负责的治理机制。我国河长制是实施湾长制的实践基础，湾长制是在我国河长制的成功经验之上创新后的治海治湾的新制度，是构建海洋生态文明体系的制度创新，是建设绿色可持续海洋生态环境的重要手段。

为探索近岸海域和海湾保护治理模式，2017 年年初，国家推行湾长制试点工作，提出初步设想并得到地方积极响应。在自愿协商基础上，选择河北秦皇岛、山东胶州湾、江苏连云港、海南海口及浙江全省进行试点。2018 年《〈中华人民共和国海洋环境保护法〉执法检查报告》中建议"加快建立健全湾长制"。同年，生态环境部、国家发展改革委、自然资源部联合印发《渤海综合治理攻坚战行动计划》，提出"三省一市在辽东湾、渤海湾、莱州湾建立实施湾长制"。

环渤海三省一市的先行湾长制实践证明，推行湾长制的成效显然，是破解海洋生态保护上责任不明晰、压力不传导等"老大难"问题的有效措施，是推动海洋生态文明建设与基于生态系统海洋综合管理的重要手段，是落实中央新发展理念和生态文明建设要求的重要举措，能促进试点工作更广范围、更深层次的加快进行，是建立健全的陆海统筹、河海兼顾、上下联动、协同共治的新型治理模式。

（3）广西湾长制实践应用的必要性

截至 2024 年，广西近岸海域海水质量优良，连续 10 年名列全国前三，为支撑向海经济的发展提供良好环境基础，但是也面临巨大压力：一是国家要求生态环境只能变好，不能变差；二是沿海各行业以传统为主，生产方式粗放，排污强度较大，且以农业、生活源为主，海洋环境承载能力已处在临界水平，但重大项目的落地建设势必需要更多的环境容量作为支撑；三是广西海洋湾多水浅，水环境自净能力弱，环境本底容量小；四是各级各部门海洋生态环境保护工作合力弱，对海洋环境制约经济发展的问题认识不足，仍存在北钦防三市各自开展、多部门各自为政、防治修分离、海陆分割等问题，海洋环境综合治理能力弱；五是海洋生态环境问题，如绿潮、赤潮、海洋垃圾等问题逐步呈多发频发现象。

为了保护和管理好广西海洋生态环境，厚植北钦防三市发展绿色底色，全面促进广西向海经济高质量发展，应建立健全陆海统筹、河海兼顾、党政同责、区域联动、部门协同的海洋开发利用和生态环境保护新机制，全面推行湾长制，推动海洋生态环境保护联防联控，为形成高水平保护促进向海经济高质量发展的新格局提供制度保障。

通过实施湾长制，深化广西海洋保护、管理、治理水平，深入探索陆海统筹、河海兼顾、部门协同治理的模式，进一步压实"管行业管环保"和"党政同责、一岗双责"的责任体系，从而形成开发与保护相统一、北钦防三市一体、多个部门联合的大环保格局，联防联治，实施科学化精细化管理和治理，不断提升广西海洋生态环境质量，可以腾出更多环境容量支撑经济社会长足发展，进一步打造

"水清滩净、鱼鸥翔集、人海和谐"的美丽海湾,提高人民群众的幸福感和获得感,为建设新时代中国特色社会主义壮美广西蓄势赋能。

2. 开展广西海洋空间管控单元划分

湾长制的实施依靠精细化政策管理,需要尽量将管控单元化作最小,建议湾长制管控单元根据行政区域,并结合美丽海湾划分,在广西13个美丽海湾基础上共划分18个管控单元,从东至西分别为:铁山港湾东北侧(自治区级海湾)、铁山港湾西侧、银滩岸段、廉州湾东北岸段、廉州湾北岸段、大风江口北海段(自治区级海湾)、涠洲岛、三娘湾岸段、钦州湾岸段、茅尾海(自治区级海湾)、企沙半岛东岸、企沙半岛南岸、东湾、西湾、江山半岛东岸、珍珠湾东侧、珍珠湾西侧、北仑河口,具体见表9-1。

3. 探索广西湾长制工作思路

(1)湾长制工作路线研究

湾长制总体以海洋生态环境保护为主体,根据目前国家政府机构职责的设定,建议由自治区生态环境厅牵头组织。

第一,研究确定总体工作思路。目前,国家未印发相关建立湾长制的指导意见。应重点吸纳河长制工作经验,参考辽宁、河北、山东、浙江和海南等省份的工作成果,通过湾长制,深化广西海洋保护、管理、治理水平,深入探索陆海统筹、河海兼顾、部门协同治理的模式,进一步压实"管行业管环保"和"党政同责、一岗双责"的责任体系。

第二,开展海洋开发利用和保护情况调研。开展广西各海湾的海洋环境质量、海洋开发利用、保护、修复和环境综合治理情况调查,研究分析存在问题和面临的形势,以此为基础,研究部署湾长制工作任务和划分海洋空间管控单元,推动广西湾长制的建立。

第三,组织制定全面推行湾长制意见。参照辽宁、河北、山东、浙江和海南等沿海省份建立运行湾长制以及自治区河长制体制建立及运行情况,结合广西实际,开展《广西壮族自治区湾长制实施方案(征求意见稿)》制定。

(2)制定湾长制主要内容

湾长制实施内容应包括总体要求、实施范围、组织体系、工作任务、保障措施等部分。

总体要求应包括指导思想、基本原则、工作目标。其中工作目标包括两方面,一是湾长制的建立目标,二是湾长制运行后的海洋生态环境保护目标。

实施范围应包括广西管理的海域及海洋功能区划涉及的北钦防三市行政管理陆域范围(海岸线所在辖区范围)。

表 9-1 广西海洋空间管控单元划分

序号	单元名称	行政归属	空间范围（起止点）	岸段总长/千米	主要入海河流	典型生态系统保护目标	管控单元主要利用现状	当前突出问题
1	铁山港湾东北侧（自治区级海湾）	北海市合浦县	粤桂分界线—白沙头滩合浦侧（白沙头滩铁山港侧）	186	白沙河	山口国家级红树林自然保护区、合浦儒艮自然保护区、海草床、红树林、马氏珍珠贝原种场、海豚、江豚等	保护区、农渔业区、工业及港口航运区	开发与保护的矛盾较突出；所辖海域水质呈下降趋势，绿藻发生频率较高；白沙河入海河流水质不能稳定达标；局部红树林生境受到破坏，红树林虫害发生率较高；海草床生境受威胁，生物多样性衰退；海上养殖给海洋环境带来大压力；保护区内非法圈养屡禁不止；"三无"船舶多达2000余艘；局部海域海漂垃圾乱弃现象；使用高压水枪打挖沙保护仍存在白沙头镇养殖造成7.35亩红树枯死，410.9亩红树林退化，山口国家级红树林自然保护区内18 567亩红树枯死，公馆镇盐田村海域违法违规填海问题；北部湾港务集团违规施工致红树林大面积受损问题
2	铁山港湾西侧	北海市铁山港区	白沙头滩铁山港侧—白龙港铁山港侧	78	南康江	红树林、马氏珍珠贝原种场	港口航运区、工业与城镇区、农渔业区	以造纸、玻璃、石化、有色、电力等高耗能产业为主，开发利用强度较大，环保基础设施建设或完善；所辖海域水质呈下降趋势；南康江水质不能稳定达标；红树林虫害发生率较高；池塘养殖内养殖活动上手养殖污染严重，禁养区内养殖活动反弹严重；使用高压水枪打挖沙有的有；垃圾乱堆超标，部分岸段有生活垃圾或建筑业资源存在衰退趋势；第二轮中央生态环境保护督察指出北部湾港务集团港口码头企业存在物料露天堆放，未建设防风网和生活污水、废水处理设施运行不正常等问题
3	银滩岸段	北海市银海区	白龙银滩港区侧—冠头岭国家森林公园	78	—	岸线和沙滩自然景观、红树林、珍珠贝、蓝圆鲹产卵场和二长棘鲷产卵场	旅游休闲娱乐区	北海南岸草头村、银滩、冯家江等地红树林害发生率较高；银滩海水浴场水质不稳定，亲海空间公共服务设施建设不足；部分亲海浴场海滩垃圾数量2015年增较227倍；部分沙质海滩垃圾未得到有效清理；侨港海水浴场侵蚀与海滩退化；客运港、渔港渔船海面时有油污出现；北海冠头岭国家森林公园目前尚未确界，不利于森林公园的管理和保护

续表

序号	单元名称	行政归属	空间范围（起止点）	岸段总长/千米	主要入海河流	典型生态系统保护目标	管控单元主要利用现状	当前突出问题
4	廉州湾东北岸段	北海市海城区	冠头岭—高德街道胡尾村	35	—	—	港口航运区、工业与城镇区、旅游休闲娱乐区	所辖海域海水水质波动大，在一类和劣四类之间波动，环境风险隐患大；渔港内渔船和浮式船舶较多，生活污水和生产废水直排；赤潮/绿潮暴发风险较高；公众亲海空间不足、品质不高；第二轮中央生态环境保护督察指出北部湾港务集团下属港口码头企业存在物料露天堆放、未建设防风抑尘措施，废水处理设施运行不正常等问题，右步岭码头存在硫磺堆场含硫磺强酸性废水直排入海问题
5	廉州湾北岸段	北海市合浦县	廉州镇烟楼村—西场镇欧屋村	80	南流江、西门江	红树林	农渔业区、工业与城镇区、旅游休闲娱乐区	所辖海域海水水质波动大，在一类和劣四类之间波动，环境风险隐患大；西门江水质不能稳定达标；党江、西场、沙岗一带沿江海水养殖密集，养殖废弃物乱丢乱放现象，岸滩垃圾发风险较高；赤潮暴发风险突出；湿地生境面临威胁。公众亲海空间不足；中央生态环境保护督察指出南流江仍存在部分支流水质较差。对近岸海域造成破坏的问题
6	大风江口北海段（自治区级海湾）	北海市合浦县、钦州市钦南区	合浦县西场镇沿头村—钦南区犀牛脚镇沙角村	200	大风江	茅尾海自治区级自然保护区大风江口片区	农渔业区、保护区	大风江口海域海水波动大，易出现超标现象；部分区域建设采砂、非法采砂，互花米草入侵现象，大风江河口湿地生境建设采砂，养殖废弃物乱丢弃问题较突出；养殖尾水绝大部分直排，岸滩垃圾发问题较突出；红树林内、岸滩垃圾清理不及问题较突出；第二轮中央生态环境保护督察指出存在大风江流域采砂抽砂对红树林生态系统造成破坏问题
7	涠洲岛	北海市海城区	涠洲岛、斜阳岛及周边海域	32	—	涠洲岛珊瑚礁生态保护区、自治区级自然保护区、布氏鲸等	保护区、旅游休闲娱乐区、港口航运区、海上石油开采区	涠洲岛污水处理厂负荷率低，存在生活污水直排现象；珊瑚礁生态退化势显明显，竹蔗养殖面临巨大压力；海岛生态资源面临76.2%，海滩、海涂、海岸侵蚀现象突出；公共服务设施建设不足，公众亲海品质有待提高；石油泄漏环境风险较大

续表

序号	单元名称	行政归属	空间范围（起止点）	岸段总长/千米	主要入海河流	典型生态系统保护目标	管控单元主要利用现状	当前突出问题
8	三娘湾岸段	钦州市钦南区	犀牛脚镇船厂村—鹿耳环江东侧	68	—	白海豚、海岛和沙滩资源、沿岸重要自然景观和人文景观	海洋保护区、农渔业区、旅游休闲娱乐区	管网污水处理设施不完善，农村生活污水处理率较低；三娘湾旅游风景区存在使用违禁海洋捕捞、部分生活污水直排或混排入海，海漂垃圾等问题严重，沙滩岸线遭受破坏；公众亲海失利和海岸侵蚀现象较突出，岸滩垃圾及问题较突出空间不足
9	钦州湾岸段	钦州市钦南区	鹿耳环江—龙门大桥东端南侧（含桥）	90	—	红树林	港口航运区、工业与城镇区	以石化、造纸、电力等高耗能产业及港口航运业为主，所辖海域环境风险大，开发利用强度大，环境风险波动大，涉海风险超标率高；钦州港污染物转运设施配备不完善，现有应急装备能力亟待提升，突发海洋生态环境污染事故应急能力建设不足；第二轮中央生态环保督察指出北部湾港务集团下属码头建设不成体系，废水处理设施运行不正常等问题，钦州建设防风抑尘措施，钦州广西北部湾国际集装箱码头存在未建设垃圾危险废物仓库，危险废物与生活垃圾混存问题
10	茅尾海（自治区级海湾）	钦州市钦南区、防城港市防城区	龙门大桥东端北侧—龙门镇	160	钦江、茅岭江	茅尾海自治区级红树林自然保护区、国家海洋公园、七十二泾海洋生态、龙门港观音堂海岸景观	保护区、海洋公园、农渔业区、旅游休闲娱乐区、航道	茅尾海环境敏感性高，水质差，社会关注度高，钦江、茅岭江对茅尾海水质影响大；池塘养殖和海上养殖资源退化趋势，半封闭海湾，环境容量带较大压力；渔业资源在衰退，第二轮中央生态环保督察指出在犁头嘴海堤加强项目造成红树林死亡，沙井项目借生态修复之名造景修建捕捞造成红树生长区域地毯捕捞设施长达5千米，茅尾海域公园红树生长5个监测点位只有1个达到环境功能区管理目标，沿岸157个水产养殖排水口有52个水质严重超标，茅岭江流域、茅尾海域非法天妖殖猪问题
11	企沙半岛东岸	防城港市港口区	光坡镇红沙村（旧渔江湾）—大船潭港	80	—	红树林	农渔业区、工业用海区	池塘养殖和海上养殖带来较大压力；温排水生态环境影响风险；泄漏风险；突发性核泄漏风险

续表

序号	单元名称	行政归属	空间范围（起止点）	岸段总长/千米	主要入海河流	典型生态系统保护目标	管控单元主要利用现状	当前突出问题
12	企沙半岛南岸	防城港市港口区	企沙镇牛路村—企沙镇炮台村东侧（含）	50	—	红树林、自然岸线	工业与城镇区、农渔业区	沿岸红树林系统呈退化趋势，且红树林保护管理能力不足
13	东湾	防城港市港口区、江山镇	企沙镇炮台村以西—防城港401号泊位东侧	95	—	红树林、蓝圆鲹和二长棘鲷产卵场	港口航运区、工业与城镇区	所辖海域海水质量波动大，在一类和劣四类之间波动，环境风险隐患大；分布有大量螺桩，改变了水动力条件，海水自净能力变弱，对海水环境质量产生不良影响；池塘养殖尾水排现象较普遍，过度开发利用和围垦养殖号致红树林生态系统退化现象较普遍，亲海空间不足，虫害频发、品质不高；岸滩、海漂垃圾管控体系不健全，城镇污水处理厂尾水排口所在海域响应能力建设不足；涉海风险应急措施不足，突发海洋环境污染事故应对能力变弱；第二轮中央企业存在物料露天堆放、未建设北部湾港务集团下属港口码头企业防城码头等问题，北部湾港防城码头不正常直排雨水沟等问题；废水处理达标堆碳码头有限公司硫碳堆场废水pH低，COD浓度高，部分通过雨水沟直排入海问题
14	西湾	防城港市港口区、江山镇	防城港401号泊位—江山镇沙万村	45	防城江	红树林	港口航运区、工业与城镇区	养殖尾水直排现象较普遍，过度开发利用和围垦养殖号致西湾及周边海域湿地生态系统退化；海域及海滩养殖存在垃圾；第二轮中央生态环境保护督察指出北部湾港口码头企业存在物料露天堆放、未建设防风抑尘措施，废水处理设施运行不正常等问题，北部湾码头硫碳堆场废水pH低，COD浓度高，部分雨水沟直排入海问题
15	江山半岛东岸	防城港市港口区	江山镇沙万村—白龙古炮台	28	—	海岸自然景观、蓝圆鲹和二长棘鲷产卵场	旅游休闲娱乐区、农渔业区	亲海空间品质不高，岸滩、重要渔业资源、中华鲎、马氏珠母贝等物种种群数量呈下降趋势
16	珍珠湾东侧	防城港市江山镇	白龙古炮台—黄竹江以东	35	—	北仑河口国家级自然保护区红树林、海草床	农渔业区、保护区	重要渔业资源、马氏珠母贝等物种种群数量呈下降趋势；第二轮中央生态环境保护督察指出北仑河口国家级自然保护区内有围网捕鱼及大量星罗桩架

续表

序号	单元名称	行政归属	空间范围（起止点）	岸段总长/千米	主要入海河流	典型生态系统保护目标	管控单元主要利用现状	当前突出问题
17	珍珠湾西侧	防城港市东兴市	黄竹江以西—京岛风景名胜区以东	36	—	北仑河口国家级红树林自然保护区、海草床、岸线和沙滩自然景观、蓝圆鲹和二长棘鲷产卵场	保护区、农渔业区、工业与城镇区	沿海村镇生活污水直排，江平污水处理厂出水不能稳定达标；重要渔业资源、中华鲎、马氏珠母贝等物种种群数量呈下降趋势
18	北仑河口	防城港市	京岛风景名胜区—中越交界	18	北仑河	红树林	旅游休闲娱乐区、农渔业区、港口航运区	近岸海域水质存在超标风险，亲海环境品质有待提升，海水浴场水质超标率较高；岸滩、海漂垃圾问题普遍

组织体系建议明确自治区、市、县、镇、村五级湾长的组成和自治区、市、县湾长制办公室的组成。

工作任务是湾长制实施的重点内容。应包括目前对于海洋生态环境保护的各项重点任务部署，如强化海洋空间资源管控、管制陆海污染物排放、加强海洋生态保护修复、加强海洋环境风险防范、加强海洋生态环境执法监管等。

保障措施应包括加强组织领导、建立健全运行管理体系、建立健全监督机制、建立入海河流监管衔接机制、加大宣传力度、落实资金保障等。

9.2　因地制宜设定广西湾长制总体要求

1. 加强湾长制的广西地方化

鉴于广西和国内湾长制现行示范区的实际情况差异，在构建广西湾长制时应更注重体现广西地方特色并进行创新，以下为应注意的重点方向。

（1）结合广西海洋环境保护要求

湾长制的推行要贯彻落实中国共产党广西壮族自治区第十二次代表大会精神，围绕"向海而兴、向海图强"和"筑牢南方生态安全屏障"要求，研究部署海洋空间资源管控、向海经济服务、陆海污染物排放、海洋生态保护修复、海洋环境风险防范和海洋生态环境执法监管 6 个方面的工作任务，在全面推行湾长制工作中充分体现落实广西人海和谐、高质量发展的新要求、新举措。

（2）加强广西各级党政压力传导

坚持党政同责、上下联动，分级管理，设立自治区、市、县、镇、村五级湾长制，充分体现各级党委政府对海洋开发利用和生态环境保护工作的重视，共同推动经济社会发展绿色转型和海洋生态环境联防联治，形成高水平保护促进高质量发展的新格局。

（3）注重立足广西实际确定广西目标

与已建立湾长制的辽宁、河北、山东、浙江和海南等沿海省份所设置的 2～5 年目标不同，广西应立足长远，结合《中华人民共和国国民经济和社会发展第十四个五年规划和 2035 年远景目标纲要》《广西壮族自治区国民经济和社会发展第十四个五年规划和 2035 年远景目标纲要》近、远期目标要求，设置了湾长制实施后的 2025 年、2035 年工作目标。

（4）注重陆海统筹环境治理衔接协调

坚持陆海统筹、河海兼顾，推进河海协同共治，建议实施会议制度采取湾长制与河长制基本一致的形式，两者工作会议可以套开。加强行政司法协作联动。为后续"湾长＋警长""湾长＋检察长""湾长＋法院院长"预设依据。

2. 湾长制目标体系研究

（1）总体目标

结合广西海洋生态环境实际情况，建议于近期推进实施湾长制，建立从上到下的责任体系：先建立上层——自治区层级的责任体系；然后建立下一级——北海市、防城港市和钦州市三市的责任体系。总体目标应提出以 2025 年为阶段性目标，在北海市、防城港市和钦州市三个沿海城市的所涉及的沿海（海岸带）设区市、县（市、区）陆域范围（含海岛）实施湾长制。还应立足长远，设置湾长制实施后的 2025 年、2035 年工作目标。

总体目标：通过推行湾长制，到"十四五"末期（2025 年），广西沿海及重点海湾海洋环境质量稳步上升，水环境污染及海洋垃圾（海滩、海漂垃圾）污染得到有效防控，海洋典型生态系统（红树林、珊瑚礁、海草床等）质量和稳定性稳步提升，广西总体海洋环境质量稳居全国前列，公众临海亲海的获得感和幸福感显著增强。

（2）组织体系

借鉴国内湾长制现行示范地区，建议按照以下原则设定组织体系：一是建立自治区、市、县、镇、村五级分级的管理模式；二是建立属地负责制，确保行政区域与海域相结合；三是根据划定的海湾单元进行分级管控的。

参考河长制组织体系，各级湾长的负责人建议如下布设四个层级湾长。

第一级湾长——自治区级湾长。可设立总湾长，建议由自治区党政主要负责同志担任，副总湾长则由分管相关工作（生态环境、海洋）的自治区人民政府副主席担任。

第二级湾长——沿海三市（北海市、防城港市和钦州市）的市、县级湾长。市、县级湾长包括设区市、县（市、区）总湾长和湾长，总湾长建议由本级党政主要负责同志担任，副湾长可设定由本级党政有关负责同志担任。

第三级湾长——沿海三市（北海市、防城港市和钦州市）沿海镇的镇级湾长，即乡镇（街道）湾长，建议由本级党政主要负责同志担任。

第四级湾长——沿海三市（北海市、防城港市和钦州市）沿海乡村的村级湾长，即村（社区）湾长，建议由村（社区）党支部书记和村委会（居委会）主任担任。

涉及跨行政区域的管控单元，湾长可设定由上一级党政有关负责同志担任，同时对管控海湾分段并设立分段海湾的本级湾长。

成立自治区级、市级、县级湾长制办公室，成员单位由同级发展改革、教育、工业和信息化、公安、民政、司法、财政、自然资源、生态环境、住房城乡建设、交通运输、水利、农业农村、文化和旅游、应急、林业、北部湾办、大数据发展、海洋、海事、海警等部门组成，湾长制办公室日常工作，根据目前的部门责任分工，建议由同级生态环境部门牵头负责。

3. 广西湾长制巡湾工作规定探索

湾长巡查机制是湾长制实施的主要制度措施，也是湾长开展工作的重要抓手，是开展海湾管理保护的基本要求。"巡湾"是湾长制的落实的重要体现，湾长制规定了广西各级湾长巡湾工作，推动湾长履职尽责，早发现、早处理、早解决各类涉海问题，提升海洋生态环境质量，维护海洋生态安全。各级湾长包括自治区总湾长、副总湾长、自治区湾长，市、县（区、市）级总湾长，市、县（区、市）、镇、村级湾长。

明确湾长是海湾巡查工作的第一责任人，负责对巡查过程中发现或投诉举报问题的予以解决或移交有关职能部门处理，或向上级湾长办公室、上级湾长报告。

自治区级总湾长、副总湾长/湾长负责对自治区级湾长海洋空间管控区域、下级湾长难以解决的海洋生态环境问题区域开展重点巡湾工作，督促、协调解决典型、重大问题。

市、县（区、市）级总湾长、湾长负责所辖行政区海洋空间管控单元的巡查，巡查内容包括管控单元内海域水质达标情况，生态环境保护督察、海洋专项督察及自然资源资产离任（任中）审计指出问题整改情况，入海排污口达标排放情况，海滩及近岸海漂垃圾情况，海岸和海洋开发利用情况，红树林、珊瑚礁、海草床、海岸线、海防林等重要海洋生态系统保护和修复情况，公众亲海空间维护情况，港口码头（含交通运输港和渔港）环境综合整治情况，养殖区环境污染治理情况，沿海农村环境综合治理情况，投诉举报问题的处理情况等。协调解决重大、疑难问题，投诉举报的重点难点问题及下级湾长巡湾发现上报的典型、重大问题，统筹推进责任管控单元的湾长制工作。

镇（街道）级湾长负责组织开展全面巡查及保护工作，对责任岸线、滩涂、海域进行定期巡查，及时协调和处理巡查发现的问题，制止相关违法行为，对超出职责范围的问题，及时上报上级湾长。

村（社区）级湾长主要负责在村民、居民中开展海湾保护的宣传教育，组织开展对管控单元内排污口（污水颜色、气味）、海洋垃圾（岸滩垃圾、海漂垃圾、渔港码头垃圾等）、海面油污、采挖海砂、垃圾倾倒、围填海、偷猎偷捕、私搭乱建、破坏红树林等典型生态系统行为等进行常态化、全覆盖日常巡查、巡护，劝阻违法排污、非法倾倒、违规养殖、破坏或占用海岸线等破坏海洋生态环境行为，并将巡查发现的问题及时上报上级湾长，协助做好相关调查取证等工作。

9.3　多管齐下推进湾长制重点任务

1. 加强海洋空间资源管控

一是编制和实施自治区、沿海三市的海洋国土空间规划，严格落实"三线一单"生态环境分区管控要求，加强海洋开发利用管控。二是开展海岸带综合保护与利用规划编制，对自然岸线严格管控其开发利用，加强临海产业、城镇和生态环境的良性互动。三是严格管控近海养殖空间，针对各地市开展的养殖水域滩涂规划严格推进实施，开展禁养区内水产养殖清理整治工作。

2. 进一步加强陆海污染物排放管控

一是严格控制陆源污染物入海。推进入海排污口的"查测溯治"，强化排查整治和备案管理，推进小流域如白沙河等入海河流的综合整治，削减河流总氮总磷排海量。强化沿海流域的污水收集处理，完善生活污水和工业污水集中处理设施及配套管网，推进深海排放管网建设和沿海污水处理厂提标改造。加强工业污染防治措施，淘汰落后产能，进一步推进排污许可制度，压实企业环保责任。二是加强船舶港口污染控制，推进污染物接收、转运、处置设施建设并落实联合监管机制。加强渔港和渔船污染综合整治，落实中心渔港污染防治措施，严禁非法捕捞行为。三是加强农村环境综合整治完善沿海农村生活污水处理设施，严格控制化肥农药使用量，推进农业、畜禽养殖废弃物处理和资源化利用。四是加强海水养殖污染防治，严格执行环评准入机制，规范养殖尾水排放，推广环保养殖设施配置，并清理处置水产养殖废旧设施和废弃物。推进岸滩和海面漂浮垃圾整治，建立长效机制，保持各海洋管控单元无明显垃圾。

3. 推进海洋生态保护修复

一是实施海堤生态化改造，强化海岸带生态保护修复，严禁非法占用沿海防护林、采砂采石，禁止非法洗砂洗泥洗矿等活动。二是推进红树林、海草床和珊瑚礁等海洋生态系统保护和修复，加强滨海湿地监管，控制占用湿地，构建连续的自然生态格局，建设美丽海湾。三是探索海洋碳汇研究，加强水生生物资源养护和渔业资源增殖放流，加强海洋牧场和水产种质资源保护区监管。四是完善海洋自然保护地管护设施，提升管护能力。

4. 加强海洋环境风险防范

一是建立自治区、市、县级环境应急指挥平台，完善联防联控应急处置机制，加强海洋突发环境事件应急能力。二是全面排查辖区内可能出现的突发性溢油、危化品泄漏等隐患，建立风险清单，加强风险防范。

5. 强化海洋综合执法监管

一是建立健全联合执法监管机制与巡查制度。加强海洋生态环境保护，建立健全跨部门联合执法监管机制，并设立日常监管巡查制度，提升海洋生态环境领域违法违规行为打击力度。二是建立海洋生态环境监测与信息管理平台，建立海洋生态环境监测监控网络和信息管理平台，运用大数据、人工智能、无人机、卫星遥感等新技术，强化执法基础设施和装备建设，以提升执法监管能力。三是强化行政司法协作，建立健全海洋生态环境保护行政执法与司法衔接的工作机制，强化行政与司法的协作，共同打击各类违法活动。

参 考 文 献

刘超，2017. 环境法视角下河长制的法律机制建构思考[J]. 环境保护，45（9）：24-29.

全永波，顾军正，2018. "滩长制"与海洋环境"小微单元"治理探究[J]. 中国行政管理，11：148-150.

陶以军，杨翼，许艳，等，2017. 关于"效仿河长制，推出湾长制"的若干思考[J]. 海洋开发与管理，34（11）：48-53.

第 10 章　清洁岸线提升亲海空间品质

治理海洋垃圾不可能一蹴而就，需要多方协力、综合施策，通过实施专项行动推动海洋垃圾减量化的同时，还需强化海上环卫制度的实施，形成长效治理机制，从而有力提升亲海空间品质。本章主要针对亲海空间品质提升存在的差距，对海洋垃圾治理提出系列对策措施，包括推进专项行动、强化源头管控、引进先进理念等。

10.1　推进专项行动，构建制度体系

1. 完善海岸线清洁攻坚战方案

加快完善《广西海岸线清洁攻坚战工作方案》，明确海洋和海滩垃圾治理集中整治行动目标，将城市建成区、生态敏感区、重点景区、重点渔港区、海上养殖集中区划为重点区域，聚焦全区重点海域和岸滩垃圾污染突出问题开展专项清理整治。

明确攻坚战行动的主要任务，将岸滩及海面漂浮垃圾清洁作业、规范处置上岸垃圾、加强入海垃圾源头管控、开展联合执法等作为工作任务。明确沿海三市及自治区各相关部门职责，北钦防三市负责制定工作计划，完善基础设施建设，按时序要求开展整治，在日常清理的基础上，对工作难点进行整治攻坚。自治区各部门按照职责分工指导督促北钦防三市开展集中清理整治工作。

建立考核机制，强化攻坚战效果。为有效推动沿海三市完成海岸线清洁攻坚战目标任务，按要求出台海岸线清洁考核办法，对海岸线清洁攻坚战实施效果进行评估，将评估结果纳入领导班子绩效考评，推动行动方案出实效。

探索构建海上环卫制度，创新监管手段，建立健全监管监测长效机制，对攻坚战效果进行巩固提升。逐步实现近岸海域、岸滩及河流入海口垃圾治理常态化、网格化、动态化。

2. 构建海上环卫制度体系

加快制定海上环卫制度，构建海上环卫队伍，实现海岸线清洁作业常态化、长效化，确保全区近岸海域、岸滩及河流入海口保持总体清洁、无明显垃圾。北钦防三市制定海上环卫制度实施工作计划，完善岸滩垃圾收集、运输、处置基础

设施建设，做好与陆上环卫制度的有效衔接，开展岸滩和海面漂浮垃圾常态化清理整治。

制定海洋和海滩垃圾整治、巡查、考核等相关制度，以高效实现从海上清理打捞到陆地运输收集的全链条处理体系，参考福建省、海南省的先进做法，各市组建专业的海上环卫队伍，通过机械为主、人工为辅的方式，实现海漂垃圾打捞清理全覆盖、无死角。通过推行环卫 PPP（政府与社会资本合作）模式，实现环卫管理全覆盖，引入社会资本，有力推动环卫设备的全面更新改造，提高机械化清扫率，提高城市卫生效率。

设立治理专项资金，积极探索污染付费政策，分步推进沿海重点单位付费承担海漂垃圾清理费用的机制，保障常态化治理资金。通过各类技术手段，在生态云上实现数据信息可视化、预警调度智能化、操作模式简易化、后台管理高效化，大幅提升了海漂垃圾精准治理能力。

10.2　强化源头管控，严防垃圾入海

海洋垃圾来源于陆地或海上，其中陆地上的人类活动是海洋垃圾的主要来源，做好海洋垃圾污染防治，从源头管控垃圾污染至关重要，可以从以下四个方面做好污染源头治理。

1. 严格塑料垃圾源头管控

抓住重点领域，逐步推进减塑工作。抓住塑料制品生产使用的重点领域如农膜、电商、外卖等，针对社会反映强烈的突出问题，分类提出管理要求；严格落实对超薄农膜、超薄塑料购物袋等产品在生产和销售环节的禁限要求，推广标准地膜应用，督促指导电商平台、商户和企业采取有效措施，减少过度使用一次性餐具行为。推广商品原装直发，减少二次包装，杜绝过度包装。

科学稳妥推广塑料替代产品，以可降解、可回收循环使用为导向，研发推广绿色环保、性价比高的塑料制品替代品。充分考虑使用竹木制品、纸制品、植物纤维制品替代塑料制品，支持高等院校和科研机构对各类可降解塑料降解机理和影响开展研究，科学评估其环境安全性和替代可行性。建立健全生物降解塑料标准，深入开展可降解塑料关键技术攻关及成果转化，规范可降解塑料应用领域，促进生物降解塑料产业健康有序发展。

加强监督管理和执法检查。加强禁塑执法制度建设，在港口物流、电子商务、邮政快递、旅游景区、商场、餐饮等重点行业推行行业主管部门监督，公安、交通、商务、邮政、旅游、市场监管、综合行政执法等部门联合执法制度。扎实推

进禁塑工作，不断巩固禁塑工作成效，持续加强对塑料制品生产、运输、销售、储存的源头管控，开展常态化禁塑检查，确保广西禁塑工作取得实效。通过加大日常市场执法检查力度、张贴宣传标语及海报、联合市场管理方共同检查，倡议群众、摊主主动抵制"白色污染"等方式，推进农贸市场内禁塑工作。加强禁塑督导检查工作力度，促使各经营者自觉遵守规定，不进、不存、不销、不提供一次性不可降解塑料制品，确保广西禁塑工作取得实效。

2. 宣传禁塑政策，倡导绿色消费

深入开展宣传教育，充分利用报刊、广播、电视、网络等媒体，深入宣传禁塑政策，加强青少年教育，引导公众养成绿色消费习惯。广泛深入开展禁塑科普、志愿活动、禁塑进校园、进社区等社会宣传，在不同领域、不同群体树立禁塑示范典型，加强禁塑先进事迹的宣传报道。形成执法行动与媒体联动机制，加大执法案件曝光力度，提升执法行动影响力和震慑力。建立塑料污染治理工作新闻发布机制，及时向社会通报工作进展。

广泛动员居民群众参与全面禁塑行动，积极倡导绿色、低碳的消费理念，营造全民禁塑良好氛围。鼓励通过组织农贸、商超禁塑志愿者，发动市民、商户、摊贩参与禁塑行动，加强宣传引导。以宣传教育、展板宣传、联合执法等形式持续推进行动，让公众树立环保卫士精神，从自身做起，支持禁塑，助力广西生态文明建设。

3. 严格防控垃圾入海

在进行海漂垃圾清理整治的同时，要加强对陆地垃圾污染的治理工作，严格控制垃圾入海。建议沿海市县开展垃圾分类专项行动，制定生活垃圾分类工作方案，从源头减少垃圾入海。

健全海上垃圾收集、接收、运输、处理体系，禁止塑料垃圾违规填埋，加强渔业垃圾治理，打击船舶垃圾随意丢弃行为，加强河流垃圾清理工作，做好入海河流流域保洁工作。利用河长制提升流域沿岸生活垃圾管理水平，减少河流沿岸生活垃圾随河流入海。

提升滨海旅游区垃圾的清理能力，及时处理丢弃在景区的各类垃圾，避免垃圾在海岸线上大量堆积，防止其随潮汐入海。在景区内投放足够数量的垃圾箱，在显眼位置张贴宣传标语，提醒游客不随意丢弃垃圾。加强海水养殖规范化管理，对养殖过程中更换下来的破旧渔具进行回收。

4. 海上传统养殖绿色化改造

健全组织领导，强化项目攻坚。针对传统浮筏养殖整治数量大、牵涉广、要求高的情况，组建成立海上传统浮筏养殖改造工作领导小组，深入乡镇开展调研推进项目实施，将该类工程作为政府重点项目实施。

制定专项方案，推进有序整治。针对传统浮筏养殖整治工作无制度可循、无案例可鉴的实际，加强顶层研究决策，制定实施《海上传统养殖绿色化改造行动方案》，按照排查摸底、发动准备、逐步淘汰、消项收尾、提升巩固 5 个阶段循序推进，逐步实现传统养殖绿色化改造。

出台奖补政策，动员全民参与。出台《海上养殖转型升级工作奖惩办法》，精准制定各项优惠政策和激励措施，加大海上传统养殖绿色化改造项目的实施力度。针对养殖户存在抗拒心理的情况，鼓励党员养殖户带头替换，利用网络平台和社区信息平台宣传宣讲，推动群众普遍参与。

10.3　引入先进理念，实现垃圾减量

为了实现海洋垃圾减量化，广西除了从源头控制垃圾的产生量，还需要引进先进的治理理念，如实施生产者责任延伸制和押金制，践行塑料的可持续生产与消费、引导公众意识提升与行为改变等。

1. 探索建立生产者责任延伸制

在中国生态文明建设进程与"碳达峰碳中和"战略背景下，生产者责任延伸制度的全面实施是中国绿色发展的大趋势，也是必由之路。广西也需要积极探索生产者责任延伸制的推行方式，跟上国家发展趋势，及早建立塑料制品全生命周期的管理制度，减少塑料垃圾入海。

为了实现生产者责任延伸制度的目标，政府应规范生产者责任，制定相关法律法规和标准，明确生产者在产品生命周期中的环境保护责任和消费者权益保护责任。明确生产者应对产品的设计、生产、销售、使用和废弃过程负责，并提供相关信息与技术支持。生产者应建立健全内部管理制度，明确产品责任人，建立产品质量追踪和投诉处理等流程，保证产品质量和安全。引入第三方认证机构对产品的环境性能、产品质量和可持续性进行评估和认证，为消费者提供可靠的信息。支持生产者投保环境污染责任保险，以减轻环境污染事故对环境和消费者的损害，并鼓励生产者积极采取措施进行环境修复。

强化监督执法，建立生产者责任延伸制度的监督机构，加强对生产者的监督检查和评估，并对违法行为进行严厉处罚，以提高生产者的法律遵从性和责任感。加强与国际组织和其他国家的合作学习，借鉴他国的生产者责任延伸制度经验，推动国际合作交流，共同应对全球性的环境和消费者问题。

2. 积极推进押金返还制度试点示范

押金返还制度是落实生产者责任延伸的重要举措，中共中央、国务院印发的《生态文明体制改革总体方案》要求，实行生产者责任延伸制度，促进生产者落实废弃产品回收和处理责任。押金返还制度的成功实施，需要有很多先决条件，必须在完善的保障条件下才能够取得预期的效果。

实施押金返还方式，生产商、批发商、销售商、消费者要建立良好的合作关系，各自承担自身的环保责任，政府要建立国家推行押金返还的制度框架，通过法律来规定各方责任，加强监管，依靠法律来强制推行。

在全社会大力推行废弃产品押金返还的理念，不断培育提高公众环境意识，使社会层面充分认识到废弃产品作为污染源的属性，自己应当为消费行为买单，并有义务将废弃产品送往指定的回收渠道而不是随意丢弃。积极培育专业的再生资源回收处理组织，加大政策扶持，积极培育龙头企业，为实施押金返还制度创造基础条件，引导企业加入回收组织，提高押金返还制度实施水平。

在目前经济水平较高、铅蓄电池及饮料等重点产品消费量大、回收处理体系相对成熟的地区，积极开展押金返还制度试点示范，为全面推行押金返还制度积累经验。

3. 塑料的可持续生产与消费

将可持续发展理念贯穿于海洋垃圾防控工作中，通过发展循环经济和垃圾无害化处理技术，从源头上实现垃圾减量。推进产品全生命周期管理，从而实现垃圾的源头减量，需要从产品的生产端、消费末端、回收端及处置端，应通过采取一系列激励措施，如强化生产者的废物处理责任、采用易回收和用料节省的绿色产品、引导公众绿色消费、提高回收率等措施减少垃圾的产生量，实现塑料的可持续生产与消费。

4. 意识提升和行为改变

意识的提升需要建立起问题和个人生活之间的链接，促成公众对于前因后果的理解，使行动建议生活化、场景化。建议沿海市县建立宣教平台，引导公众积极参与海洋环境保护和海洋垃圾防治工作。努力提升公众环保素养，将环境保护内容纳入中小学课本，从小培养孩子的环保意识。通过多种宣传方式，如环保进校园、进社区，宣传平台反复播放海洋环保警示片及教育片，到沿海村屯及港口码头发放环保宣传手册、张贴环保宣传海报等，提高公众参与环保的积极性。

政策万千条，行动第一条，广泛发动公众参与志愿者活动，积极组织志愿者开展海岸线清洁活动，引导渔民参与垃圾回收，制定激励机制引导渔船打捞垃圾，采用各种形式吸纳社会力量参与海洋垃圾清理整治。在提升意识的同时引导进行行为上的改变，将垃圾治理贯穿于公众的生活日常中，切实从源头减少海洋垃圾的产生。

第11章 生态养殖和污染治理双管齐下

习近平总书记强调"绿水青山就是金山银山",要坚持以海洋生态文明建设为主线,协同海洋生态环境保护与养殖业发展的关系,以高水平的海洋生态环境保护,促进海水养殖业的高质量发展。当前,海水养殖业急需进行由重数量到重质量、提质增效的转型升级,走环境友好型的绿色发展道路。本章根据广西海水养殖行业的发展现状、污染防治状况及存在的主要问题、环境影响,针对性地提出海水养殖污染治理和生态养殖双管齐下的绿色发展建议。

11.1 构建海水生态养殖及绿色转型顶层制度

1. 加强养殖规划和制度创新

落实海域滩涂养殖规划制度。严格执行自治区及北钦防三市发布的养殖水域滩涂规划,按照规划划定的"禁养区、限养区和养殖区",严格养殖水域、滩涂用途管制,加强重点养殖基地和重要养殖海域保护。依法依规加快对非法水产养殖及禁养区内的水产养殖进行清退和整治。加强水域滩涂养殖证核发,规范管理水产养殖生产。探索养殖权属制度改革。严格按照《水域滩涂养殖发证登记办法》的规定,完善全民所有养殖水域、滩涂使用审批,推进集体所有养殖水域、滩涂承包经营权的确权工作,规范水域滩涂养殖发证登记工作。学习借鉴福建宁德海上养殖综合整治和绿色发展的成功经验,开展"四权、两证"改革,即海域所有权属于国家、审批权归于政府、使用权赋予各村、承包权授予养殖户,实施海域使用权证和水域滩涂养殖证"两证分置",理清海域权属权证关系,建立海上养殖新秩序,优化办证流程,盘活养殖主体的能动性,实现政府、企业、村集体和养殖户的共赢。

建立基于养殖容量的海水健康养殖管理制度。借鉴山东、福建等地通过实施基于生态系统水平的海水养殖管理策略(唐启升等,2021),以养殖分布较为集中的茅尾海、廉州湾为试点,开展海上养殖水域的贝类、网箱鱼类养殖容量评估,科学评价海域承载能力,合理确定养殖容量。依据养殖容量评估结果,优化网箱围网、贝类养殖的空间布局,科学控制养殖规模和密度,调整养殖规模超过海域承载能力区域的养殖总量,调减近岸、港湾小网箱养殖规模和密度,推动海洋渔业向深远海型、集约型、高端型转变（张灿和柳圭泽，2021）。同时在推进养殖水域滩涂规划实施和养殖证发证登记过程中，将已有的养殖容量评估结果与养殖证登记信息进行关联，推进养殖规划的整体宏观布局和规范管理。

探索开展基于海湾环境容量的陆源入海污染物控制研究，对岸基封闭式海水养殖污染源、入海河流、工业企业等各类入海污染源的入海污染物量进行评估，在河流和其他主要污染源达标的基础上，倒推封闭式海水养殖尾水污染总量，结合海湾的生态环境保护特征，对岸基封闭式海水养殖规模、密度和布局进行优化调整，推动岸基海水养殖的绿色可持续发展。

2. 推进养殖产业绿色转型升级

改变传统注重数量产出的粗放发展方式，围绕"减量增收，提质增效"，统筹推进养殖模式、养殖结构和养殖方式优化，着力发展生态型、环境友好型养殖方式，推动养殖产业转型升级，走绿色发展道路。

在岸基养殖方面，加强养殖模式优化，建立高效生态健康养殖模式，改变以单一品种养殖为主的传统养殖模式，控制南美白对虾单养模式的养殖规模，开展虾、蟹、鱼、贝类等多种类、多组合混养的生态养殖类型。大力推广"微生物＋"鱼虾混养、立体生态循环养殖模式，采用鱼、虾、贝等在同一水体中进行生态混养，依据混养品种在不同栖息水层、食性和生活习性等互补特点，建立多营养层次的立体水生态系统，使营养物质在不同营养级生物间的传递再循环，达到饵料和养殖排泄物综合利用、节省饲料成本，并从源头削减池塘水体污染强度，保持相对稳定的水质环境，是典型的"碳汇渔业"，并能有效控制病害发生及蔓延、提升产品质量，促进池塘养殖向环境友好型、生态高效养殖转型（严正凛等，2021）。强化养殖方式优化，提升养殖的工程化、集约化水平。增加工厂化养殖比重，积极发展工厂化循环水养殖、池塘工程化循环水养殖等陆基集约化设施养殖，提高单产，拓展养殖空间，同时实现尾水资源化利用。鼓励集中连片区域的个体散养池塘走规模化、集约化发展道路，采取"集体经济＋企业＋农户""企业＋农户＋经销商"等生产经营方式，整合资源和力量促进养殖方式和结构的优化，实现养殖生产从数量到质量、提质增效的转变，将潜力资源转化为生产力。推进养殖品种结构调整，在稳定传统养殖种类的基础上，推广名、特、优、新品种养殖。根据市场需求，结合环境容量分配，发展多品种、优质品种养殖，如增加蟹类、鱼类、贝类等其他养殖品种比例，保证渔业持续健康发展。

在海上养殖方面，推广浅海多营养层次综合养殖模式，根据养殖区域的资源禀赋、海水养殖种类的营养级及生物学特点，对投饵性鱼类、贝类、藻类等不同营养级生物的空间布局、合理配比进行科学规划，构建基于养殖容量的立体型多营养次综合养殖模式（唐启升等，2021），促进传统海水养殖绿色高质量发展，为实现碳中和作出新的贡献。开拓深海养殖，推进离岸养殖"由浅向深"发展，加大深水抗风浪网箱生态养殖、养殖工船等产业化示范基地和深远海大型养殖设施基地的建设，建设人工鱼礁及海洋牧场，大力发展贝类等增养殖，提升近海海水养殖生态效益和生产潜能。

加强生态养殖示范引领力度。培育和壮大养殖大户、家庭渔场、专业合作社、水产养殖龙头企业等新型经营主体，带动集中连片区域生态养殖水平。加强水产健康养殖和生态养殖示范场、示范社、示范小区及示范县建设，将绿色发展作为示范养殖场、合作社、养殖小区和示范县创建的重要内容，鼓励和支持新型经营主体采用绿色低碳生产技术模式，发挥示范引领作用，提升示范力度。

建立碳汇补偿机制。贝类、藻类及滤食性鱼类等养殖活动不仅能吸收水体中的营养物质，还能固定一定的二氧化碳，具有碳汇功能，是实现当前减污降碳协同增效的有效手段（岳冬冬和王鲁民，2018）。建议沿海各市农业部门探讨建立水产养殖碳汇补偿机制，制定具体的补偿标准，针对具有碳汇或减碳功能的养殖模式、水域等，根据具体养殖活动产生的碳汇量，给予养殖主体相应的补偿，从而激励水产养殖绿色发展模式的建立，形成有效的激励机制。

3. 提升养殖设施及技术水平

提高海水养殖设施和装备水平。大力实施池塘标准化改造，强化对茅尾海、铁山港湾、廉州湾等重点海湾的中低产、老旧池塘进行改造，完善进、排水处理设施，因地制宜针对相对独立区域建设统一的进水、排水设施，减少水质交叉污染；建设池塘底排污循环水、气动式循环水和工程化循环水养殖设施，探索建立海水养殖池塘维护和改造长效机制。开展大水面生态增养殖设施升级改造。实施浅海滩涂贝类养殖排筏升级改造。建设基于生态水平的深海抗风浪网箱养殖、工厂化养殖、集装箱养殖、高位池养殖、池塘工程化养殖等设施渔业。加大研发深远海大型养殖装备、集装箱养殖装备、养殖产品收获装备等关键装备及其推广应用。推进养殖网箱网围布局科学化、合理化，加强网箱粪污残饵收集等环保设施设备升级改造（张灿和柳圭泽，2021）。

推广饲料精准投喂技术，结合养殖品种生态习性和养殖模式，对饲料选择、投喂量、投喂时间等进行规范，实施精准投喂，提高饲料利用效率，减少水体污染。强化养殖疫病防控，完善水生动物疫病防控体系，加强水生动物疫病监测预警和风险评估，提高病害防控能力，减少事故生产排放。加强对渔业水域的水质监测，对养殖水域水质易超标、病害频发的区域建立常设监测点。

4. 强化生态养殖科技支撑

加大海水养殖技术和管理科技支持力度。提高水产养殖业科技创新能力，从水产养殖模式、健康养殖技术、养殖水体改良、疫病防治技术、质量安全等方面进行技术攻关，加大对陆基养殖装备、集装箱养殖装备、养殖产品收获装备等关键装备的研发，提升养殖技术水平。加强水产养殖容量评估技术研究，建立健全养殖容量评估技术体系，指导养殖布局的优化和规范化。加快先进适用科技成果的转化应用，保障技术供给满足绿色发展需求。改变传统的依靠资源低效投入增长换效益的发展模式，着力提高单位水体产出率和科技贡献率水平，实现利用科学、高效、低碳技术促进水产养殖绿色发展。

5. 加大政策支持力度

各级政府及部门加大对水产养殖活动绿色发展的政策和资金支持力度，重点支持工厂化循环水、池塘工程化循环水、养殖尾水和废弃物处理、环保型养殖设施升级改造等环保设施用地，支持深水抗风浪网箱、深远海大型智能化养殖渔场建设、水产健康养殖和生态养殖示范县建设，支持生态养殖模式推广应用、渔业海漂垃圾清理等工作。落实水产养殖绿色发展用水、用电的优惠政策。支持符合条件的水产养殖装备纳入农机购置补贴范围。

建立政府引导、生产主体自筹、社会资金参与的多元化投入机制。拓宽融资渠道，加强银企对接，创新水产养殖业适用金融产品，推动金融资源更多向水产养殖业倾斜；同时积极引导社会资本投向水产养殖，多渠道解决水产养殖业投融资问题。健全水产养殖保险政策，总结塑胶渔排保险、台风指数保险、赤潮指数保险的经验，完善养殖保险具体政策，纳入政策性保险范围，满足沿海各地养殖户参保需求。

6. 提高从业人员环保意识

加强开展沿海地区的渔民环保宣传教育，通过广播、电视、报刊、网络等新闻媒体和印发宣传资料等各种渠道、方式进行宣传，使渔民深刻了解养殖尾水、塑料垃圾对养殖水体、海洋环境的影响和危害，提高环境保护意识，积极投入海洋环境保护与开发水域滩涂的活动中去，减少养殖尾水和养殖垃圾排放，形成良好的社会氛围，促进养殖业绿色生产和环境污染治理。

加强渔药安全使用培训与宣传。加大对养殖人员的渔药使用知识方面的相关培训和宣传工作，通过组织养殖人员进行集中培训，使广大养殖户了解养殖生产中安全高效用药和规范用药知识，并树立源头预防意识，从养殖密度和模式方面正确诊断和合理用药，达到少用药、疗效好的效果。同时要严格遵守售前休药期制度，不使用禁用药品，做到健康无公害养殖。

11.2　加强海水养殖污染环境监管

1. 加快制定海水养殖尾水排放标准

统筹考虑广西沿海区域养殖特点和经济、技术可行性，针对池塘养殖、工厂化养殖等封闭式养殖主体，加快制定出台广西海水养殖尾水排放标准，作为养殖尾水排放监督性监测及生态环境综合执法的依据，夯实监管基础。并配套污染防治、监测、执法检查、宣传培训相关文件，指导养殖主体和养殖管理部门对海水养殖污染物进行控制和治理，推动实现养殖尾水达标排放。

2. 严格项目准入和落实依法治污

严格执行环境影响评价制度，按照《建设项目环境影响评价分类管理名录（2021 年版）》中对海水养殖的环境影响评价分级要求，做好海水养殖建设项目的环境影响评价审批或备案管理，严格落实"三线一单"生态环境分区管控要求。加强养殖排污口的备案管理，结合入海排污口排查工作，摸清养殖排水口底数，掌握海水养殖方式和排水口分布、数量、排放方式、排放去向等信息，实现养殖排污口"应备尽备"和动态管理。建立养殖入海排污口清单，形成全区水产养殖主体入海排污口"一张图"（生态环境部和农业农村部，2022）。

3. 健全海水养殖尾水监测体系

加强养殖尾水监测，组织开展工厂化养殖和规模化养殖场尾水监督性监测工作，加大池塘养殖清塘时段的尾水监测力度，鼓励结合常规监测和执法工作开展养殖尾水环境监测工作。养殖尾水监测项目包含 pH、化学需氧量、悬浮物、总磷、总氮等指标，优先强化对总磷、总氮的监测和管控。推动工厂化养殖和规模化养殖场开展尾水自行监测工作。逐步加强对养殖投入品、有毒有害物质等的检测分析，推动在线监测、大数据监管等技术应用。鼓励开展养殖尾水排放邻近海域、养殖海域环境监测及养殖污染影响研究。

4. 推动养殖排口分类整治

依法取缔一批违反法律法规规定、在自然保护地及其他需要特殊保护的区域内设置的养殖排放口。根据《广西海洋生态红线划定方案》，依法取缔在自然保护区禁止类红线区和海洋特别保护区禁止类红线区内的养殖排放口。对海洋生态限制类红线区内的养殖排放口进行严格执行尾水污染物达标排放和污染管控措施，鼓励养殖尾水循环回用，减少外排。建议对这些区域的养殖排放口进行规范整治，清理合并集中分布、连片聚集的海水养殖分散排口，鼓励连片区域统一收集处理养殖尾水，设置统一的排水口。规范整治一批布局不合理、责任不明晰，不利于维护管理和环境监管及群众反映强烈、污染较为严重的养殖排水口。落实养殖尾水排放属地监管职责和生产者环境保护主体责任，规范设置养殖尾水排水口，加强对海水养殖清塘淤泥的监管（生态环境部和农业农村部，2022）。

11.3　强化养殖尾水氮磷污染治理

1. 建立养殖尾水分类分区管控要求

针对工厂化养殖、高位池养殖、规模化养殖场（面积 100 亩以上）和集中连片池塘（面积 100 亩以上）等污染相对集中、污染程度相对较重的养殖场进行严格养殖尾水治理和污染排放控制要求。针对规模化以下的养殖场和集中连片面积 100 亩以下的养殖区域，实行分区管控，对于局部水质长期不达标或水质不稳定、生态敏感度高、养殖密度较大的茅尾海、铁山港湾、廉州湾、大风江口等海域，加强养殖尾水治理和污染排放控制要求；对于水质较好的其他海湾或一般海域，鼓励采用生态养殖、或养殖具有净化水质的水产养殖品种方式进行管控。

2. 重点整治养殖尾水氮磷污染

加强推进海水养殖尾水处理，采取生态沟渠、生态塘、人工湿地等技术措施，提高养殖尾水处理率，推动养殖尾水循环化、资源化利用或达标排放，减少尾水污染物的排放强度，减轻大面积养殖尾水未经处理短时集中排放对海域的影响。针对不同养殖布局、养殖规模、养殖方式、养殖品种、区域进排水等因素，因地制宜采取经济适用的尾水治理技术。

对于工厂化循环水养殖、集装箱循环水养殖尾水处理建议可参考《广西水产养殖尾水生态处理设施建设要点（试行）》中"陆基集约化设施养殖尾水生态处理设施建设"配套生态沟渠（或排水管道）、沉淀池、曝气池、过滤坝和生物净化池或湿地、生态净化池塘等。目前广西工厂化海水养殖尾水循环处理示范场中，防城港东兴市江源公司采用传统池塘水生植物和滤食性鱼类生物净化处理，配套尾水深度净化设备的处理模式，处理效率较高，且占地面积相对较小，实现尾水处理效果的同时也节约了占地面积，为养殖户腾出更多空间进行养殖，具有推广价值。

面积在 100 亩以上的规模化池塘养殖场和集中连片养殖池塘区域建议可采用

"三池两坝"或"四池三坝"、人工湿地等尾水治理模式。高位池养殖可采用集中排污 + 多级生态塘净化处理或单个塘采用连续流养殖尾水处理设备进行循环处理回用。对于集中连片面积在 100 亩以上、养殖主体不同、以散户为主的池塘养殖区域，治理方式建议政府给予政策支持，引入第三方专业技术机构，或以行政村或村委集体牵头统筹区域的治理，在区域内腾出一定的空间，建设公共进水、排水渠和尾水集中处理设施，对养殖尾水进行统一收集和处理。对于尾水处理设施的运营管理，可以引入第三方进行管理，以考核第三方尾水治理达标排放倒逼养殖尾水综合整治。

对于集中连片面积小于 100 亩的其他散养类养殖主体，一方面，在养殖模式上进行优化，采用鱼、虾、蟹等多种混养模式、生态养殖模式，促使养殖残饵和排泄物的综合利用、吸收，从源头降低水体污染强度。另一方面，尾水尽量采取资源化利用、不排水或少排水方式。对于具备尾水处理条件的散养户，应利用尾水处理塘收集养殖尾水，通过沉淀过滤、种植水生植物、吊养或底播贝类、施用渔用微生物制剂等措施对尾水进行处理，待 72 小时后再排放；对于不具备尾水处理条件的散养户，宜使用不排水或少排水的收获方式，收获后采用全池泼洒芽孢杆菌、硝化细菌等措施进行处理，待 72 小时后再排放（纪东平等，2020）。单个池塘在 10 亩以下的小型池塘，建议可采用北海推广的"零排放"连续流养殖尾水处理技术进行循环处理回用。

3. 加强养殖池塘塘泥的资源化利用

对规模化池塘养殖场和集中连片面积在 100 亩以上的养殖池塘区域的塘泥处理提出污染控制要求，采取集中清运、有机肥制造等方式，加强做好养殖池塘塘泥的无害化和资源化处理，防止塘泥流失入海。目前塘泥的收集、清运及回收未形成体系，相应的资源化利用机构也未建立，建议引入第三方进行集中收集、清运，加强对塘泥的资源化利用率和相关研究，并在政策上对于该类项目给予鼓励和支持。

11.4　源头控制海水养殖抗生素和环境激素污染

1. 进一步摸清激素来源

从调查监测结果可知，海水养殖区的生物样不存在通过食入对居民健康产生风险，但水样、沉积物样及生物样均有部分样品检出环境激素，因此有必要对水环境激素来源进行跟踪，对养殖场使用所有药品药剂进行监控及记录，同时跟踪监测使用的饲料及药物的成分，并对养殖水源、养殖水体及养殖产品进行定期监测，以便更深入地探讨水体中激素的来源和输入途径，进一步研究是内源还是外源性环境激素污染。

2. 加强资金支持，开展全面系统调查

本次调查仅针对沿海部分对虾养殖场进行抽样调查，同时由于调查时间紧迫，有机分析前处理周期长，开展工作难度较大，且经费有限，难以实施环境激素的时间和空间的分布和趋势分析，研究代表性及整体性不足。建议加强资金支持，开展海水养殖抗生素和环境激素污染的专项、全面调查，扩大调查范围，进一步增加调查养殖场的个数，同时实施不同季度下的养殖区内环境激素的检测调查，进一步调查研究养殖区水质、沉积物及生物体中环境激素含量的差异化分布的原因，而且除了本次研究的目标化合物之外，还应该扩大其他类固醇激素在养殖生物中的残留检测。不仅是化合物母体，还应该涵盖重要的代谢物，从而保证环境激素在环境中的分布、迁移转化归宿及环境效应评价的全面性。

3. 加强水产养殖用药监管

水产行业主管部门应加强对养殖用药的监督和管理，杜绝在水产养殖过程中使用禁用药物。水产用兽药的使用涉及药品生产、销售和使用的各个环节，而销售兽药的药店是决定水产用兽药使用的主要场所。因此，应强化对水产兽药生产和药店的监督管理，加强兽药使用的指导，逐渐实施由水生类执业兽医开处方用药制度（陈昌福等，2014），严格渔药使用的用法和用量，推动合理用药。

参 考 文 献

陈昌福，李景，胡明，2014. 关于促进合理使用水产用兽药的一些建议（3）[J]. 渔业致富指南，5：68-69.

福建省人民政府办公厅，2020. 进一步加强海漂垃圾综合治理行动方案[EB/OL].（2020-12-16）[2024-12-20].
　　https://www.fujian.gov.cn/zwgk/zxwj/szfwj/202012/t20201216_5492105.htm.

国家发展改革委，生态环境部，2021. 国家发展改革委　生态环境部关于印发"十四五"塑料污染治理行动方案的
　　通知[EB/OL].（2021-09-08）[2024-12-20]. https://www.gov.cn/zhengce/zhengceku/2021/09/16/content_5637606.htm.

纪东平，赵乃乾，吴一桂，等，2020. 浅析防城港市海水养殖尾水处理模式及其在水产养殖业绿色发展中的作用[J].
　　中国渔业质量与标准，10（3）：69-74.

生态环境部，农业农村部，2022. 生态环境部　农业农村部关于加强海水养殖生态环境监管的意见[EB/OL].
　　（2022-01-05）[2024-12-20]. https://www.gov.cn/zhengce/zhengceku/2022/01/12/content_5667762.htm.

唐启升，方建光，王俊，等，2021. 福建省海洋渔业绿色发展战略研究报告[J]. 学会，8：47-51.

严正凛，杨理忠，陈珍赐，2021. 海水池塘多营养层次生态混养模式与技术[J]. 黑龙江水产，40（4）：12-13.

岳冬冬，王鲁民，2018. 我国水产养殖绿色发展战略研究[J]. 中国水产，7：34-37.

张灿，柳圭泽，2021. 海水养殖生态环境突出问题及其防治监管建议[J]. 中华环境，5：28-31.

张继红，蔺凡，方建光，2016. 海水养殖容量评估方法及在养殖管理上的应用[J]. 中国工程科学，18（3）：85-89.

第12章 海湾生态修复稳定生态系统

12.1 构建生态保护修复顶层制度

深入贯彻落实习近平生态文明思想。全面贯彻落实党的二十大精神，准确把握新发展阶段的新部署新任务新要求，坚持尊重自然、顺应自然、保护自然，牢固树立山水林田湖草沙是一个生命共同体的整体系统观。从系统工程和全局角度推进生态保护修复，统筹兼顾、整体施策、多措并举，突出系统治理与高质量发展的系统性、整体性、协同性，以山水林田湖草沙系统高水平保护和治理促进高质量发展，促进人与自然和谐共生。

1. 充分发挥"一盘棋"思想

（1）创新完善生态保护修复体制机制

优化生态系统管理思路，统筹治山、治水、治林、治田、治湖、治草，加强生态保护修复体制机制顶层设计，打破行政区划和部门界限，建立部门间统筹推进、分工明确的协作联动机制，达到1＋1＞2的效果。加强生态保护修复工程的统一谋划和统筹实施，坚持科学实施保护修复，宜林则林、宜灌则灌、宜草则草、宜湿则湿、宜沙则沙，建立国家和地方重要生态系统保护修复工程多层次推进格局。加强生态保护修复项目适应性管理，制定奖惩结合的生态保护修复专项资金分配政策，将生态保护修复成效评估结果与资金分配挂钩，提高项目资金绩效水平。拓宽融资渠道，鼓励地方完善多元化生态修复资金筹措机制，吸引社会资本参与，推广生态环境导向的开发（EOD）模式。创新探索生态产品价值实现路径，通过生态保护修复带动经济社会发展。

（2）构建生态保护修复全过程监管体系

针对生态破坏问题和"伪生态建设"等生态形式主义问题，依托卫星、无人机等手段不断提升问题发现能力。健全中央和地方生态保护监管、生态环境保护督察、生态环境执法联动机制，强化部门间协同、问题转送移交机制，实现生态保护修复治理成效的最大公约数。坚持"谁破坏、谁治理"的原则，严格落实生态环境损害赔偿制度，督促企业落实生态保护修复责任。不断提高生态保护修复成效，定量评估生态保护修复实施前后的生态环境效益，科学判定目标是否达成、过程是否科学、功能是否提升、生态环境问题是否解决、后期管护是否到位等关键问题。严格执行生态保护修复工程项目生态环境影响评价，加强对工程措施深入研究论证，从源头避免违背自然规律的生态保护修复工程项目造成新的破坏和浪费。建立国家和地方生态系统修复重大工程监测监管平台，对保护修复成效开展定期监测评估，确保工程效果及对国家和区域生态安全的有效支撑。

（3）加强生态保护修复科技支撑和标准化建设

研究生态系统自然演替规律和内在机理，加强生态系统相互作用机制、生态系统演化过程、生态系统服务与功能、区域生态安全格局、物种及生态系统响应全球变化机制等研究与实践应用。研究制定生态保护修复系列标准和政策，对生态保护修复方案设计、目标制定、实施过程、后期管护、成效评估等关键环节进一步明确要求。针对海湾生态修复、生态保护红线管理、湿地生态修复等重点领域，修订完善规划设计、工程实施、后期管护、监测评估、考核验收、监督管理等标准规范，形成标准化、全链条的治理技术支撑体系，推动海洋生态保护修复治理体系和治理能力现代化。

2. 加快生态相关法治建设

（1）加快构建环境权与生态环境治理的规范体系

根据党的十九届四中全会提出的"国家治理体系和治理能力现代化"目标要求，参照 2020 年中共中央办公厅、国务院办公厅《关于构建现代环境治理体系的指导意见》，构建新时代新阶段海洋生态环境保护、环境治理修复的法治体系，通过全过程贯彻法治思维和法治的方式助推海洋生态环境保护法治转型，在优化海洋生态文明体制的基础上完善相应的立法机制。《中华人民共和国宪法》规范是提供生态环境治理"制定法"和"实定法"的立法依据，当具体的环境法律之间的上位法依据出现规范不一致的情形时，就需要依据宪法规范进行判断。

（2）尽快完善地区生态环境损害补偿机制

生态补偿以保护和可持续利用生态系统服务为目的，通过资金、项目、技术和政策等方式，以经济手段为主，由生态保护受益方（或是损害方）给予生态保护提供方，有狭义和广义之分，狭义是由生产生活给海洋生态造成破坏的补偿、恢复、治理等一系列活动的总称；广义即给予因环境保护丧失发展机会的区域补偿的机制。当生态保护受益方（或是损害方）是不特定的人群或广大的区域时，则由地方政府代表受益方给予生态保护者补偿。生态补偿机制是高水平生态保护支撑向海经济高质量发展的有效途径，是促进绿色发展和均衡发展的重要政策工具。《国务院办公厅关于健全生态保护补偿机制的意见》（国办发〔2016〕31 号）明确实施生态保护补偿是调动各方积极性、保护好生态环境的重要手段，是生态文明制度建设的重要内容；"权责统一"是健全生态保护补偿机制的基础，提出"谁受益、谁补偿"的原则。

（3）加快完善生态环境损害赔偿及诉讼制度

党的二十大报告提出"完善公益诉讼制度""中国式现代化是人与自然和谐共生的现代化"，对"推动绿色发展、促进人与自然和谐共生"作出全面部署。加快完善生态环境损害赔偿及诉讼制度，有效协调各方面的关系和利益冲突。鼓励探索通过发布禁止令的形式实施及时终止海洋生态环境污染破坏行为并实施相关生态保全措施，防止生态环境的污染破坏行为及损害程度进一步扩大。指导地方积极采取多种适宜方式开展生态保护修复，包括"宜沙则沙""宜林则林"、选择适合当地生态类群结构的"增殖放流"及"劳务代偿"等生态补偿方式。建立完善生态环境修复责任制度，明确主体责任和监督责任，将生态补偿与刑事制裁、民事赔偿有机衔接。创新生态补偿执行方式，与相关行政机关做好协调配合，积极探索异地修复、替代修复、第三方监督、执行回访等制度，真正将生态补偿责任落实到位。

3. 支持资金投入形式多样化

积极拓展海洋生态修复资金来源，改变目前资金投入形式单一化的情况，即以政府投资为主。创新赋予并增值海洋生态产品经济效益的方式方法，鼓励社会各类资本投入海洋生态修复当中。开展海洋生态产品价值核算研究，完善碳汇市场交易制度，吸引社会各类资本参与海洋生态保护修复。设置生态治理修复项目专家咨询委员会，建立项目专家库，将技术、经济、生态等专家纳入专家库，让更多专业人员参与生态治理修复项目过程，对项目进行"把脉问诊"，让生态项目工程措施科学有效。在海洋生态修复的过程中加强和利益相关者的参与和配合，严防政策规则存在缺项和漏洞。加强海洋生态保护宣传，积极引导社会公众参与，成立海洋生态保护志愿组织，动员全社会力量共同自觉维护海洋生态保护。

12.2　建立生态状况监测预警平台

1. 提升海洋生态智慧监管水平

汇聚与广西海洋生态环境相关的入海河流、入海排污口、自动监测、岸基监测、环境风险源等现有在线监测监控平台数据及常规海洋环境质量监测数据，融合遥感大数据、云计算、智能化等科技手段，建设广西"生态云"海洋生态环境智慧监管平台，实现对广西近岸重点海湾生态环境质量状况、各类环境风险活动状况等的精细化监视监测和智慧化监管。依托广西"生态云"平台，探索北部湾流域、海洋动力、污染扩散等模型的建立和集成应用，提升对重点海湾生态环境质量或突发环境污染事件的预测预判和决策支撑等能力。加快生态环境监测信息传输网络与大数据平台建设，实现海域生态环境质量、典型海洋生态系统状况监测、各重点海湾、沿海主要污染源等全覆盖；建成陆海统筹、空天地海一体协同的海洋生态环境监测网络，提升海洋生态环境监测预报预警、信息化能力水平，实现各级各类监测数据系统互联共享。将相关部门和沿海三市生态环境监测数据进行联网共享，加强部门之间协同联动，提升数据资源的开发与应用效率。在海域生态环境质量信息发布方面，依法建立统一的海洋生态环境监测信息发布制度，实现海洋生态环境监测数据统一发布，使生态环境监测能力与生态文明建设要求相适应。

2. 强化海洋生态灾害预警能力

开展赤潮高风险区立体监测，掌握赤潮暴发种类、规模、影响范围及危害，提高预警准确率。加强对北部湾赤潮和绿潮的发生、发展和消亡规律的研究，加强球形棕囊藻、夜光藻等赤潮监测与防控效果评估，全过程跟踪赤潮藻类生长、聚集、暴发情况。拓展浒苔绿潮、水母等其他生物暴发事件预警监测，跟踪掌握海洋生态灾害暴发种类、规模、影响范围，及时发布预警信息，不断提高预警准确率。开发近岸海域环境自动监控预警管理系统。实现入海河流、直排污染源、海上污染源和近岸海域环境自动监测数据的同化集成，研究区域生态环境数学模型，构建近岸海域环境自动监控预警系统，科学引导环境管理与风险防范。开展近岸海域赤潮灾害风险监测与应急处置方案研究。根据海域特征开展近岸海域赤潮灾害风险评估，建立监测与应急处置方案，为赤潮灾害减灾防灾提供技术支撑。充分利用现有的自动监测能力，综合运用卫星遥感、浮标、无人船、海底基和无人机等先进技术设备，实现管辖海域赤潮灾害高发海域陆基-岸基-海基立体化监控。加强赤潮和绿潮对核电站等重要企业取水的预警防控技术研究与能力建设，防范引起生产事故和环境风险。

3. 开展海洋生态系统基线调查

由于沿海三市专业技术力量薄弱，目前尚没有能力针对广西近岸海域多数关键性物种展开全面的、持续性的资源调查工作。建议由广西海洋和渔业厅牵头，争取国家有关方面的支持，市级相关单位配合，落实调查监测经费，加强调查和监测。在三娘湾建设中华白海豚等珍稀海洋物种保护救护国际合作研究与网络建设项目，开展中华白海豚等海洋珍稀保护动物种群数量、分布、生活习性等方面研究。摸清广西海域中华白海豚、印太江豚、布氏鲸和中国鲎等关键物种的数量、分布、季节性变化、栖息时间、活动范围、行为学特征等种群生态状况。同时建立鲸豚个体识别档案，分析并建立鲸豚栖息地核心特征信息，提出重点保护区域。

同时开展全面的、系统性的渔业资源调查工作。以金线鱼、石斑鱼、鲹、鲷、乌贼、对虾、梭子蟹等广西近岸海域主要关键性种类的资源现状、变动趋势、群落结构和重要栖息地调查为重点，开展渔业资源和生态环境长期、连续、全面监测和评估，构建渔业资源数据库与共享平台，为广西近岸海域渔业资源总量管理、水产种质资源保护区管理、渔业资源养护与生态修复、生物多样性保护等提供基础数据和技术支撑。

12.3　完善生态保护修复实施指南

1. 加强生态系统演替规律与资源管理耦合机理研究

开展重点流域、重点海洋生态功能区生态状况评估，全面掌握生态安全状况和基线演替情况，明确不同区域、流域生态保护修复目标与重点。自然要素之间不是孤立的，而是相互依存、相互联系的，应以增强生态系统多样性、稳定性、持续性为目标，科学认识生态系统的内在规律，统筹考虑各自然生态要素，坚持陆海统筹和系统治理，在理念、制度、工程等方面协同发力，不断增强各项措施的关联性和耦合性，促进自然生态系统质量的整体改善和优质生态产品供给能力的全面增强。

（1）加强生态系统演替规律研究是保护修复的基础

生态系统演替是指一个生态系统中的生物群落和环境随时间的推移而发生的稳定性变化的过程。这一过程涉及多种生物相互作用和环境因素的综合影响，对于生态研究和保护实践具有重要意义。生态系统演替的规律主要包括先锋物种演替、群落演替和生物多样性的变化。先锋物种演替是生态系统演替的第一阶段，当一个新的生境出现时，由最适应这一生境的先锋物种迅速占据。随着时间的推移，先锋物种会逐渐被更为适应的群落物种所替代，这便是群落演替的过程。群落演替中的物种组成和群落结构会随着时间的变化而逐渐趋向稳定。同时，随着演替的进行，生态系统中的生物多样性也会发生变化，从最初的低多样性逐渐增加到一个相对稳定的高多样性状态。生态系统演替的规律是由多种相互作用的因素所决定的。物种之间的竞争是一个重要的演替驱动机制。在先锋物种阶段，物种之间的竞争较弱，使得先锋物种能够快速适应新生境。而在群落演替阶段，竞争的强度逐渐增加导致物种组成的变化。此外，物种间的共生关系、资源利用策略、干扰和环境因素等也对演替过程起着重要的作用。

（2）生态系统演替的规律对于保护实践具有重要的指导意义

首先，深入了解生态系统演替的规律可以帮助我们预测和理解自然环境的变化趋势。这对于制定科学合理的保护策略非常关键。其次，认识到生态系统演替过程中物种多样性的变化，我们能够更好地保护和维护生物多样性。通过保护多样性丰富的演替中期群落，可以为维持整个生态系统的稳定性和功能提供良好的基础。最后，了解生态系统演替的规律可以帮助我们预测和应对外来物种入侵的风险。外来物种的入侵往往会干扰原有群落结构，甚至导致生态系统的崩溃。通过加强对生态系统演替规律的研究和分析，我们能够更好地预防和控制外来物种入侵的风险，保护生物多样性和生态系统的健康。保护区的规划应基于对生态系统演替过程的深入研究，确定合适的先锋物种和中期群落的保护目标。合理的管理和保护措施应针对生态系统演替的不同阶段，以保持生态系统的连续性和稳定性。在生物多样性保护方面，我们应注重保护具有代表性的先锋物种和中期群落，以维持生物多样性的动态平衡。同时，加强对外来物种入侵风险的监测和防控，以保护生态系统的完整性和稳定性。

（3）生态修复与资源管理耦合符合保护实践要求

生态系统是一个由生物资源、栖息环境、人为活动、气候变化等要素所构成的复杂动态系统。保护生态系统核心目标是可持续及与经济和环境的协调发展，并在永续利用中不断提高资源的利用率和经济发展水平。因此，研究资源禀赋与资源管理的关联耦合机制，对提高资源的利用率、优化自然资源与经济发展的空间配置、实现区域生态的可持续发展具有深刻的意义。一方面分析生态资源保护对区域发展的促进与制约作用，另一方面分析区域发展对生态资源开发的反馈作用，探讨生态资源开发与区域发展之间的耦合关系；从系统进化的两个维度——涨落与协同展开，建立指标体系，运用模型计算资源系统与区域发展系统各子系统变量的涨落趋势，从系统的不同尺度分析其耦合机理，进一步研究资源开发与区域发展的关联耦合机理机制，并建立优化措施，为区域生态可持续发展提供依据和建议。

2. 建立生态保护修复与经济社会发展协调联动机制

（1）政府加强宏观调控

在宏观政策层面，政府可以通过产业调整、节能减排、环境审批等措施来推进生态保护修复工作。同时，政府可以重视生态系统效益的评价标准，以及对每一个行业的准入和审查等措施。在监测污染物方面，政府可以严格遏制不合理的污染物排放，抽查因为政治方面的利益导致虚假数据而报告的环境数据，并且对环保投资开展政府支持政策。

（2）提高环保产业的技术落地

政府加强对环保产业的技术研发及创新方面的政策支持。企业也可逐渐加强自我创新、技术创新和对环保人才的培育。在产业层面上，政府可以支持环保企业和管理机构的合作，提高环保产业的技术水平。这种组织模式能够进一步提高经济效益，创造更多高技能的工作岗位。加强关键环保技术产品自主创新，推动环保重大技术装备示范应用，加快提高环保产业技术装备水平。做大做强龙头企业，培育一批专业化骨干企业，扶持一批专特优精中小企业。鼓励企业参与绿色"一带一路"建设，带动先进的环保技术、装备、产能走出去。

（3）合作开展环保基金和金融支持

生态保护修复是一类能够带来巨大环境效益的项目，但由于生态项目本身具有一定风险，且环保公益性质比重较大，前期需投入较大资金，回报周期较长，因此面临着融资较难、收益率较慢较低等困境。为解决这个困难，政府可以与其他行业合作成立环保基金，并引导公众投资这一基金，以帮助那些在环保领域工作的企业。与此同时，政府可以加强金融目标，促进金融机构提供针对环保产业的贷款和融资，以支持可持续和环境友好的项目。勇于创新投融资模式，大力支持大气污染防治、重点流域水污染防治、海湾综合治理、地下水污染防治、土壤污染治理与修复、农村环境整治、固废处理处置、应对气候变化与履行国际公约等重大项目，加强资源要素保障，进一步加大对重点生态环保项目的融资支持力度。通过"贷＋债＋股＋代＋租＋顾"等综合金融服务，持续加大对生态环保重大工程建设、生态环保产业客户、传统企业绿色低碳转型等领域的投融资支持力度，提升生态的"含绿量""含金量"。

（4）合理安排保护修复目标任务

统筹国土空间规划总体布局、统筹国土空间生态安全格局与经济社会发展布局的关系。对国土空间用途实行严格管制，实现空间源头治理，避免国土空间面临过度开发和利用率低等问题，促进区域协调均衡发展。在对生态系统基线进行充分调查的基础上，科学合理安排生态保护修复目标任务。目标的确立应基于科学分析和评估，充分考虑生态环境现状、问题及需求，确保目标的科学性和合理性。目标应涵盖生态环境的各个方面，如水资源、土壤、生物多样性等，确保目标的全面性和系统性。目标应考虑生态环境保护修复的可持续性，确保在实现当前目标的同时，保持生态保护修复工作均衡持续发展，有效支撑经济社会发展。

3. 制定符合当地生态的修复相关实施指南和技术标准

健全完善海洋生态环境治理和监测技术规范体系，研究制定符合广西北部湾特点的海洋生态修复、海水养殖污染排放及治理、海洋生态系统健康、生态环境质量评价、海洋环境监测方法、生态环境损害鉴定评估技术指南等地方技术规范和标准，不断完善环境保护和生态建设标准体系。贯彻落实国家海洋等各项环境质量标准及城镇污水处理、污泥处理处置等污染物排放标准。

（1）制定生态修复技术指南，为生态修复提供可操作的规范

遵循自然保护为主，人工修复为辅的原则，根据海洋生态系统类型及其自然

资源特点，以生态系统功能完整性为前提，明确海洋生态系统保护、综合治理修复的目标要求和技术流程；针对广西北部湾沿海分布的典型亚热带海洋生态系统，包括牡蛎礁、珊瑚礁、红树林、海草床等及海岛、河口、海湾、岸滩等生态系统的自然特征，开展系统全面的生态调查，查明生态现状及生态退化问题诊断，明确生态修复的目标要求，规定生态修复的基本流程及修复措施，落实实施全程监测监督，实施后开展跟踪监测与修复效果评估等的技术要求。以最小的人为干预，消除或缓解生态系统受威胁因素，借助自然生态系统的自我修复能力、自组织能力开展生态修复，保证生态修复达到预期目的。

（2）制修订涉海管理的地方标准，完善涉海管理基础研究和地方标准

统筹考虑广西沿海地区重大产业项目对附近海域的环境容量和生态环境保护提出的更高要求，结合广西海洋环境质量现状、变化趋势，科学测算海洋环境容量、碳减排目标等，对新兴污染物（POPs 和微塑料等）开展深入研究，并有针对性地从治理、技术、措施等方面研究提出解决方法，实现产业高质量发展和生态环境保护的协调。制修订一系列涉海管理的地方标准，完善对广西海洋环境功能区划修编；制定"十四五"相应海洋监测规划、钦北防一体化环境保护设施规划和沿海城乡污水排污区规划及《城市水系生态环境修复技术指南》等；根据广西沿海养殖种类制定一批海水养殖相关规范和标准，如《海水石斑鱼池塘清洁养殖技术规范》、《虾塘养殖尾水排放标准》及《海水池塘养殖清洁生产要求》等多项环境保护和生态建设领域广西地方标准项目，不断健全环境保护和生态建设标准体系。

（3）修编生态系统监测技术规范，健全海洋生态监测技术体系

理顺和反馈现行海洋生态监测技术在生态环境领域的不适用性和不符合性；推进海洋监测标准由海洋行业标准（HY 系列）向生态环境行业标准（HJ 系列）转变，制修订一批生态环境行业的海洋领域技术方法标准。重点开展北部湾典型海洋生态系统包括红树林、海草床和珊瑚礁生态监测技术规程等海洋生态系统监测领域的标准制定，同时积极开展滨海湿地、新型污染物、海湾、河口等领域的标准制定。

第13章 广西美丽海湾保护典型案例应用实践

13.1 南流江-廉州湾综合治理案例

南流江发源于玉林，流经钦州市和北海市，在北海市入海，汇入廉州湾，是广西境内流程最长、流域面积最大、水量最丰富的独流入海河流。随着沿海沿江全流域经济发展，污染物排放量日益增大，南流江水质呈逐年下降趋势，成为广西境内污染最严重的河流之一，在 2016 年的中央环保督察中南流江被列为广西9 个生态环境损害责任追究问题之一，2018 年国考横塘断面水质一度恶化至劣Ⅴ类，被生态环境部多次通报、预警、约谈，受纳水体廉州湾历年水质不稳定，超标现象突出。针对南流江-廉州湾流域各项问题，自治区党委、各级政府秉持"绿水青山就是金山银山"的绿色发展理念，结合陆海统筹治理目标，坚持系统治理、源头治理、协同治理，针对区域重点问题因地制宜推进流域畜禽养殖污染、生活污染、工业污染等治理工作，将南流江-廉州湾流域水环境综合治理工作纳入自治区重大项目并强力推进，取得显著成效。

13.1.1 主要工作措施

1. 成立自治区级工作指挥部

针对流域呈现的污染问题，成立了以自治区副主席严植婵为指挥长的南流江等重点流域生态保护和环境治理工程建设指挥部，全面统筹推进广西重点流域生态保护和环境治理工作；流域内北海市、钦州市、玉林市均成立了南流江治理工作指挥部，统筹推进南流江治理工作。自治区主要领导多次现场调研重点流域水环境治理工作。2018 年 4 月，自治区党政主要领导到南流江调研并召开流域水环境综合治理工作推进会后，自治区和流域内各市、县、镇、村实施"五级联动"，统一思想认识，迅速行动，坚决打赢南流江流域水环境综合治理攻坚战。自治区党委书记鹿心社要求各级党委、政府必须切实履行职责，持续抓好中央生态环境保护督察反馈意见整改落实。自治区主席陈武深入实地检查南流江流域水环境综合整治工作，强调南流江要确保"一年初见成效，两年显著见效，三年大见成效"。

自治区副主席严植婵先后 5 次到南流江流域调研水污染防治和水环境保护工作，分别召开了推进会、现场会、座谈会，推进重点流域水污染防治工作。

2. 找准问题，精准施策

为确保流域治理工作顺利推进，2018～2020 年，广西通过对南流江-廉州湾陆海统筹治理研究，制定了 2016～2030 年近期和远期不同阶段的总量控制方案和绩效目标，将污染物削减和工程项目落实到各控制片区，相继印发了《2018 年南流江流域水环境综合治理攻坚方案》《南流江流域水环境综合治理联席会议制度》《广西水污染防治攻坚三年作战方案（2018—2020 年）》《2019 年南流江流域水环境综合治理攻坚方案》《南流江北海流域主要支流水环境综合治理工作方案》《北海市 2019—2021 年南流江流域生态保护和环境综合治理攻坚方案》《玉林市 2019 年南流江流域水环境综合治理攻坚方案》《2020 年南流江流域水环境综合治理攻坚方案》等一系列方案，其中自治区人民政府印发实施《南流江-廉州湾陆海统筹水环境综合整治实施方案（2016—2030）》（桂政函〔2017〕26 号），要求玉林市、钦州市和北海市人民政府会同环境保护厅和自治区相关部门按照职能分工加强南流江-廉州湾相关工作，坚持以水质目标为核心，坚持以问题为导向，聚焦流域水环境综合治理攻坚任务，全力助推打赢南流江-廉州湾碧水保卫战，确保2020 年完成国家水污染防治行动计划考核目标任务和中央生态环境保护督察"回头看"反馈问题整改任务。

按照环境"只能更好、不能变差"的要求，科学制定南流江流域水环境综合治理攻坚计划和工作方案，确保一年初见成效，两年明显见效，三年大见成效。具体分三步走：2018 年，南流江流域干流横塘等 6 个断面年均水质达Ⅳ类，亚桥断面年均水质达Ⅲ类，各支流全面消除劣Ⅴ类水体；2020 年，南流江流域干流横塘、亚桥等 7 个断面水质稳定达Ⅲ类；各支流年均水质达到或优于Ⅳ类。

通过各项工作方案建立了南流江流域统筹协调机制，实行南流江-廉州湾流域水污染防治统一规划、统一标准、统一监测、统一防治措施，明确治污方向、水质目标、治理任务、责任单位和完成时间节点等，要求以"控磷除氮"为重点，抓好养殖、生活、工业、农业面源等污染治理，压实各级各部门责任，聚焦问题治理，精准施策，督促指导南流江流域水环境综合整治顺利推进。

3. 坚持问题导向，着眼治本清源

自治区生态环境厅抽调骨干力量组成"专业查污"工作队，长期进驻南流江流域乡镇、村屯，开展地毯式排查，足迹踏遍流域每条大小河流，全面摸清南流江污染"病灶"。据统计，工作队在南流江开展的调研高达 300 多人次。在查清污染源的基础上，因病开方、对症下药，研究出台南流江水环境综合治理攻坚方案，包括流域畜禽养殖污染、城镇生活污染、农村生活污染、治理具体指导意见，针对顽固支流细化"一河一策"治理方案，实施精准治污。

4. 大胆开拓，科技治污

建成广西水环境监控平台，利用信息手段，提升治污时效，把全流域的水质自动站、涉水重点污染源、入河排污口等纳入平台实时监控，发现水质超标或预判不可能达标，立即作出预警，启动处置措施，消除或减少污染风险隐患。联合自治区自然资源厅建成南流江流域污染防治三维地理信息平台，首次将地理信息技术运用到环境治理，是地理信息服务生态环境保护的亮点工程。平台的建立实现了自治区、市、县三级协同联动，形成共管共治共享的良好局面，同时提升了各部门的治污时效。平台采集数据信息达 28 800 多条，数据涵盖了生猪养殖、入河排污口、排污企业、污水处理设施、工业园区、监测断面、垃圾处理厂、农整项目等详细信息。

5. 抓住重点，破除难题

一是突出抓好畜禽养殖污染治理。畜禽养殖污染曾是南流江的头号污染源，流域养殖存栏量高达 260 万头，且以小散养为主，散户占比高达 90%以上，普遍采用水冲粪、水泡粪传统养殖模式，发展无序、管理粗放，没有任何污水处理措施，全部直排。针对流域畜禽养殖污染难题，广西壮族自治区生态环境厅组织技术力量，深入研究，探索"建池截污、收运还田"新路径，指导流域内养殖户封堵排污口，建设截污池，进行堆肥发酵、沼气处理，利用市场机制，引导第三方机构或合作社对粪肥进行"收运还田"，降低资源化成本，破除粪污资源化瓶颈。流域内累计建设截污池 3.12 万个，封堵排污口 16 475 个，粪污资源化利用率达 90%以上。南流江"建池截污、收运还田"畜禽粪污治理的经验做法被新华社、中央电视台等众多主流媒体宣传报道，《加快畜禽养殖废弃物处理和资源化》被选入"学习强国"的生态文明建设实践专栏，被中共中央组织部编写入《贯彻落实习近平新时代中国特色社会主义思想在改革发展稳定中攻坚克难案例》。

二是突出抓好污水处理设施建设与改造。一方面，加快污水处理设施建设与改造。2018 年 12 月底前，完成流域内 61 个镇级污水处理厂主体工程及配套管网建设并投入运营，完成博白县污水处理厂二期工程并投入运营，合浦县、博白县、浦北县、兴业县污水处理厂要完成提标改造工程并投入运营，已完成提标改造的污水处理厂尾水要稳定达到一级 A 标准；实现流域内市级污水厂处理率达到 95%以上，县级污水处理厂处理率达到 85%以上，镇级污水处理厂负荷率达到 50%以上。另一方面，加快推进城乡生活直排口截污治理。2018 年 7 月底前，玉林市要完成城区 13 个生活污水直排口截污工程，博白县、兴业县、福绵区、浦北县、合浦县要完成辖区内城区生活污水直排口截污；博白县、福绵区、玉州区、兴业县、北流市、灵山县、浦北县、合浦县要完成流域内有关村屯的污水处理设施建设并投入运营。

三是突出抓好工业污染防治。流域内各市县要按时建成工业园区污水集中处理设施并投运，确保园区内污水全收集全集中处理。加快推进玉林市辖区内服装水洗企业搬迁入园进度，依法关停未搬迁入园企业，大力打击非法服装水洗窝点。2018 年 10 月底前，玉林中医药健康产业园、玉柴工业园、陆川县工业集中区、兴业县工业集中区、博白县工业集中区、浦北县工业集中区 6 个工业园区要建成污水集中处理设施并投入运营，增加脱氮除磷工艺，并安装在线监控设施；中滔（福绵）节能环保产业园在 2018 年底前实现外排废水达到地表水环境质量Ⅳ类标准。

四是突出抓好农业面源污染治理。南流江流域各市县要开展汇雨区农业面源污染防治工作，推广应用测土配方施肥技术，鼓励农民增施有机肥和秸秆还田。玉林市要抓紧出台控磷政策措施，2018 年 5 月起全面严控水洗企业在生产过程中使用有磷产品。

五是突出抓好水产养殖污染治理。北海市、钦州市要在 2018 年 10 月底前划定水产养殖禁养区，12 月底前依法全面清理禁养区内的水产养殖场。同时，推广生态健康养殖，开展养殖水域滩涂环境治理，推进水产养殖池塘标准化改造。

六是突出抓好河道清理。首先，重点整治流域内环境突出问题。开展河道清淤疏浚，清理河道两侧禁养区内的畜禽规模养殖场，加强沿江两岸的绿化美化工程建设。其次，落实各级"河长"治污责任。2018 年 5 月底前，各市县开展重点支流的污染源排查，按照"一江一策""一河一策"的要求编制完成综合治理方案，明确具体治理任务、完成时间节点、责任人、责任单位、督办部门等；6 月底前，完成南流江流域干支流排污口大排查，全面摸清排污口水质和水量；合法排污口要达标排放，不合法的依法关闭取缔。最后，要加大非法采砂打击力度。坚决打击河道非法采砂，恢复河道岸线，拆除平整非法砂场，对非法采砂人员、设备依法进行查处等。

6. 深入基层，开展帮扶

强化监督，压实责任，成立省级水污染防治技术帮扶组，同时统筹发挥自治区成员单位的技术优势，组织力量长期进驻乡镇、村屯开展技术指导帮扶，帮助基层化解治污难题，为地方开展治污提供技术供给。据统计，开展的技术帮扶约达 500 人次。自治区生态环境厅会同自治区党委督查室、政府督查室及自治区农业、住建等部门，不定期开展明察或暗访，结合水质监控平台将水质超标和发现的问题及时通报相关地市党委、政府，督促地方加强整改，提升流域水质。2018～2020 年上半年，自治区生态环境厅发出预警函、督办函 30 份。

13.1.2　主要工作成效

经过破难攻坚，南流江污染防治攻坚战取得显著成效，国家考核横塘断面水质从 2018 年上半年劣 V 类稳定提升至 2020 年上半年 II 类，与 2018 年同期相比，水质提升 4 个类别，主要污染物氨氮浓度下降 91.5%、总磷浓度下降 77.1%；7 月 54 个支流断面全面消除劣 V 类，支流水质改善明显。在生态环境部公布的国家地表水环境质量变化情况排名前 30 位城市中，玉林市首次入围，排第 19 名。南流江水质持续改善，实现了陈武主席提出的"两年明显见效"的目标，昔日的"黑河"已不复再现，取而代之的是河畅、水清、岸绿、景美的美好景致，流域的群众幸福指数得到大幅提升，公众满意度也不断提高。

南流江-廉州湾陆海统筹治理是广西首个较大流域陆海统筹治理案例，案例的见效说明陆海统筹的理念应用于河流-海湾流域的生态环境综合治理具有典型性和推广性。在南流江-廉州湾流域治理之后，系统治理方法还应用到了西门江-廉州湾、钦江-钦州湾等流域，并逐步广泛应用于北部湾地区，应用后对改善生态环境、消除环境风险、支撑经济发展等方面产生了显著的社会效益。

北部湾向海经济重点工业布局的钦州港、防城港、北海港等均位于富营养化较重的河口海湾附近，氮磷超标使得这些港口附近海域没有容量，制约了发展。通过案例的推广应用，北部湾水质明显改善，廉州湾水质从 2019 年劣四类改善至稳定达到一类，污染物浓度的下降为港口工业腾出环境容量，腾出环境容量支撑世纪工程"平陆运河"等北部湾经济带重大产业布局和向海经济的高质量发展。方法应用期间，北部湾经济区生产总值从 2009 年的 3481 亿元增长到 2022 年的 9778 亿元，承受巨大压力的情况下，生态环境质量不降反升，优良的生态环境支撑了向海经济高质量发展。

综上所述，南流江-廉州湾综合治理项目为广西陆海环境治理树立了新的里程碑。在未来的工作中，应继续加强跨区域、跨部门的协作和沟通，推动陆海环境治理工作取得更加显著的成效，为广西乃至全国的海洋生态文明建设作出更大贡献。

13.2　三娘湾-廉州湾中华白海豚保护案例

三娘湾-廉州湾海域历来都是广西北部湾海域中华白海豚目击率最高的区域，目前在该区域已经通过照相识别技术鉴定了超过 227 头中华白海豚，并以此为基础估算以该区域为主要活动场所的中华白海豚种群数量为 300～400 头。近年来，钦州市政府提出"大工业与白海豚共存"的发展理念，并且一直把保护海洋生态环境尤其是中华白海豚的保护放在尤为重要的位置，在中华白海豚和海域生态环境保护方面开展了大量的保护工作，取得了一定的成效。

13.2.1　主要工作措施

1. 建立健全机构，为中华白海豚保护管理提供组织保障

为加强三娘湾海域的中华白海豚的保护，钦州市委、市政府设立了中华白海豚保护管理专门机构，切实加强对中华白海豚的保护。2004 年设立了钦州市中华白海豚保护管理处，核定全额拨款事业编制 2 名；2011 年，增设三娘湾渔政分站，核定参照公务员管理事业编制 6 名，专门从事中华白海豚保护执法工作。

2. 完善中华白海豚保护机制，加大中华白海豚保护力度

近年来，钦州市水产畜牧兽医局渔政部门不断完善保护中华白海豚的有效机制：一是加强三娘湾值勤点的值班工作，加强对中华白海豚保护。安排三娘湾分站的渔政执法人员，在三娘湾景区内的值勤办公室，对三娘湾海面的情况实行24 小时值班监控，强化应急反应和迅速处理能力。二是充分发挥三娘湾海域渔政执法监管领导小组作用，形成渔政执法合力。市渔政管理中心站在犀牛脚沿海设有犀牛脚渔政分站、三娘湾渔政分站、市渔政检查大队等三个派出机构。2013 年3 月以来，为了加大打击电炸毒鱼等非法捕捞行为，保护中华白海豚，渔政管理中心站整合三方力量，成立了三娘湾海域渔政执法监管领导小组，统一协调三娘湾渔政分站、犀牛脚渔政分站、市渔政检查大队执法力量开展中华白海豚保护工作。三是坚持并完善海上常态巡查制度。在安全适航的情况下，由钦州市渔政检查大队和三娘湾、犀牛脚渔政分站，派出渔政船、艇到海上进行日常巡查执法，加强对三墩-三娘湾-大风江一带海域的执法监管。四是建立健全中华白海豚保护"零报告"制度。坚持每天填写《钦州市渔政管理中心站中华白海豚保护零报告记录表》，详细具体报告当天渔政部门在三娘湾海域巡查情况，将保护白海豚的工作形成常态化。五是进一步加大海上渔政执法力度。在做好日常海上巡查执法工作的同时，不定期开展专项渔政执法行动，把三娘湾海域作为巡查执法的重点，加强三娘湾一带海域的巡逻检查执法，加大打击电炸毒鱼违法行为和违规进入禁渔区线内作业行为的力度，严厉查处伤害中华白海豚及破坏其栖息地的一切违法行为。

3. 开展综合整治，形成严厉打击非法捕捞的高压态势

钦州市水产畜牧兽医局组织三娘湾旅游区管委、边防、海洋、海警、工商等部门开展综合整治行动，通过组织开展海上非法捕捞综合整治行动，形成对非法

捕捞严厉打击的高压态势，切实保护中华白海豚。一是组织开展专项整治行动。近年来多次组织开展了打击三娘湾海域非法捕捞综合整治、打击非法用海养殖花蛤螺综合整治行动和清理取缔"绝户网"等专项行动，严肃查处非法用海养殖花蛤螺和非法捕捞行为。特别是近年来，渔政、公安、海洋、海警、海事、工商、工信、外事8部门开展了清理取缔涉外渔业"三无"船舶专项整治行动，通过"海上查，港口封、岸上堵"等措施，严肃查处海洋涉外渔业"三无"船舶。二是渔政与海警部门开展联合行动。近年来，市渔政部门加强了与海警部门联合执法力度，重点查处涉外渔业"三无"船舶、使用禁用的渔具渔法进行非法捕捞和违反伏季休渔规定的捕捞行为。三是进行跨市渔政联合执法。因钦州市管辖海域，东与北海市交界，西与防城港市相连，为了加大渔政执法打击力度，近年来，钦州市渔政部门加强了与北海、防城港渔政的联合执法力度，每年在自治区业务主管部门的协调下，开展1～2次的渔政联合执法。

4. 推动司法介入的力度，从重从严打击电炸毒鱼等非法捕捞

根据《行政执法机关移送涉嫌犯罪案件的规定》（中华人民共和国国务院令第310号）和最高人民检察院、公安部关于印发《最高人民检察院、公安部关于公安机关管辖的刑事案件立案追诉标准的规定（一）》的通知（公通字〔2008〕36号）相关规定，渔政部门加强对渔业违法案件违法情节的审查，认真对照《广西渔政执法与刑事司法衔接工作制度》相关规定，切实做好涉刑渔业案件的移送工作，初步与公安、检察机关形成重大案件会商制度，渔业违法案件的司法移交工作步入正轨。2014年以来，将12起符合刑事司法移交条件的渔业违法案件移交公安机关进行侦查，保持了对电炸毒鱼严厉打击的高压态势。

5. 开展人工增殖放流，为中华白海豚创造良好的生态环境

为保护三娘湾海域渔业资源，保护和修复三娘湾海域的生态环境，保持海洋生物多样性，为三娘湾中华白海豚营造良好的生长栖息的海洋环境，2009～2017年钦州市水产畜牧兽医局共争取农业部投入资金1730多万元，累计在钦州海域人工增殖放流鱼、虾、蟹及其他种苗9.9亿尾（只）。

6. 坚持并不断完善伏季休渔制度，对水生生物资源进行养护

海洋伏季休渔制度是一项符合阶段国情的持之有效的水生生物养护措施。南海区自1999年实行伏季休渔以来，已历经20余年，一直以来，钦州市严格执行南海伏季休渔制度，加强组织领导，注重宣传教育，强化管理措施，落实工作责任，圆满完成历年伏季休渔管理工作各项任务，休渔秩序保持稳定，海洋渔业资源得到有效的养护。

7. 严格执行渔船"双控"制度，减轻近海捕捞强度

强化了船网工具指标审批、渔船检验、登记、捕捞许可证发放等环节的管理，完善了渔船准造、更新改造、购置等环节的管理措施，实施海洋捕捞减船转产转业政策，积极引导渔民减船转产转业，减轻近海捕捞压力，2003～2012 年共实施减船转产转业 64 艘，3769.9 千瓦。

8. 积极推进渔业生态补偿，修复海洋生态环境

2014 年配合南海区渔政局完成了钦州港 30 万吨航道项目建设损害渔业资源生态补偿工作的谈判，达成了 2094 万元渔业生态补偿协议，实现了钦州市渔业生态补偿工作零的突破，为钦州市下一步处理类似渔业生态补偿积累了经验和工作思路，对钦州市水生生物资源养护工作产生深远的影响。

9. 科学规划养殖布局，减少养殖污染

按照"适度规模、集中连片、科学有序、生态高效"的思路，组织力量科学规划水产业发展的区域布局，把生态养殖作为发展重点。继编制完善《钦州市茅尾海海域养殖调整规划》《钦州市水产业"十三五"发展规划》后，水产畜牧兽医局与海洋部门共同编制了《钦州市养殖用海规划（2013—2020）》，利用规划对养殖行为进行管理，严格控制对中华白海豚生存构成影响的养殖行为，同时，通过规划确保养殖布局合理，密度适当，避免过度密集的养殖对海洋环境造成污染。

10. 修编港口规划布局，为中华白海豚栖息地保护提供保障

在 2018 年广西壮族自治区交通运输厅及广西壮族自治区北部湾经济区和东盟开放合作办公室联合编制的《广西北部湾港总体规划修编》中，在充分调研和听取专家意见的基础上，广西北部湾港总体规划取消了原规划的大风江北、大风江西和大风江东港点，及相关航道规划，为保护中华白海豚提供了栖息地空间保障。

11. 升级旅游设施，规范观豚行为

近年来，随着到三娘湾观赏中华白海豚的游客不断增多，外出观赏中华白海豚的游船数量也不断增加，势必对中华白海豚造成影响。为了减少对中华白海豚的干扰，三娘湾管理委员会不断升级改造游船设施，并制定相关观豚行为规范，规范整个白海豚观赏项目，协调了中华白海豚保护和旅游发展。

12. 加大宣传力度，提高群众守法意识

近年来，钦州市渔政部门在辖区渔港及主要渔村通过设立固定标语牌、开展专题教育、举办培训班、印发宣传资料、拉横幅、贴标语、发信息等形式，开展有关法律法规和保护三娘湾海域生态环境重要性的宣传活动。通过宣传，提高渔民群众的法律意识，增强保护中华白海豚、保护海洋生态环境和海洋渔业资源的意识。

13.2.2　主要工作成效

根据广西壮族自治区海洋环境监测中心站联合北部湾大学对三娘湾-廉州湾中华白海豚种群的调查结果，2023 年共进行了 32 个航次野外考察，累计识别个体数为 272 头，其中，幼年个体（UC）占 14.41%，青少年个体（SJ）占 36.04%，成年个体（SA/SS）占 39.64%，中老年个体（UA）占 9.91%。以此为基础利用 Mark 软件的 opened model 对中华白海豚种群进行数量估算，结果为 300～400 头。

三娘湾-大风江-南流江海域一直都是中华白海豚在广西北部湾发现率最高的海域，同时也是中华白海豚在广西北部湾海域重要的栖息及摄食场所。三娘湾-大风江-南流江海域的中华白海豚种群是目前全国已知的第三大中华白海豚群体，整体生存状况良好，成为广西弥足珍贵的海洋生态名片之一。

13.3　海水生态养殖及治理案例

近年来，钦州市立足"海"的优势，做活"渔"的文章，着力发展海水生态养殖，大力推进海水养殖尾水治理，强化推动设施渔业转型升级，引领海洋渔业高质量发展。2022 年全市水产品产量达到 60.93 万吨，产值 93.3 亿元，水产苗种产值 12.4 亿元，渔业一产产值（产品和苗种）达 105.7 亿元，位居全区前列。设施渔业养殖面积 8100 万米^2，养殖产量 33.6 万吨，占水产养殖产量的 63%。

13.3.1　主要工作措施

1. 规划先行，构建海水养殖发展蓝图

先后出台《钦州市水产养殖滩涂规划》《钦州市向海经济发展"十四五"规划》《钦州市养殖用海管理办法》《钦州市加快发展向海经济推动海洋强市建

设三年行动计划》等规划性文件，在顶层设计、功能定位、区域发展布局上明确方向。组织开展编制《钦州市新型蚝排建设工程技术规范》《钦州市新型鱼排建设工程技术规范》《钦州市牡蛎养殖技术规范》，从关键技术上引导养殖设施由传统竹木蚝排改造升级为新型环保浮筏，严格控制养殖密度，引导大蚝、名贵鱼产业从"散户养"向"集约养"转变，从"重产量"向"重品质"转变。将传统渔业养殖转向智能化工厂化生态养殖、陆基圆形池养殖、池塘圆形池养殖、对虾棚式养殖和外海深水网箱养殖等设施型渔业养殖，大力发展贝类底播生态养殖、海上浮筏生态养殖、环保新型抗风浪蚝排养殖和延绳笼吊养殖等现代渔业养殖新模式，实现养殖水域滩涂的整体规划、合理储备、有序利用、协调发展。

2. 创新模式，推动生态养殖和设施渔业转型升级

在推进渔业转方式提效益过程中，以大蚝、对虾等优势特色产业为重点突破口，打破传统的养殖模式，开创了五种创新及引进模式，以典型促进示范带动，推动生态养殖方式和设施渔业转型升级。一是智能化工厂化圆形池生态养殖"自主创新"模式。以广西港河生态农业有限公司为代表，打造核心养殖基地面积 700 亩，累计投入 1.2 亿元创建现代设施渔业生态养殖产业园。产业园内有鸟巢型的养殖馆、智能化圆形池循环养殖馆、虾苗培育馆、蚝苗培育馆。产业园坚持健康养殖和生态养殖发展理念，采用对虾生态化循环水养殖模式，并配套国内领先的装备及设施，形成了"工厂化圆形池饵粪收集排污系统""工厂化对虾分级高密度高频养殖系统""对虾生态循环水养殖系统"三大核心技术，率先在广西区内实现了高频次收虾及循环水养虾。在养殖尾水处理方面，构建了系统分级综合治理技术，尾水先经过三池两坝处理后，再通过虹吸式自动过滤池和水处理超滤成套设备进行水质净化提升，在基地开展了成功应用，实现养殖尾水循环利用和零排放，该模式为广西首创，资源节约、高产高效、绿色环保。二是池塘圆形池生态养殖"探索创新"模式。以钦南区通德水产养殖专业合作社为代表，开展池塘圆形池生态养殖创新，依据蓄水养水、养殖和尾水处理"三份制"模式，在传统的连片对虾养殖池塘中腾出 20%左右的面积，用于建设对虾循环水养殖圆形池，一亩的面积可建设 10 个圆形池，一年可养殖三造虾，经过合作社养殖户的开拓实践，每个圆形池养殖成活率达 95%，对虾产量达到 1200 千克，与传统虾塘养殖效益相比，1 亩圆形池的产出相当于 20 亩传统虾塘，养殖效益显著。三是大蚝新型环保抗风浪浮筏养殖"研发创新"模式。以钦州市海华蚝业科技开发有限公司为代表，走出一条自主研发求突破的致富路。联合中国科学院南海海洋研究所、福建亚通新材料科技股份有限公司，结合钦州养殖海域实际情况，研究适宜钦州大蚝养殖专属的 HDPE 新型抗风浪

蚝排，建成国内第一个大蚝 HDPE 新型抗风浪蚝排示范基地并投产。四是对虾棚式养殖"引进升级"模式。以钦州共创水产养殖专业合作社为代表，打造核心示范基地 360 亩，推广模式面积达到 11 000 亩。建设棚式对虾池 128 个，升级配套养殖尾水处理设施，一年可养殖对虾 2～3 造，380 米^2 的单棚年产量达 2000 公斤，是传统虾塘养殖产量的 4 倍，大棚养虾模式辐射带动沿海周边农户养殖 8000 多亩，有效带动农户增产增收。五是大蚝延绳浮球（笼吊）养殖"引进改良"模式。以广西金蚌水产养殖有限公司为代表，支持公司从山东引进发展大蚝延绳浮球吊养新模式，将延绳串吊改良成笼吊养殖大蚝 8000 亩，每亩产量 2.1 吨，亩产收益 2.38 万元，年总产值 1.9 亿元。

3. 加大养殖尾水治理力度，集中治污提效益

开展"养殖尾水治理模式推广行动"，聚焦养殖尾水处理集中连片化、生态化、智能化发展，推动养殖尾水资源化综合利用或达标排放，实现集中治污的同时提升生产效益。钦州市康熙岭镇养殖尾水生态治理项目采用政企协作模式，通过政企协作，引进专业环保公司建设集中尾水处理设施，助推对虾高质量发展。由于康熙岭镇养殖虾塘分布零散，由各个养殖户单独建设养殖尾水处理设施，虾塘基建改造成本高，针对这个问题，康熙岭镇养殖尾水生态治理项目采用养殖尾水统一收集、连片治理的方式，利用连片池塘的原有沟渠进行连通改造，建设了长约 3 千米的尾水收集渠，可以收集康熙岭镇共 90 户养殖户、约 2000 亩的集中连片区域的养殖池塘尾水进行统一处理，年处理养殖尾水能力为 320 万米^3。区域的养殖尾水经达标处理后，有效解决了茅尾海 8 个排水口超标排放问题，对持续改善茅尾海水环境质量起到积极作用。该项目养殖尾水处理工艺采用智能生物链治水技术，是国内首次应用于南美白对虾养殖尾水生态治理的一项新突破，对尾水化学需氧量、总磷的去除率可达 80%左右。该项目设置了自动化污水细微颗粒收集装置，经过分离出的颗粒为富含总氮、总磷的有机物，可制作成有机肥原材料或分解扩培成有益藻类，用于养殖珍珠蚌等滤食性贝类，实现污水资源化利用。同时在尾水治理后段工序设置了生物多样性降解区，采取养殖珍珠蚌与蛏子等滤食性贝类食用降解尾水中微生物和营养物质的方式，进一步净化水质。该项目总投资 1300 万元，实现了养殖尾水治理的同时，养殖珍珠蚌、蛏子等水产品进而产生经济效益，打造了有经济产出的生态治理模式。未来该项目将继续打造融合光伏发电、生态净化、渔业养殖、旅游观光于一体的生态旅游农业光伏示范基地，实现生态环保与产业双赢。

钦州市钦南区共创水产养殖专业合作社由 6 家养殖户成立合作社，占地面积约 400 亩，建设 300 余个标准化棚式养殖小池塘养殖南美白对虾，一个养殖周期为 80 天，每年可养殖 3 个周期，产量达 180 万斤。该合作社对养殖池塘进行统一

的生态化改造，并以统一建设"三池两坝"设施的方式集中处理养殖尾水，处理设施占地面积 64 亩，占合作社总面积的 16%。该尾水处理设施总投资 126 多万元（其中政府部门补助 99 万元），建成后的日常运维工作由合作社负责，运行费用主要是电费和人工费，合作社的各养殖户按照其养殖面积比例对运行费用进行分摊。该模式通过租用合作社养殖棚等方式吸引周边其他养殖户，共享治污设施，降低治理设施占地面积和尾水处理成本，不仅有效解决集中连片的养殖尾水治理问题，也减少了养殖成本，提升养殖收益。

4. 强化保障，激活设施渔业发展动力

一是全面落实资金保障。通过统筹资金 17.2 亿元用于大力发展生态养殖和设施渔业。创新全国首例大蚝价格指数保险业务，有效降低自然灾害和市场价格变动带来的风险，稳定水产品的持续生产供给，保障钦州大蚝养殖户收益，助力海洋经济发展。拓宽渔业企业融资渠道，采取"多点放水养鱼"办法拓宽养殖企业融资渠道，推广"桂惠贷"政策，鼓励渔业养殖企业（合作社）在广西综合金融服务平台备案，加强推广"渔业产业富农贷"模式，推动解决渔业企业融资难的问题。二是强化技术保障支撑。组织成立专家技术服务团队，在养殖前期、中期、后期全过程的建设及管理等环节提供全面的技术服务支撑，并邀请行业专家进行现场授课培训，提高养殖者从业技术水平。同时组织养殖户、企业代表到国内先进省份的养殖场进行交流学习，汲取经验。

5. 产学研结合，促进设施渔业提质增效

为不断提高水产品养殖技术，提升养殖水产品质量及产量，加强产学研结合，推进养殖企业与北部湾大学、广西水产科学研究院等科研院所的合作。如在广西港河生态农业有限公司对虾基地建设了"桂建芳院士工作站"和北部湾大学教学科研合作基地，通过产学研结合的方式，研发了免用药物大规格对虾生态环保循环养殖核心技术并应用于基地养殖，取得了良好的科研和经济效益，产出大规格的南美白对虾（养殖个体上达到 8～10 头/斤），头造虾单产和二造单产分别达到每亩 1250 千克、900 千克，年总产值达 2000 多万元。

13.3.2　主要工作成效

优势特色产业进一步增强，大蚝、对虾等产业已成为钦州沿海农村农民增收的支柱产业，"钦州大蚝"先后五次荣登中国地理标志农产品区域品牌榜，品牌价值达 52.88 亿元。生态、智慧养殖树立行业标杆，广西港河生态农业有限公司入选国家级水产健康养殖和生态养殖示范区名单，是广西最大的工厂化水产养殖公司，其采用的生态循环水养殖系统核心技术和养殖尾水循环处理系统取得了经济效益和生态效益双赢，1 亩的养殖效益等同于传统 100 亩虾塘的养殖效益，成为广西工厂化对虾循环水养殖标杆和典范。大蚝新型环保抗风浪浮筏养殖"研发创新"模式和蚝延绳浮球（笼吊）养殖"引进改良"模式不仅提升了养殖效益，还进一步减少了养殖塑料垃圾污染，取得明显的生态效益。集中连片区域的养殖尾水集中处理模式，实现养殖污染有效收集和集中治理，并促进经济效益增效，为我国近岸养殖绿色可持续发展提供了可供推广的经验。

第 14 章　多措并举建设广西美丽海湾

14.1　实施美丽海湾建设方案

14.1.1　美丽海湾建设部署

1. 美丽海湾建设责任主体

广西美丽海湾涉及沿海三市 9 个县区，其中不少海湾岸段是跨市跨区县，比如铁山港湾，就涉及北海市铁山港区和合浦县两个区县，廉州湾则涉及北海市海城区和合浦县两个区县，如笼统只划分铁山港湾和廉州湾不利于行政管理和明确责任主体。目前，广西壮族自治区正全面推行湾长制，这与广西美丽海湾的保护与建设战略需求高度契合，因此，海湾岸段划分、保护、管理与建设工作应结合湾长制，按照分级管理、属地负责、单元管控的原则，构建行政区域与海域相结合的自治区、市、县组织体系。

2. 美丽海湾建设组织体系

设立自治区总湾长，由自治区党委书记、自治区政府主席担任，副总湾长由自治区政府分管生态环境和海洋工作的副主席担任，并兼任钦州湾（含茅尾海）、铁山港湾、大风江口 3 个自治区级海湾的湾长。

北钦防三市及所辖县（市、区）设立地方总湾长，原则上由同级党委政府主要领导担任。各海湾管控单元可根据实际工作需要，进一步细化分区并自行设置市、县（市、区）、镇、村级湾长，原则上由同级党委政府有关领导担任。跨行政区域的管控单元原则上由上一级领导担任，同时分段设立本级湾长。

县级以上湾长设置相应的湾长制办公室，成员单位由同级发展改革、教育、工业和信息化、公安、民政、司法、财政、自然资源、生态环境、住房城乡建设、交通运输、水利、农业农村、文化和旅游、应急、林业、北部湾办、大数据发展、海洋、海事、海警等部门组成，日常工作原则上由同级生态环境部门牵头负责。

3. 美丽海湾建设工作机制

湾长是美丽海湾保护与建设工作的第一责任人，负责对海湾生态环境保护与建设过程中发现或投诉举报问题予以解决或移交有关职能部门处理，或向上级湾长办公室、上级湾长报告。自治区级总湾长、副总湾长/湾长负责对自治区级湾长

管控海湾岸段、下级湾长难以解决的海洋生态环境问题区域开展重点巡查工作，督促、协调解决典型、重大生态环境问题。

市、县（区、市）级总湾长、湾长负责所辖行政区海湾岸段的保护与建设工作，内容包括管控海湾岸段海域水质达标情况，生态环境保护督察、入海排污口达标排放情况，海滩及近岸海漂垃圾情况，海岸和海洋开发利用情况，红树林、海草床、珊瑚礁、海岸线等重要海洋生态系统保护和修复情况，公众亲海空间维护情况，港口码头（含交通运输港和渔港）环境综合整治情况，养殖区环境污染治理情况，沿海农村环境综合治理情况、投诉举报问题的处理情况等。协调解决重大、疑难问题，投诉举报的重点难点问题及下级湾长巡湾发现上报的典型、重大问题，统筹推进广西美丽海湾建设工作。

4. 美丽海湾建设资金来源

目前美丽海湾建设并没有专项的中央资金库，但由于美丽海湾建设只是一个平台、一条主线，其中涉及美丽海湾建设的内容，主要包括环境治理改善、生态保护修复、亲海品质提升这三方面，只要是跟这些领域相关的项目，都可以多渠道申请资金来支持，最后整合建设成广西美丽海湾。

一是根据 2022 年 2 月印发的《广西壮族自治区海洋生态环境保护高质量发展"十四五"规划》及北海市、钦州市和防城港市发布实施的《海洋生态环境保护高质量发展"十四五"规划》里重大工程对应的项目名称、责任单位、资金来源、资金规模及保障措施稳步实施美丽海湾建设。

二是结合北海市、钦州市和防城港市三市蓝色海湾综合整治行动项目专项资金。2022 年，沿海三市"蓝色海湾"整治行动项目完成中央资金支付 2.8 亿元，其他资金（地方财政资金、自筹资金）支付 5.38 亿元。用这些资金开展的海岸线、滨海湿地整治修复和红树林种植等工程，均属于美丽海湾的建设范畴。此外涉及海洋环保的预算，都可以纳入美丽海湾建设的资金来源里。

三是申请各领域项目资金支持。美丽海湾建设涉及环境改善和亲海品质的提升，这些领域均可以带动沿海相关经济产业的发展，地方政府可利用中国特色生态修复十大典型案例、全国生态产品价值实现典型案例和生态环境部美丽海湾建设优秀案例等一批优质生态产品的平台和契机申请银行贷款的方式，再通过环境治理改善产生的经济效益偿还贷款。

14.1.2　美丽海湾具体划分

1. 岸段岸线细划

根据海湾岸段的自然属性、生态功能及行政区域，结合湾长制工作管理制度中的责任主体,将广西美丽海湾细分为 20 个岸段,其中北海市 7 个、钦州市 4 个、防城港市 9 个。需注意的是,20 个岸段的细分仅为了明确行政管理和责任主体,实际的美丽海湾建设实施方案和建设任务、重点工程并不需要细分到 20 个岸段,根据海湾岸段相同的海湾生态属性、突出环境问题、症结成因及目标指标,其建设任务和重大工程项目等内容也大致相同。

2. 岸段海域划分

除了考虑到岸段岸线的划分,还应根据岸段对应的海域生态特征、海洋功能区划及考核目标指标进行海域范围的划定。建议各海湾岸段海域的划分从区县分界处,即各岸段的起始点往外海垂直划分至广西海洋功能区划范围线,再根据指标值的设定进行适当调整。比如在实现约束性指标中"近岸海域水质优良面积比例",这一指标必须结合海域范围内国控或区控监测点位分布情况考虑,看该岸段对应的海域范围内是否布设有足够的水质监测点位用于评价水质优良面积比例,满足水质目标考核及环境评价等需求。当按照垂直划分岸段海域后,如发现海域内用于评价水质的点位过少,为了便于水质的监测和考核,可适当调整划线,将附近已开展连续监测的水质监测点位的海域也纳入该岸段对应的海域范围中。

为了便于美丽海湾的建设和实施,根据沿海市县区行政区域范围,将广西 20 个海湾(岸段)整合划分为 13 个海湾,其中,北海市分为 6 个海湾/岸段:铁山港湾、廉州湾、银滩岸段、铁山港湾东侧岸段、大风江口-北海段、涠洲岛,钦州市分为 3 个海湾/岸段:钦州湾-钦州段、三娘湾、大风江口-钦州段,防城港市分为 4 个海湾/岸段:钦州湾-防城港段、防城港东湾(含企沙半岛南岸)、防城港西湾(含江山半岛东岸)和北仑河口-珍珠湾。13 个海湾中,5 个争取于"十四五"末期建成第一批美丽海湾,分别为北海市的银滩岸段、涠洲岛,钦州市的钦州湾-钦州段,防城港西湾和珍珠湾。

14.1.3　美丽海湾建设任务

1. 坚持陆海统筹,持续改善海洋环境质量

开展入海河流综合整治。持续推进南康江、钦江、大榄江、茅岭江、防城江、北仑河等入海河流治理,探索开展氮磷通量监测,摸清流域内污染源底数并开展整治行动,完善环境保护基础设施建设,实现入海河流国控断面水质稳定达标。推进南康江流域氮磷协同治理。

推进入海排污口排查整治。落实《广西入河入海排污口监督管理工作方案(2022—2025 年)》,持续开展入海排污口"查、测、溯、治",建立动态管理台账,

推进入海排污口规范化管理。2023 年底前，完成银滩、钦州湾-钦州段和防城港西湾（含江山半岛东岸）入海排污口排查并开展整治；2024 年底前，基本完成茅尾海入海排污口整治；2025 年底前，基本完成所有海湾入海排污口排查。

加强海水养殖污染防治。因地制宜推进海水养殖尾水治理，鼓励发展集约化水产养殖，研究制定海水养殖污染防控方案，推进海水养殖环保设施升级改造，推动清塘淤泥收集及无害化处理或资源化利用。加强养殖投入品和养殖废弃物管理，推进茅尾海、北仑河口-珍珠湾海上废弃养殖浮筏清理整治。严格执行海水养殖环评准入和落实机制，制定广西海水养殖尾水排放标准，建立健全海水养殖尾水监测体系，促进海水养殖业绿色发展。

加强沿海城乡环境综合治理。开展沿海城镇生活污水管网排查检测，推进城镇污水处理设施及配套管网建设。强化污水处理厂日常监管，提高污水处理厂运维管理水平。到 2025 年，各海湾城镇生活污水处理率高于 95%。稳步推进各海湾农村生活污水治理和黑臭水体治理。到 2025 年，各海湾农村生活污水治理率达到40%以上。

强化港口和船舶污染治理。提升港口船舶污染物转移处置能力，督促港口码头完善船舶污染物接收设施，以满足到港船舶污染物接收需求。建设钦州港污染物转运码头，推进船舶污染物与城市转移、处理或处置设施有效衔接。

推进海洋垃圾清理整治。建立健全海上环卫制度，以城市建成区、生态敏感区、亲海空间等为重点开展海洋垃圾清理、收集及运输，保持亲海岸滩等重点滨海区域无明显塑料垃圾。加强海洋垃圾监测，在各海湾增设海漂和岸滩垃圾监测点位，开展常态化监测。开展海洋垃圾清理整治工作年度考核。

深化茅尾海环境综合治理。着力推进《茅尾海环境综合治理规划》，严格控制氮磷入海总量。2023 年，茅尾海国控考核点位水质消除劣四类；2025 年除活性磷酸盐浓度为四类之外，其余评价指标达到三类要求。

2. 保护修复并举，维护海洋生态系统健康

强化海洋生态系统保护修复。严格落实《广西红树林保护修复专项行动计划实施方案（2020—2025 年）》，开展红树林营造与修复工作，强化红树林保护修复项目全过程跟踪评估。推进珊瑚生态保护修复，在涠洲岛北部海区实施珊瑚礁生态修复并开展监测，加强防城港西湾珊瑚群落保护，科学处理好重点项目建设与珊瑚群落保护的关系。开展珍珠湾海草床健康状况评估，推进海草床修复研究与监管，加大宣传教育力度，积极引导公众赶海行为，减少海草床渔业活动。严格围填海管控。遵循海洋生态系统的整体性、系统性，逐步修复受损岸线，恢复海岸带生态系统服务功能，筑牢海岸生态安全屏障。

稳步提升海洋生物多样性。开展布氏鲸、中国鲎、重要海洋贝类等特色重点

生物物种生态状况及遗传资源调查,建立健全近岸海域生物多样性监测评估体系。制定涠洲岛生态规划,建设涠洲岛海洋大气污染物沉降监测站,协同提升海洋生物多样性与生态环境监测能力,打造北部湾海洋生态环境综合监测基地。推进渔业资源和水产种质资源保护,严格执行南海伏季休渔制度,加快银滩南部国家级资源修复型海洋牧场示范区建设。全面开展广西互花米草防治专项行动,力争到2025 年,互花米草基本实现清除并得到有效治理,扩散蔓延态势得到有效遏制。

3. 提升亲海品质,满足公众临海亲海需求

拓展多元亲海空间。保障公众亲海岸线,开展退堤、退岸还滩和补砂养滩。新建钦州湾辣椒槌沙滩浴场,推进北海竹林等亲海空间岸滩修复。落实北海海洋产业科技园、钦州茅尾海红树林公园、红树湾公园等岸段亲海空间建设。推进广西海洋自然图书馆、红树林小型博物馆等生态体验与自然教育设施建设,加强与科研机构、社会组织合作,积极开发寓教于乐的自然教育活动,增进人海和谐。以咸田港自然岸线恢复工程为样板,探索实施亲海空间互联互通工程,构建连通性强的亲海空间格局。

提升亲海空间品质。全面排查整治北海银滩景区海水浴场、防城港金滩海水浴场和涠洲岛等滨海旅游区周边入海污染源,完善污水收集管网建设,强化周边餐饮经营、养殖等活动排污监管。加强海水浴场水质监测,及时发布预警信息,保障公众亲海安全。推进渔港综合治理和景观提升,实施南澫、电建等渔港环境综合治理,加强渔港海漂垃圾日常清理,结合文化型标志项目建设,升级改造渔港公共空间,彰显渔农文化。加大北海银滩、涠洲岛火山国家地质公园、珊瑚礁国家海洋公园、防城港金滩和钦州茅尾海黄金海岸海滨浴场等公共亲海空间的资金投入,保障公共服务设施建设并加强日常维护。

4. 防范环境风险,强化环境应急响应能力

强化海洋突发环境事件风险防范。开展江平工业园、钦州石化产业园、钦州港码头等区域的环境风险源排查,摸清涉海环境风险源基础信息;确定企业环境风险监管等级,更新完善涉海风险源管控清单和责任清单,实施分级管理制度;推动落实企业环境风险防控主体责任和政府部门监管责任,强化事前预防和源头监管。强化海洋生态灾害应急响应处置。加强赤潮、水母等生态灾害高发频发区域的全程监测与预警预报能力建设,及时发布预警信息。推进修订赤潮等主要海洋生态灾害的应急预案,强化应急响应演练。建立健全赤潮、水母等海洋生物暴发事件的应急处置机制。

提升海洋突发环境事件应急能力。健全海洋突发环境事件应急响应体系,完善海洋突发环境事件应急预案。合理优化港口区域海洋环境应急能力布局,完善

政府公用和企业自用应急物资及设备，开展应急设备库检查和日常维护。完善政府主导、企业参与、多方联动的应急协调机制，开展北部湾应急处置合作及联防联控机制建设，强化应急信息共享、资源共建共用。

14.1.4　美丽海湾建设案例

1. 全国美丽海湾建设案例

美丽海湾建设，是美丽中国在海洋生态环境领域的集中体现和重要载体，也是加快建设海洋强国的必然要求和重点任务。美丽海湾，是实现海湾"水清滩净、鱼鸥翔集、人海和谐"美丽景象、建设美丽中国好经验好做法的集中体现，是人民群众身边的优质生态产品。根据相关要求，美丽海湾共设置了"海湾水质优良比例""海湾洁净状况""海洋生物保护情况""滨海湿地和岸线保护情况""海水浴场和滨海旅游度假区环境状况"5项指标，同时也鼓励各地因地制宜增设特色指标，让广大社会公众更好理解和感受美丽海湾的环境之优、生态之美和治理之效。2021年，生态环境部组织开展了美丽海湾优秀案例征集活动，经过各地美丽海湾项目申报，组织评审，2022年生态环境部召开首场例行新闻发布会，正式发布了2021年度美丽海湾优秀案例，确定了全国首批4个美丽海湾优秀案例，分别是青岛灵山湾、秦皇岛湾北戴河段、盐城东台条子泥岸段、汕头青澳湾。

青岛灵山湾，以陆海统筹的综合治理实现城市化区毗邻的海湾环境质量、生物生态状况、亲海环境品质的"三优"，促进生态、经济、社会效益的"三赢"，"金滩镶绿野、碧海映蓝天"的海湾风光成为青岛市民的会客厅。东临浩瀚大海，岸畔沙滩绵绵。青岛灵山湾多措并举提升海湾生态环境质量，注重增强人民群众临海亲海的获得感和幸福感，建立一套政策引领、长效监管、科技支撑、民众参与的长效机制，进行多方式多途径融资，实现了生态环境高水平保护与经济高质量发展协同。

秦皇岛湾北戴河段，坚持生态优先、环保为民，统筹推进海湾污染防治、生态保护修复和环境风险防范，推动建立精细化、常态化、智慧化综合治理与长效监管机制，打造"水清滩净、鱼鸥翔集、人海和谐"的美丽海湾典范。秦皇岛湾北戴河段坚持环保为民，有力保障人民群众临海亲海的获得感和幸福感，坚持治理与监管并重，利用高新技术手段，有力保障公众用海健康安全。同时，海湾生态环境综合治理和长效监管的体制机制较为健全，有力支撑精准治污、科学治污和依法治污。

盐城东台条子泥岸段，坚持生态优先、保护优先，采取河道清淤、退围还湿、互花米草治理、鸟类栖息地恢复重建等多种措施，加强滨海滩涂湿地生物生态保护，打造东亚—澳大利西亚候鸟迁徙路线上的美丽"候鸟天堂"。盐城东台条子泥岸段针对重要而独特的滨海湿地，通过申报世界遗产、地方立法、设立公园等方式予以严格保护，利用文化引领、科普宣传、品牌打造等方式，营造全民保护的良好氛围，形成了以生态为核心的保护发展方式。

汕头青澳湾，立足优良的自然禀赋和生态环境，协同推进公众亲海环境质量提升和湾内珍稀海洋生物及其栖息地保护，让蓝天、碧海、银滩、绿岸融于一体，成为公众临海亲海的向往之地。汕头青澳湾坚持生态优先、保护优先，严格控制人为开发利用活动强度，坚持系统保护、综合治理，协同推进公众亲海环境质量提升和湾内珍稀海洋生物及其栖息地保护。

美丽海湾优秀案例是建设美丽中国好经验好做法的生动体现，具备明显的示范价值。2021 年，广西北海银滩申报了第一批全国美丽海湾的优秀案例，为广西其余 12 个美丽海湾建设树立了标杆。

2. 广西美丽海湾建设案例（2021 年提名）

银滩海湾是位于北海市南部海域的平直海岸段，西起冠头岭，东至南康江，岸线长约 111.31 千米，总面积约 181.2 千米²，滨海旅游和生物资源丰富。其中，银滩旅游度假区以其"滩长平、沙细白、水温净、浪柔软"等特点，被誉为"天下第一滩"；北海滨海湿地则覆盖了咸淡水和咸水的湿地系列，湿地生态系统自然性、完整性高，是我国最典型的沙生红树林区，湿地内分布的原生红树林植物群落在我国南部沿海具有极高的典型性和代表性。

银滩海湾虽自然禀赋优良，生态环境质量总体保持稳定，但仍存在海洋生态环境短板。主要包括：冯家江、南康江入海河流水质不稳定；外来物种互花米草入侵扩散形势严峻，滨海湿地生态系统退化；部分渔港内海域存在海漂垃圾；银滩景区服务设施、观景平台、景观绿化等配套基础设施比较薄弱，缺乏本地文化特色，且与周边自然环境不协调，不利于公众亲海；银滩中区岸段及竹林沙滩出现侵蚀情况，砂质流失，沙滩不连通，影响亲海体验。采取的主要举措有以下几点。

（1）控"源头"，实施环境整治，实现水清滩净

河海统筹，开展入海河流综合治理。一是对冯家江流域原有的 363 个雨污直排口、2000 亩虾塘、24 个养殖场进行整治。每年消减主要污染物约 1366 吨，减少污水排放 1650 万吨，新建 1 座城镇污水处理厂和 1 座再生水厂，彻底消除了沿线污染源，增加冯家江生态流量。完成河道驳岸改造 44.354 千米，河道水产养殖塘改造 54.463 公顷，红树林保育与恢复 8.305 公顷，使冯家江的水质得到了全面提升。二是完善南康江沿岸乡镇、农村生活污水收集、处理设施，减少污水直排，

建设 3 座农村污水处理站，扩建南康镇城镇污水处理工程配套管网；实现沿岸畜禽粪便无害化处理和综合利用。

陆海统筹，开展入海排污口整治。完成银滩岸段建成区 9 个直排入海排污口整治。按照"依法取缔一批、清理合并一批、规范整治一批"要求，重点围绕截污治污，因地制宜、分类施策。印发实施《北海市人民政府办公室关于印发〈北海市直排入海排污口清理整治工作方案〉的通知》，重点通过雨污分流改造、截污纳管、排污口通道清淤等措施，消灭不规范排污，防范汛期降雨造成的"临时"排污。同时，系统提升沿海地区截污纳管能力、污水集中处理能力。

海洋垃圾清理整治。建立海上环卫制度，成立了由市委副书记、副市长任双组长，市政府副秘书长、市政管理局局长任副组长，24 个成员单位负责人任组员的北海市海洋和海滩垃圾治理集中整治行动领导小组，指导开展整治行动。对渔港、内港、沿海河道、海滩景区等海滩垃圾实施全方位、无死角的集中整治，推进实施岸滩和海滩垃圾治理常态化。2021～2022 年，共出动 2.2 万多人次，垃圾清运车辆 1400 多车次、作业船舶 845 艘次，清理海洋和海滩垃圾约 4200 吨，整治效果明显。

（2）强"体质"，修复生态系统，实现鱼鸥翔集

以尊重自然的理念，拉长植被岸线，增强生态功能，扩大水体交换面积，修复湿地，先后开展红树林湿地保护与生态恢复建设项目 8 个，累计新种植红树林近 40 亩；红树林生态恢复 2000 多亩；红树林围栏（网）近 10 000 米；清除互花米草 10 亩；修复过程中最大程度地恢复了原有地形地貌自然地理格局，滨海湿地生物多样性越来越丰富。目前广西北海滨海国家湿地公园范围内红树植物共 19 种（全国有 37 种），累计监测记录到大型底栖动物 207 种；鱼类 31 种；两栖动物 6 种；爬行动物 12 种；鸟类 206 种，相比 2017 年增加了 72 种。湿地公园地处于世界八大候鸟迁徙路线之一的东亚-澳大利西亚候鸟迁徙路线上，是多种易危、濒危、极危物种的重要栖息地，据监测发现，每年繁殖季或候鸟迁徙季栖息有 2 万只以上的水鸟在湿地公园范围内停歇或越冬。

（3）护"颜值"，提升亲海品质，实现人海和谐

实施银滩中区（电建港-原咸田港段）岸线综合整治修复工程，以生态整治修复银滩岸线，共修复沙滩岸线 3.3 千米，形成沙滩面积 16.72 万米²，退堤、退陆还海面积 4.04 万米²。通过建设咸田港自然岸线恢复工程，拓展该岸段滨海沙滩滩肩规模，优化岸线形态，提高沙滩稳定性，恢复原沙滩岸线的生态系统，形成连绵的"十里银滩"滨海沙滩形态，通过沿岸雨水管道截流、改造，改善修复区海岸沙滩水质、生态环境，提高银滩中区滨海环境质量，使银滩长久保持沙白滩长的优美景观。

为了切实做好景区与生态环境的互动融合，有效丰富景区内涵，完善景区配套设施迫在眉睫。基于此，北海市启动银滩改造提升"6＋N"项目，建设内容包

括：景区接待设施及景观改造类 6 个项目，五星级酒店类 7 个项目，环境保护类 2 个项目，道路、航道、雨污管网等基础设施类 6 个项目。

改造提升的银滩景区与其他的线形绿地景观一起构成城市生态廊道，重新擦亮北海旅游的金字招牌，进一步提升银滩度假区的综合旅游环境价值，提升旅游接待水平。不仅提升了公众亲海空间，增强了公众的幸福感和获得感，还促进了旅游业的发展，带来了可观的经济效益，很好地解决了开发与保护的矛盾。

（4）加强宣传，营造全民参与环保的浓厚氛围

近年来，银滩旅游区管理部门采取多形式、多渠道的宣传方式，加强海洋生态环境保护的普法宣传力度。一是拓宽宣传面，通过发放宣传资料、拉挂横幅等形式，重点对《中华人民共和国海洋环境保护法》《中华人民共和国渔业法》《中华人民共和国水生野生动物保护法》《广西壮族自治区北海银滩保护条例》《北海市沿海沙滩保护条例》等法律法规进行宣传。累计发放宣传资料 10 000 多份，悬挂横幅标语 100 多条。深入村委，开展送法下乡活动，组织人员 20 余批次，出动宣传车到辖区村落开展法律宣传，累计宣传人数约 6000 人次，有效提高了辖区村民知法、懂法、守法的自觉性。二是开展现场警示教育，到公共场所开展扣押物品公开销毁现场会，先后召开公开销毁现场会 2 场，销毁扣押摩托车 40 余辆、高压水枪 130 余套、地笼等禁用渔具 1000 余副，达到了良好的教育和震慑效果，提高了广大渔民群众保护海洋生态环境的法律意识，增强群众守法的自觉性。

3. 美丽海湾建设成效

银滩美丽海湾建设启动以来，生态环境持续向好，冯家江流域水环境治理工程项目入选中国特色生态修复十大典型案例和基于自然的解决方案典型案例；南康江等入海河流水质明显提升，海湾水质优良水质面积比例稳定保持 100%；北海滨海湿地晋级国际重要湿地，区域生物多样性日趋丰富，共有红树植物 19 种、鸟类 206 种、底栖动物 207 种。银滩旅游度假区升级为"国家级旅游度假区"，整个流域的生态环境的公共价值得到极大彰显。百里银滩的华丽变身，不仅扮靓了城市颜值，还有效带动了酒店、金融、科技等产业的综合发展，累计营业收入 155 亿元、税收贡献 12.52 亿元，书写了"绿水青山就是金山银山"的优异答卷。

14.2　深化拓展美丽海湾建设

1. 提升美丽海湾多元共建的广度

推动美丽海湾建设应由政府主导的单一建设主体向多元共建主体转化。构建以政府为主导、企业为主体、社会组织和公众共同参与，各居其位、合力共建的

多层次、多主体网络化的美丽海湾保护与建设体系（康婧等，2021）。由政府主导，统筹规划安排海洋生态环境保护修复工作和美丽海湾建设任务，例如，政府在生态文明建设中的关键引领作用，引导海洋生态环境保护理念，监督管理生态环境问题治理，维护良好生态环境的实现途径；企业要纠正旧观念，树立现代企业理念，与时俱进改进企业生产模式，在新时代背景下，政府和公众对企业的要求是提高企业环保技术达到清洁生产的目标，另外，企业可以主动承担起加大环保资金投入和保护海洋生态环境的责任；社会组织特别是环保组织的主要责任是采用多元有效的方式向公众宣传普及海洋生态环境保护理念和环保知识，还可以搭建政府、企业、公众三者之间沟通的桥梁，为政府和企业提供专业信息和咨询决策；公众可以按照政府的要求转变生活观念并影响和改变生产方式，在日常生活中努力践行绿色低碳的环保行动，树立环保无小事、人人可参与的理念，提高海洋生态环境保护的意识，主动参与海洋环境问题治理，依法监督海洋生态修复建设措施的制定与落实。"共同但有区别的责任"既明示了各主体共同责任，又明确了各主体主要职责，各司其职，各尽所能，真正将美丽海湾保护与建设落到实处。

2. 拓展美丽海湾多维建设的深度

美丽海湾建设包括突出生态环境问题治理、海洋生态环境保护修复及重大项目工程的建设，因此，在建设过程当中会涉及社会各界的方方面面，包括社会、经济、科技、文化、意识等，并不是单一的层次和纬度，而是多层次多学科多维度，同时还会涉及对社会资源的重新整合分配（黄建安，2015）。这不仅是简单的治理修复技术和方案，而是整个制度体系的问题。所以要落实各项保护治理修复措施任务，彻底解决海湾生态环境突出问题、筑牢美丽海湾建设成效。建设美丽海湾绝不能仅仅停留于技术层面，还需要加强顶层设计，在制度、理念及意识形态本身方面下功夫。美丽海湾建设社会各界每个人都是见证者、参与者，也是受益者，是实现海洋经济高质量发展、海洋生态和谐美好、人民生活幸福安康，走可持续发展的重要途径，应整合社会资源，将美丽海湾保护与建设融入社会经济发展的各方面和全过程。坚持污染防治与生态保护修复并重，经济、社会和生态效益相统一，开创广西美丽海湾多维建设之路。

3. 加强美丽海湾长建长管的力度

海洋生态环境保护、修复与建设绝非一时一日之功，不能只注重当前成效，需在长建长管长效上发力。一是建立高效规范的长效监管机制。面对广西美丽海湾存在的环境风险加剧、局部海域污染、生态系统功能退化等现象，可持续发展的监管理念聚焦于改善由经济建设开发造成的不良影响，同时可以建立良好的人与自然关系。在机制实行过程中，需要不断细化完善生态补偿等立法机制，解决当前许多规范损害生态环境行为无法可依的局面，对于海域污染、生态破坏等问题，制定不同的规章制度和惩罚力度，保证机制有效运转。二是构建公开透明的考评机制，让公众与第三方机构共同参与到美丽海湾建设的目标考核考评中，并制定完善的制度以确保考核的客观公正性。同时，考核内容上要确保全面化，既要包括海水水质、近海与海岸湿地保有量等硬性指标内容，也要包括临海亲海幸福感、获取优质海产品等与公众生活息息相关的内容，更要涵盖海洋生物多样性、生态系统健康、海洋经济等海洋环境高质量发展与向海经济高水平保护的重要内容。

参 考 文 献

黄建安，2015. 生态环境问题的多维治理[J]. 观察与思考，2：41-44.

康婧，齐玥，刘鹏霞，等，2021. 福州市滨海新城岸段美丽海湾保护与建设的经验与启示[J]. 环境保护，49（23）：24-29.